鋼橋の性能照査型維持管理と
モニタリング

土木学会

Steel Structures Series XX

Performance-based Maintenance and Monitoring of Steel Bridges

Edited by

Tomonori NAGAYAMA

Associate Professor

The University of Tokyo

Published by

Subcommittee of

Investigative Research on the Performance-based Maintenance and Monitoring of Steel Bridges

Committee of Steel Structures

Japan Society of Civil Engineers

September 2019

はじめに

　米国ミネアポリスにおける州間高速道路のトラス橋落橋事故や木曽川大橋の斜材破断など，事故や事故に繋がり得る橋梁損傷の報告が未だ記憶に新しい中，2012年12月に笹子トンネル天井板崩落事故が発生し，社会インフラの安全安心に対する社会的関心の高まりは決定的となった．その後，土木学会社会インフラ維持管理・更新検討タスクフォースの設置や，鋼構造委員会鋼・合成構造標準示方書維持管理編の制定を始めとして社会インフラ維持管理に関する様々な取り組みが本格化した．事故防止や安全安心の観点に加えて，我が国では各地で深刻な人口減少や高齢化が始まり予算も限られる中で，社会インフラ維持管理の費用や人材の安定的な確保の観点からも，維持管理を確実に効率的に進めることは喫緊の課題である．

　2014年には道路法に基づき橋梁の定期点検が義務化され，橋梁維持管理の水準は確実に向上しているものの，目視点検の結果を定性的に利用するにとどまっているのが大半の現状である．一方で，目視点検における状態評価を通して，間接的に性能照査をしていると解釈するなど，維持管理の現状と整合性をとりつつ，性能照査型維持管理の概念を取り込む規定文書も見受けられる．

　海外ではさらに定量化プロセスを通じて性能照査型維持管理を効率的に実施する体系も整いつつある．アメリカのAASHTOでは性能照査型の維持管理法としてLoad and Resistance Factor Ratingが採用されている．活荷重や抵抗の現有性能を計測・モニタリング等を利用して定量的に扱うことが可能な体系である．カナダでも同様のLoad Ratingが採用されており，そこでは点検や計測・モニタリングの可否を目標信頼性に反映する仕組みも整えられている．

　一方，我が国では未だ目視点検やモニタリング，構造解析から構造性能に関する定量的な情報を得て，それらを鋼橋の維持管理に利活用する方法や体系は確立されていない．また，モニタリングに関する研究も精力的に行われており，維持管理の中で計測値を活用する事例や仕組みも個別には存在するものの，モニタリングによるデータを用いた使用性および安定性などの照査法は確立していない．

　今後，鋼橋の老齢化が急速に進行する状況を踏まえると，性能照査型維持管理法の構築ならびにモニタリングの利活用法について早急に道筋をつける必要がある．そこで本研究調査小委員会では性能照査型維持管理とそれに向けたモニタリング方法について検討した．

　まず，第1編においては土木学会他，国内の橋等で考えられている性能照査型維持管理及びその課題に関する調査を取りまとめた上で，定量的な性能評価手法の例として海外のLoad Ratingに関する調査を行い，それらの長所と，我が国に導入する場合の課題を報告する．モニタリングに期待される内容についてもまとめている．

　次に第2編においては，劣化・損傷した橋梁の抵抗（残存耐荷力）を評価する方法や研究を調査・整理した．腐食損傷を有する鋼部材の耐荷力に関する研究成果をまとめ，今後の維

持管理の際の参考となる資料を作成するとともに，今後有用となり得る情報を調査・提示した．耐荷力に影響を与える要因として板厚が挙げられ，将来的には性能照査型維持管理においてこれをモニタリングし残存耐荷力の評価に用いることが考えられるため，板厚計測法についても検討した．

第3編においては，活荷重を評価する手法として様々なBWIMの手法とそれらの活用方法として活荷重実態の調査事例を取りまとめた．性能照査型維持管理の検討上，要求性能を規定するためには，外力となる荷重レベルの設定が重要である．特に交通荷重は作用頻度や荷重レベルが橋梁によって大幅に異なり，実態に即した作用荷重とその頻度を把握することが必要となる．通行車両のモニタリング手法に焦点を当て，各種手法の特徴を示すとともに，実働活荷重を管理へ適用した事例を紹介した．

本報告書において性能照査型維持管理とモニタリングの関係の体系化に向けて，事例等を通して，性能照査型維持管理と多様な形態や目的の計測・モニタリングとの関連を示せたと考える．発展著しい計測・モニタリング技術を利用して性能照査型維持管理の実効性を向上させたり，性能照査型維持管理の枠組みを活用して新しい計測・モニタリング技術を鋼構造物維持管理のために利用するなど，今後，両者が相互に関連しあって展開されていくものと思われる．本報告書が今後のこの分野の発展・普及に貢献することを期待している．

最後になりましたが，本委員会において熱心に活動いただき，本書とりまとめにご尽力いただいた委員の方々にこの場を借りて心より御礼申し上げます．特に宮下剛幹事長，各WG主査の皆様には重ねて厚く御礼申し上げます．

2019年9月
土木学会鋼構造委員会
鋼橋の性能照査型維持管理とモニタリングに関する調査研究小委員会
委員長　長山智則（東京大学）

土木学会　鋼構造委員会

鋼橋の性能照査型維持管理とモニタリングに関する調査研究小委員会

委員構成（50音順，敬称略）

委員長	東京大学	長山智則	
幹事長	長岡技術科学大学	宮下　剛	
WG1 主査	㈱横河ブリッジ	水口知樹	
WG2 主査	立命館大学	野阪克義	
WG3 主査	福井大学	鈴木啓吾	
委員	日本大学	笠野英行	
委員	首都大学東京	岸　祐介	
委員	室蘭工業大学	小室雅人	
委員	東京工業大学	佐々木栄一	
委員	同済大学	徐　　晨	2016年6月まで
委員	東京大学	蘇　　迪	
委員	前橋工科大学	谷口　望	
委員	横浜国立大学	西尾真由子	
委員	長崎大学	西川貴文	
委員	金沢大学	深田宰史	
委員	長岡工業高等専門学校	宮嵜靖大	
委員	（一財）阪神高速道路技術センター	安藤高士	
委員	東日本高速道路(株)	及川俊介	2017年9月から
委員	中日本ハイウェイ・エンジニアリング名古屋(株)	石川裕一	
委員	中日本高速道路(株)	稲葉尚文	
委員	(株)高速道路総合技術研究所	萩原直樹	2017年8月まで
委員	日本ファブテック(株)	奥村　学	
委員	（一財）土木研究センター	落合盛人	
委員	OSMOS技術協会（日揮(株)）	門万寿男	
委員	(株)オリエンタルコンサルタンツ	門田峰典	
委員	東電設計（株）	栗原幸也	
委員	（公財）法人鉄道総合技術研究所	小林裕介	
委員	(株)アイ・エス・エス	鈴本裕哉	
委員	オムロンソーシアルソリューションズ(株)	高瀬和男	
委員	大日本コンサルタント(株)	田代大樹	
委員	(株)横河NSエンジニアリング	利根川太郎	
委員	パシフィックコンサルタンツ(株)	中澤治郎	
委員	(株)福山コンサルタント	中野　聡	

委員	東日本高速道路(株)	中村雅範	2017年8月まで
委員	東日本旅客鉄道(株)	浜田栄治	
委員	(株)高速道路総合技術研究所	原田拓也	2017年9月から
委員	（一財）首都高速道路技術センター	平山繁幸	
委員	西日本高速道路(株)	福田雅人	
委員	(株)長大	宮下健治	
委員	(株)構造計画研究所	楊　克倹	
オブザーバー	首都大学東京	野上邦栄	

鋼橋の性能照査型維持管理とモニタリング

目次

はじめに

第1編 鋼橋の性能照査型維持管理と性能評価について
 1 はじめに ・・・・・・・・・・・・・・・・・・・・・・・・・・・ 1
 2 我が国の橋等の性能照査型維持管理の調査 ・・・・・・・・・・・・・ 4
 3 橋に関する定量的な性能評価手法に関する調査 ・・・・・・・・・・・ 25
 4 維持管理とモニタリング ・・・・・・・・・・・・・・・・・・・・・ 51
 5 おわりに ・・・・・・・・・・・・・・・・・・・・・・・・・・・・ 63

第2編 耐荷力の推定と性能照査型維持管理およびモニタリング
 1 はじめに ・・・・・・・・・・・・・・・・・・・・・・・・・・・・ 65
 2 腐食損傷に関連する研究事例 ・・・・・・・・・・・・・・・・・・・ 67
 3 板厚計測法についての検討 ・・・・・・・・・・・・・・・・・・・・ 79
 4 性能照査型維持管理およびモニタリングの活用に向けての検討 ・・・・ 95
 5 おわりに ・・・・・・・・・・・・・・・・・・・・・・・・・・・・ 134

第3編 活荷重の推定と維持管理への適用
 1 はじめに ・・・・・・・・・・・・・・・・・・・・・・・・・・・・ 195
 2 Bridge Weigh-In-Motion(BWIM) 手法の概要と事例 ・・・・・・・・・ 197
 3 WIM の活用と今後へ向けた取組み ・・・・・・・・・・・・・・・・・ 220
 4 おわりに ・・・・・・・・・・・・・・・・・・・・・・・・・・・・ 226

第1編
鋼橋の性能照査型維持管理と性能評価について

目次

第1編　鋼橋の性能照査型維持管理と性能評価について

1 はじめに ・・・・・・・・・・・・・・・・・・・・・・・・・・・・・・・・・・・・・ 1
2 我が国の橋等の性能照査型維持管理の調査 ・・・・・・・・・・・・・・・・・・・・・・ 4
　2.1 土木学会（鋼・合成構造）の性能照査型維持管理について ・・・・・・・・・・・・ 4
　2.2 鉄道橋の性能照査型維持管理について ・・・・・・・・・・・・・・・・・・・・・ 5
　2.3 道路橋の性能照査型維持管理について ・・・・・・・・・・・・・・・・・・・・・ 12
　2.4 ダムゲートの性能照査型維持管理について ・・・・・・・・・・・・・・・・・・・ 20
　2.5 我が国の橋等の性能照査型維持管理に関する課題 ・・・・・・・・・・・・・・・・ 23
3 橋に関する定量的な性能評価手法に関する調査 ・・・・・・・・・・・・・・・・・・・ 25
　3.1 ISO13822, ISO16311 について ・・・・・・・・・・・・・・・・・・・・・・・・ 25
　3.2 LRFR の Rating Factor について ・・・・・・・・・・・・・・・・・・・・・・・ 31
　3.3 Canadian Highway Bridge Evaluation の LLCF について ・・・・・・・・・・・・ 39
　3.4 我が国の道路橋を対象とした Rating Factor の試算例 ・・・・・・・・・・・・・ 42
　3.5 定量的な性能評価手法を我が国の橋の維持管理に導入する場合の課題 ・・・・・・ 47
4 維持管理とモニタリング ・・・・・・・・・・・・・・・・・・・・・・・・・・・・・ 51
　4.1 維持管理におけるモニタリングの活用 ・・・・・・・・・・・・・・・・・・・・・ 51
　4.2 モニタリングを活用した性能評価事例 ・・・・・・・・・・・・・・・・・・・・・ 55
　4.3 モニタリングのシーズとニーズのマッチングについて ・・・・・・・・・・・・・・ 57
　4.4 モニタリングを活用した性能照査型維持管理に向けて ・・・・・・・・・・・・・・ 60
5 おわりに ・・・・・・・・・・・・・・・・・・・・・・・・・・・・・・・・・・・・ 63

1 はじめに

　高齢化するインフラに対する維持管理の重要性の認識が高まりつつある中，2012 年に笹子トンネル天井板崩落事故が起きた[1]．その後，2013 年 6 月の道路法の改正[2]に伴い，2014 年 7 月にトンネル等の健全性の診断が義務化された[3]．そのような中，土木学会鋼構造委員会では，鋼・合成構造標準示方書維持管理編を 2013 年に制定した[4]．ここでは，維持管理は『その供用期間において，鋼・合成構造物が要求される性能を満足するよう実施する技術行為である．』と定義されている．つまり，維持管理は性能照査の体系で行う必要がある．維持管理による構造物の性能を確保するためのサイクルは図1.1.1 のようである[5]．ただし，2013 年に制定された段階では，性能照査の具体的な手法までを確立して記載するには至っていない．複合構造に関しては，2014 年に制定された複合構造標準示方書維持管理編[6] において，鋼・合成構造に関係する合成桁の変状と構造性能を関連付けたグレーティングの例が整理されている．ただし，あくまで例であることと，点検時に構造物を評価した後の措置までは性能評価の具体化がなされていない．海外においては，ISO13822[7]では既存構造物の性能評価が，ISO16311[8]ではコンクリートの維持管理と補修についてそれぞれ規定されている．ただし，実際に構造物を維持管理するに当たっては，構造物が供用される環境において生じる状況，構造物の重要性や求められる状態，及び点検頻度等を考慮して構造物ごとに維持管理方法を具体化させる必要がある．

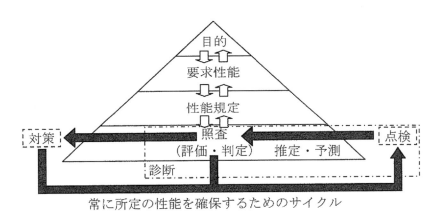

図 1.1.1　構造物の供用後における点検，評価・判定，対策から成るサイクル[5]

　一方，2017 年に道路橋示方書が改定され[9]，許容応力度設計法から部分係数設計法に移行された．道路橋の設計について，橋ごとの性能マトリックスを設定して照査を行うことから，道路橋の設計を性能照査型により進化させたものと考えることができる．これらより，橋の性能評価を踏まえた維持管理に着目して，2 章では土木学会のほか我が国の橋等で考えられている性能照査型維持管理，及びその課題に関する調査結果を報告する．我が国の主な道路橋の維持管理に関する一連の動向を年表として整理すると，表 1.1.1 のようである[10]．

　性能照査型の維持管理に関する動向はこのようである一方で，鋼橋の維持管理の現状について考えると，様々な課題が存在している．本小委員会における話題提供や議論から抽出した主な課題は以下のとおりである．
・狭あい部や地中部など近接目視が困難で，直接的な評価が難しい部位が存在すること
・点検結果は定性的であることから，技術者によるばらつきが懸念されること
・補修・補強の予算が限られているため，適切な時期に過不足のない措置を行う必要があること

- 建設当時から基準が改定され，新設構造物を主な対象とした現行基準を満足しない構造物が存在すること
- トンネル等の健全性の診断の義務化では，必要な知識と技能を有する者が近接目視を行うため，長期間を有する技術者の養成が必要なこと
- 点検に膨大な時間と費用がかかり続けること

これらの課題について橋の管理者による取り組みが行われており，特に点検の効率化については各管理者で点検のマニュアルの整備等により実践されている[5]．また，RAIMSのようなインフラの管理者，ゼネコン，モニタリングの専門メーカー等から成る横断的な組織による維持管理の高度化に関する研究も行われている[11]．

本小委員会における課題の解決方法に関する議論より，全ての課題を解決できるわけではないものの，『定量的な性能評価手法』『モニタリングによる維持管理上の判断支援』の2つの改善策に着目した．それぞれに期待される課題の解決内容は以下の通りである．

① 『定量的な性能評価手法』の採用により期待される内容
- 点検結果の説明に関する信頼性の向上
- 様々な変状を複合的に有する様々な種類の構造物を横並びで評価可能
- 過不足のない補修・補強（の説明）が可能
- 新設構造物を主な対象とした現行基準を満足しない構造物の適切な評価（の説明）が可能

② 『モニタリングによる維持管理上の判断支援』の開発，採用により期待される内容
- 点検結果の説明に関する信頼性の向上
- 目視では認識できない微小な振動や変形の察知が可能
- 近接目視が困難な部位の性能評価が可能
- 変状の進行や変化といった時系列的な進行性の評価が可能
- 評価内容と計測項目によっては短時間で安価な処理が可能
- 過不足のない補修・補強（の説明）が可能

以上より，『定量的な性能評価手法』の例として，米国のLRFR，及びカナダのCanadian highway bridge evaluationのLLCF等に関する調査結果を，我が国に導入する場合の長所，課題の分析とともに3章で報告する．さらに，『モニタリングによる維持管理上の判断支援』に関する調査結果を4章で報告する．これらから，本書では鋼橋の性能照査型維持管理のあり方について検討する．

参考文献

1) トンネル天井板の落下事故に関する調査・検討委員会：トンネル天井板の落下事故に関する調査・検討委員会 報告書，2013.6.
2) 道路法施行令（政令）第35条，2013.6.
3) トンネル等の健全性の診断は道路法施行規則（国土交通省令）第4条の5の2，2014.7.
4) 土木学会鋼構造委員会：2013年制定 鋼・合成構造標準示方書 維持管理編，2014.1.
5) 土木学会構造工学委員会：構造工学シリーズ25 橋梁の維持管理 実践と方法論，2016.6.
6) 土木学会複合構造委員会：2014年制定 複合構造標準示方書 維持管理編，2015.5.
7) ISO(2010)：ISO13822 Bases for design of structures – Assessment of existing structures.
8) ISO(2014)：ISO16311 Maintenance and repair of concrete structures.
9) 日本道路協会：道路橋示方書・同解説，2017.11.
10) 土木学会鋼構造委員会：鋼構造シリーズ25 道路橋支承部の点検・診断・維持管理技術，2016.5.

11) モニタリングシステム技術研究組合：http://www.raims.or.jp/greeting/

表1.1.1 道路橋の維持管理に関する動向

年代	代表的な事象	学会・協会の動き	国土交通省の動き	地方公共団体・高速道路各社の動き
1993(平成5)年以前	1982(昭和57)年「荒廃するアメリカ」出版			
1994(平成6)年	1:兵庫県南部地震	2:「道路橋示方書」改定		
1995(平成7)年		12:「道路橋示方書」改定[耐震設計編]		
1996(平成8)年		12:「鋼橋のライフサイクルコスト」(日本橋梁建設協会)		
2000(平成12)年		3:「道路橋示方書」改定[性能設計規定化]		
2002(平成14)年		12:「鋼道路橋塗装・防食便覧」改定	3:「橋梁定期点検要領(案)」策定	3:「アセットマネジメント」構築(青森県)
2004(平成16)年	10:鋼斜張橋主桁の亀裂損傷(山添橋)			
2005(平成17)年	6:鋼トラス橋斜材破断(木曽川大橋)、8:落橋(米国ミシシッピー川橋)	3:「鋼・合成標準示方書」制定[総則編・構造計画編・設計編]	4:「橋梁長寿命化修繕計画補助制度開始	
2006(平成18)年				
2007(平成19)年	通行止め・通行規制橋梁801橋(橋長15m以上)、7:腐食による落橋(辺野喜橋)		4:「構造物メンテナンス研究センター(CAESAR)設立、5:「道路橋の予防保全に向けた提言」(有識者会議)	点検済みの橋梁の割合41%、修繕計画策定橋梁の割合11%、修繕済み橋梁の割合9%
2008(平成20)年				
2009(平成21)年				
2010(平成22)年	2:「社会資本の維持管理及び更新に関する行政評価・監視—道路橋の保全を中心として—調査結果」(総務省)			
2011(平成23)年	3:東北地方太平洋沖地震、8:エクストラドーズド橋ケーブル破断(雪沢大橋)			
2012(平成24)年	12:中央道笹子トンネル天井板落下	3:「道路橋示方書」改定[確実な維持管理]		3:「首都高速道路構造物の大規模更新のあり方」に関する調査研究委員会、11:「阪神高速道路長期維持管理及び更新に関する技術的検討委員会」、11:「高速道路資産の長期保全及び更新のあり方に関する有識会議」
2013(平成25)年	通行止め・通行規制橋梁1381橋(橋長15m以上)		2:「点検実施要領(案)」策定、3:「社会資本の維持管理・更新に関し当面講ずべき措置」、11:「インフラ長寿命化基本計画」(インフラ老朽化対策の推進に関する関係省庁連絡会議)	点検済みの橋梁の割合97%、修繕計画策定橋梁の割合87%、修繕済み橋梁の割合15%、12:「首都高速道路の更新計画(概略)」
2014(平成26)年		1:「鋼合成構造標準示方書」制定[維持管理編]	4:「道路の老朽化対策の本格実施に関する提言」(社会資本整備審議会道路分科会)、3:「直轄国道「橋梁定期点検要領」改定、6:地方公共団体「道路橋定期点検要領」策定、7:道路法に基づく橋梁の定期点検の義務化	1:「高速道路の大規模更新・大規模修繕計画(概略)」(NEXCO3社)、1:「阪神高速道路の更新計画(概略)」、11:「首都高速道路更新計画の事業許可
2015(平成27)年		3:「鋼複合構造防食便覧」改定、5:「鋼・合成構造標準示方書」改定[原則編・維持管理編]、7:「鋼・合成構造標準示方書」改定[総則編・構造計画編・設計編]		3:高速道路更新事業の事業許可、3:阪神高速道路(阪神圏)更新事業の事業許可
2017(平成29)年		11:「道路橋示方書」改定[部分係数設計法]		

注:本表は土木学会鋼構造委員会:鋼構造シリーズ25 道路橋支承部の点検・診断・維持管理技術の表7.1.1に加筆・修正したものである。

2 我が国の橋等の性能照査型維持管理の調査

2.1 土木学会（鋼・合成構造）の性能照査型維持管理について

(1) 性能規定化への経緯

性能規定化においては，透明性・説明責任の向上，コスト・環境負荷の縮減，品質・性能の確保などが基本要件となっており，このような状況に対応するため，土木学会鋼構造委員会において 2000 年に「鋼構造物の性能照査型設計法に関する調査特別小委員会（委員長 市川篤司）」が設置された．この小委員会での内容を受ける形で，2004 年に「鋼・合成構造標準示方書小委員会（委員長 西村宣男）」が設置され，最新の研究成果，知見の盛り込み，次世代対応の日本のプレゼンスを示す競争的な基準，すなわち性能照査型の「鋼・合成構造標準示方書」の作成に着手した．この標準示方書は，「総則編」，「構造計画編」，「設計編」，「耐震設計編」，「施工編」，「維持管理編」の 6 編で構成され，「維持管理編」[1]は 2013 年に制定された．

「維持管理編」は，本編と資料編から構成されている．本編は維持管理の原則を記したものであり，「第 1 章 総則」，「第 2 章 維持管理の基本」，「第 3 章 初期点検」，「第 4 章 日常点検」，「第 5 章 定期点検」，「第 6 章 臨時点検」，「第 7 章 詳細調査」，「第 8 章 対策」，「第 9 章 記録」で構成されている．具体的な技術情報などは資料編にまとめられており，鋼・合成構造物の維持管理を行う上で非常に重要な「A 腐食」「B 疲労」「C 高力ボルト継手」「D 支承」「E 災害に対する維持管理」の項目から構成されている．本節では，主に「維持管理編」の本編で示される性能照査型の維持管理をまとめる．

(2) 性能照査型維持管理の概要

「鋼・合成構造標準示方書　維持管理編」の本編では，あくまで維持管理の原則のみを示したものとなっている．以下に，性能照査に係る記載を抜粋して転記する．基本的には，要求性能を定め，要求性能を満足させるための一連の行為が維持管理であり，性能の評価は点検の中で調査結果に基づき健全度のランクを判定することで行うこととしているものである．なお，ここで評価としているのは，定期点検等における標準調査に基づく場合は定性的な性能の確認であることが多いためであり，定量的な評価（照査）は，変状等を発見した場合に実施する詳細調査に基づく場合に可能となるとしている．

以下，「維持管理編　第 2 章　維持管理の基本」の抜粋を示す．

2.1　一般 [1]
(1) 維持管理にあたっては，対象構造物に要求される性能を定めるものとする．
(2) 維持管理とは，供用期間中，構造物が要求性能を満たすよう実施する一連の技術行為の総称である．

［解説］(2)について

維持管理は，供用期間中に構造物が要求性能を満足する上で極めて重要な技術行為である．維持管理は一般に点検，対策，記録で構成される．点検には変状を発見するための調査，その結果に基づいた性能評価，対策要否の判定が含まれる（図 2.1.1）．

2.3.3　性能評価 [1]

性能評価は，調査結果に基づき行う．

［解説］

構造物の管理者が適切な健全度ランクを設定する．この健全度ランクは構造物が保有する性能の

目安であり，これにより，構造物の性能が評価される．（途中省略）標準調査に基づく性能評価は必ずしも定量的なものではなく，定性的に性能を評価することになる．一方，詳細調査では，機器を用いた計測，測定，検査，試験などを実施することが多く，定量的なデータをもとにした性能評価も可能となる．

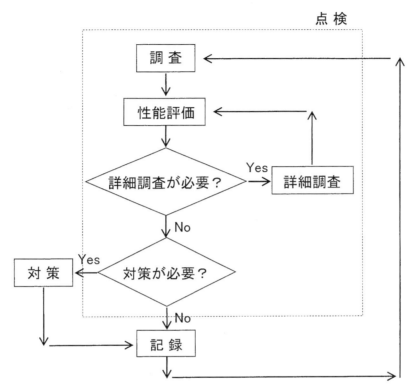

図 2.1.1　維持管理に関わる技術行為のフロー[1)]

このように，「維持管理編」の本編では維持管理の原則を述べるに留まっており，性能照査の具体的な手法等については示されていない．ただし，資料編においては，高速道路会社や鉄道分野において実施されている照査等が，技術資料として掲載されており参考にできるものとなっている．

2.2　鉄道橋の性能照査型維持管理について

(1)　性能規定化への経緯

1995年1月に発生した大地震によって阪神地区の鉄道構造物が甚大な被害を受けた．この時の状況を鑑み，運輸大臣の諮問機関である運輸技術審議会が，1998年11月に諮問第23号「今度の鉄道技術行政のあり方」答申の中で，以下の内容を示した．

- 現在の省令等は，その多くが仕様や規格を具体的に示した，いわゆる仕様規定となっているが，新技術や個別事情への柔軟な対応に欠ける．この問題点を改善し，鉄道事業者の技術的自由度を高めるため，法令等は，原則として，備えるべき性能を規定した，いわゆる性能規定とする必要がある．
- 性能規定化された省令等の解釈を強制力を持たない形で具体化，数値化して明示しておく必要がある．（解釈基準）
- 鉄道事業者は，省令等に適合する範囲内で，個々の鉄道事業者の実情を反映した詳細な技術基準（実施基準）を策定し，これに基づき施設や車両の設計や運用を行う必要がある．

表 2.2.1 省令と解釈基準

鉄道に関する技術上の基準を定める省令	解釈基準
第二十四条　構造物	鉄道構造物等設計標準
第八十七条　施設及び車両の保全	鉄道構造物等維持管理標準

　鉄道における省令と解釈基準の関係を表 2.2.1 に示す．前述の答申を踏まえ，2001 年 12 月に「鉄道に関する技術上の基準を定める省令」が制定され，鉄道の技術基準を性能規定化することが示された．さらにその解釈基準として，2007 年 1 月に国土交通省鉄道局長より鉄道構造物等維持管理標準が新たに通達された．なお，鉄道構造物等設計標準については，それまで限界状態設計法であったものを，2004 年から性能照査型設計法への移行が順次進められてきており，鉄道構造物等設計標準（鋼・合成構造物）[2]については 2009 年 7 月に通達されている．

　鉄道構造物等維持管理標準は，さらに解説を加えた「鉄道鋼構造物等維持管理標準・同解説（構造物編），国土交通省監修，鉄道総合技術研究所編」として発刊されているが，取り扱う構造物が多岐にわたることから，解説のみをそれぞれの構造物に特化させて，コンクリート構造物，鋼・合成構造物，基礎構造物・抗土圧構造物，土構造物（盛土・切度），トンネルの 5 分冊となっている．本節では，主に鉄道構造物等維持管理標準で示される性能照査型の維持管理をまとめるが，解説で示されている内容については「鉄道構造物等維持管理標準・同解説（構造物編　鋼・合成構造物）」[3]の内容を参照した．

(2) 性能規定型維持管理の概要

　「構造物の維持管理は，構造物の目的を達成するために，要求される性能が確保されるように行うものとする．（2 章 維持管理の基本　2.1 一般）」[3]という基本理念のもと，構造物が要求性能を満足しているかどうかを検査により確認し，必要に応じて措置し，記録を行うという性能規定型の維持管理体系の考え方を採用している．ここでいう要求性能としては，「列車が安全に運行できるとともに，旅客，公衆の生命を脅かさないための性能（安全性）」を設定することとしており，必要に応じて適宜「使用性や復旧性」を設定することとしている．要求性能と性能項目を表 2.2.2 に示す．

表 2.2.2　要求性能と性能項目 [3]から一部抜粋

要求性能	性能項目
安全性	耐荷性
	耐疲労性
	走行安全性
	安定性
	公衆安全性
使用性	乗り心地
	外観
復旧性	損傷

(3) 性能の確認および健全度の判定

　性能の確認には，性能項目の照査のほか，変状原因の推定や変状の予測を含めて総合的な評価が必要であるため，図 2.2.1 に示すような考え方で検査することとしている．まず，変状の抽出を主な目的として目視を基本とした調査を行う（全般検査）．次に，調査により抽出された変状のうち，性能を低下させている程度が比較的大きな変状については詳細な調査を行い，その情報に基づき変状原因の推

定や変状の予測，さらに性能項目の照査を行う（個別検査）．それらの結果を基に健全度を判定し，構造物が要求性能を満足しているかどうかを確認するものである．

健全度の判定区分は，各構造物の特性等を考慮して定めることを基本としているが，表2.2.3に示すA（AA，A1，A2），B，C，Sの区分によることを標準としている．前述の全般検査および個別検査を含む維持管理全体は，この健全度の判定をもとに，図2.2.2で示されるフローで実施される．具体的には，全般検査において健全度がAと判定されたものに対して個別検査が実施されるというものである．

全般検査は2年に一度実施する定期検査である．全般検査では，主に目視によって変状を抽出し健全度を判定しているため，検査の殆どにおいて性能の確認（健全度の判定）は定性的な照査となっているのが実態である．ただし，検査員の力量によらない客観的判断となるよう，「鉄道構造物等維持管理標準・同解説（構造物編　鋼・合成構造物）」の付属資料として掲載されている「健全度の判定事例集」や，過去の判定事例を参照するとともに，現場で一度判定した健全度を，検査技量を有した社員で構成される"判定会議"と呼ばれる場で精査する等の工夫がなされている．

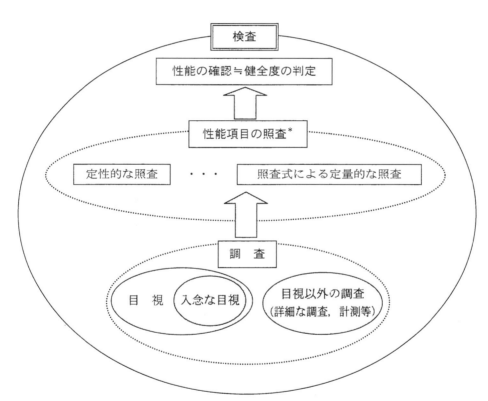

*全般検査においては主に目視による調査が行われ，健全度が判定される．変状がないか軽微である場合には，そのことをもって構造物が所要の性能を有するとみなされ，性能の確認がなされる．したがって，全般検査における目視は，安全性に関する性能項目（部材の破壊，基礎の沈下，傾斜等）を定性的に照査している行為と考えることができる．また，個別検査等においては，性能項目の照査を詳細に実施することになる．性能項目を詳細に照査する方法としては，入念な目視等に基づく定性的な照査，あるいは照査式による定量的な照査等がある．

図 2.2.1　性能の確認の考え方（検査）[3]

表 2.2.3 構造物の状態と標準的な健全度の判定区分[3]

健全度		構造物の状態
A		運転保安，旅客および公衆などの安全ならびに列車の正常運行の確保を脅かす，またはそのおそれのある変状等があるもの
	AA	運転保安，旅客および公衆などの安全ならびに列車の正常運行の確保を脅かす変状等があり，緊急に措置を必要とするもの
	A1	進行している変状等があり，構造物の性能が低下しつつあるもの，または，大雨，出水，地震等により，構造物の性能を失うおそれのあるもの
	A2	変状等があり，将来それが構造物の性能を低下させるおそれのあるもの
B		将来，健全度 A になるおそれのある変状等があるもの
C		軽微な変状等があるもの
S		健全なもの

注：健全度 A1，A2 および健全度 B，C，S については，各鉄道事業者の検査の実状を勘案して区分を定めてもよい．

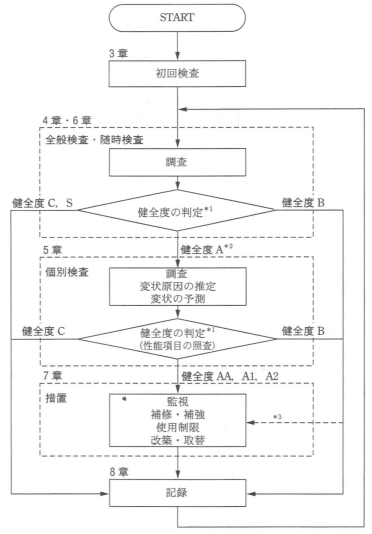

*[1] 健全度については，「2.5 検査」参照
*[2] 健全度 AA の場合は緊急に措置を講じた上で，個別検査を行う．
*[3] 必要に応じて，監視等の措置を講じる．

図 2.2.2 構造物の標準的な維持管理の手順[3]

(4) 性能項目の照査

全般検査においては主に目視による調査が行われ，健全度が判定される．変状がないか軽微である場合には，そのことをもって構造物が所要の性能を有するとみなされ，性能の確認がなされる．したがって，全般検査における目視は，安全性に関する性能項目を定性的に照査している行為としている．一方で，健全度Aと判定された場合に実施する個別検査では，性能項目の照査を詳細に実施することとなる．性能項目を詳細に照査する方法としては，入念な目視等に基づく定性的な照査，あるいは照査式による定量的な照査がある．

以降，鉄道橋において実施されることの多い定量的な照査の例を示す．

a) 耐荷性の照査

鉄道橋では開床式の上路プレートガーダーが多く用いられている．本構造形式の代表的な腐食形態として，橋まくら木直下の上フランジ上面の腐食が挙げられる．これは，橋まくら木直下の上フランジ上面は，塗装の塗替えが困難であることにくわえ，列車通過時の衝撃により塗膜が損傷しやすいことが原因である．このように上フランジが橋軸方向で断続的に減肉した場合などにおいて，桁の耐荷性（曲げ耐荷力）を照査することが多い．

照査方法は，限界値として降伏点強度を用いた部分安全係数法によるもの（式2.2.1）と，限界値として保守限応力度を用いた現有応力比率によるもの（式2.2.2）がある．以前より，現有応力比率を用いて照査されてきていることから，過去の照査結果との比較等を目的として，この方法が用いられることが多い．

≪降伏点強度を用いた部分安全係数法による照査≫

$$\gamma_a \cdot \gamma_b \cdot \gamma_i \cdot \sigma / \sigma_y \leqq 1.0 \qquad (2.2.1)$$

ここに，
- σ ：部材に発生する最大応力度
- σ_y ：鋼材の降伏点強度
- $\gamma_a, \gamma_b, \gamma_i$ ：安全係数（それぞれ，構造解析係数，部材係数，構造物係数）

≪保守限応力度を用いた現有応力比率による照査≫

$$現有応力比率（SR_s）= \sigma_m / \sigma \times 100\% \qquad (2.2.2)$$

ここに，
- σ_m ：保守限応力度
- σ ：部材に発生する最大応力度

上記照査法における"部材に発生する最大応力度"は，腐食減耗量（現地にて実測）を考慮して計算により発生応力を算出する場合と，発生応力そのものを応力測定による場合（この場合でも死荷重については別途算出）がある．JRの現業機関では，このような照査のための測定や評価ツールを持っており，照査自体は直轄で実施されることが多い．

照査結果と健全度の判定を表2.2.4に示す．

表2.2.4 照査結果と健全度の判定の関係[3]から一部修正

式2.2.2による場合	式2.2.1による場合	健全度
$SR_s \leqq 100$	1.0以上	AA
$100 < SR_s \leqq 120$	0.85〜1.0	A1 or A2

b) 耐疲労性の照査

鉄道では古くから疲労設計が取り入れられていることにくわえ，維持管理においても以下のようなケースにおいて疲労について照査されることがある．

- 「a) 耐荷性の照査」で示すようなフランジの腐食により桁全体の断面剛性が低下した場合に，例えば支間中央の下フランジ応力を代表点として，桁各部の橋軸方向応力に対する疲労の照査を行う．
- ある溶接ディテールにおいて疲労き裂が発生した場合に，類似ディテールを有する橋において，疲労き裂の発生の可能性を評価するために疲労の照査を行う．

一般的には，実橋において列車通過時の応力を測定し，以降に示す照査を実施する．なお，道路橋においてこのような照査を実施する場合，交通荷重の曜日や時間帯ごとのばらつきを考慮して1週間（もしくは平日のみ）の連続測定を行った上で照査するが，鉄道では列車種別およびそれぞれの本数が既知であるため，代表列車もしくは列車種別ごとに応力測定を実施し照査する．

照査方法は，疲労限に対する照査（式2.2.3）と，限界値として保守限応力度を用いた現有応力比率によるもの（式2.2.4）がある．なお，疲労限による照査（式2.2.3）を満足しない場合は，累積疲労損傷度（「鋼構造物の疲労設計指針・同解説（日本鋼構造協会）」[4]での疲労損傷比に相当）によって照査を行う．

≪疲労限による照査≫

$$\gamma_a \cdot \gamma_b \cdot \gamma_i \cdot \sigma_{fu}/\sigma_0 \leq 1.0 \quad (2.2.3)$$

ここに，

σ_{fu} ：最大作用応力範囲

σ_0 ：疲労限

$\gamma_a, \gamma_b, \gamma_i$ ：安全係数（それぞれ，構造解析係数，部材係数，構造物係数）

≪保守限応力度を用いた現有応力比率による照査≫

$$現有応力比率（SRs）= \sigma_m / \sigma \times 100\% \quad (2.2.4)$$

ここに，

σ_m ：保守限応力度

σ ：部材に発生する最大応力度

c) 走行安全性の照査

鉄道構造物の変位・変形は軌道変位の一部とみなすことができるため，一般に，その変形量が大きくなるほど，列車の走行に対して悪影響を及ぼす．このため，変位・変形を制限する等して，常時の列車運行に対して車両の平滑な走行を確保する必要がある．実際に照査を実施するケースとしては，「a) 耐荷性の照査」で示すようなフランジの腐食により桁全体の断面剛性が低下した場合や，列車通過時の橋桁の共振が疑われるような場合であり，（式2.2.5）により照査する．

$$\gamma_a \cdot \gamma_b \cdot \gamma_i \cdot \delta_d/\delta_{dd} \leq 1.0 \quad (2.2.5)$$

ここに，

δ_d ：換算たわみ（実測値を設計荷重載荷時のたわみに換算した値）

δ_{dd} ：たわみの限度値

$\gamma_a, \gamma_b, \gamma_i$ ：安全係数（それぞれ，構造解析係数，部材係数，構造物係数）

たわみの限度値は，精緻な走行シミュレーションから設定されており，その値は「鉄道構造物等設計標準・同解説 変位制限」[5]に示されている．

なお，使用性の照査として，同様に橋桁のたわみから乗り心地の照査を行う場合もあり，その限度値も同様に文献5)に示されている．また，これらの照査は構造物側からの照査であり，これとは別途，軌道においては軌道整備基準値に対する管理が行われている．

d) 性能項目の照査における安全係数

a)～c)に示す性能項目の照査では，それぞれの目的に応じた安全係数を設定して照査することとしている．安全係数は，（式2.2.1），（式2.2.3），（式2.2.5）における構造解析係数，部材係数，構造物係数にくわえて，材料係数と作用係数も考慮することとしている．表2.2.5に性能項目の照査において用いる安全係数の例を示すが，安全係数の値は対象とする橋梁や線区の実情に応じて設定することとしている．

表2.2.5 性能項目の照査における安全係数の例 [3]から一部抜粋

		耐荷性	耐疲労性	走行安全性
構造解析係数	: γ_a	1.0	1.0※	1.0
部材係数	: γ_b	1.0（リベット） 1.1（溶接）	1.0	1.0
材料係数	: γ_m	1.05	1.0	1.0
作用係数	: γ_f	1.0	1.0	1.0
構造物係数	: γ_i	1.2	1.0	1.0

※疲労設計において，変動応力算定時の補正する係数0.85（格子解析の場合）を別途考慮する

(5) 保守限応力度

保守限応力度とは鉄道特有の維持管理において用いるある種の許容応力度であり，新設設計時に用いられた許容応力度より高く設定されている．これは，設計で用いる許容応力度は，その時点で確定できない将来の荷重増や腐食に対する余裕も考慮して長期間保証できる値を設定しているが，既設構造物に対する健全度評価で用いる保守限応力度は，荷重を特定することができる上に，腐食をその時点の実態で評価すればよいためその分の安全率を削ったことによる．保守限応力度は，「3．性能項目の照査」に示される「a) 耐荷性の照査」および「b) 耐疲労性の照査」での現有応力比率を算出する際に使われ，応力種別（引張応力度，圧縮応力度，せん断応力度，支圧応力度）や鋼種ごとに設定されている．表2.2.6に引張応力度の例を示す．なお，表2.2.6に示す一時入線は耐荷性の照査に用いる保守限応力度である．また，定常入線は耐疲労性の照査に用いる保守限応力度であり，通トン（一定期間に通過する列車重量の総和）と影響線長で分類されている．

表2.2.6 保守限応力度（引張強度）[3]

(単位：N/mm²)

通トン	スパン影響線長(m)	錬鉄ベッセマー鋼	昭和3年(1928年)以前		昭和4年(1929年)～昭和25年(1950年)		昭和26年(1951年)～昭和44年(1969年) SS 400 SM 400 SMA 400				昭和45年(1970年)以降	
							リベット桁		溶接桁			
			定常入線	一時入線	定常入線	一時入線	定常入線	一時入線	定常入線	一時入線	定常入線	一時入線
200 GN 以上	<20	115	140		150		150	176	161	161	168	168
	≥20		159	165	170	176	170					
100 GN 以上～200 GN 未満	<20						180	184				
	≥20		165		176							
100 GN 未満							184					

耐荷性の照査に用いる保守限応力度（一時入線）は，これまでの実績や米国の AREMA（American Railway Engineering Association, 1981）における既設桁の評価に用いる応力度を基にしており，鋼材の降伏点強度（σ_y）から以下の式によって定めている．このため，材料試験を行い鋼材の降伏点強度（σ_y）を確かめた場合には，以下の式を用いて保守限応力度を算出してよいこととしている．なお，溶接桁に対する保守限応力度については残留応力の影響を考慮して，リベット桁に対するものよりも低い値が設定されている．

$$\sigma_m = 0.8\sigma_y \text{（非溶接桁）} \tag{2.2.6}$$

$$\sigma_m = 0.7\sigma_y \text{（溶接桁）} \tag{2.2.7}$$

2.3 道路橋の性能照査型維持管理について

(1) 道路橋の維持管理の現状[6]

全国に約 73 万橋あると言われている道路橋のうち，建設後 50 年を経過した橋の割合が 10 年後には 44%に達すると見込まれる．また，緊急的に整備された個所や水中部など立地環境の厳しい場所などの一部の構造物において老朽化が顕在化しており，通行規制等が増加している．

また，土木技術者の減少により，道路橋の点検は，約 8 割の橋において，遠望目視で行われているのが現状である．

この様な中，2012 年 12 月 2 日の笹子トンネル天井板落下事故を踏まえ，国土交通省の指導の下，2013 年に緊急点検や集中点検を行い，第三者被害防止の観点から最小限の安全性を確認している．さらに，「社会資本整備審議会　道路分科会」において，2014 年 4 月には「道路の老朽化対策の本格実施に関する提言」や 2014 年 6 月には「道路のメンテナンスサイクルの構築に向けて」が出され，本格的にメンテナンスサイクルを回すために種々の取組みを実施している．

① 2013 年 6 月に道路法が改正され，点検基準の法制化や修繕等代行制度の創設
② 地方公共団体の取組みに対する体制支援の位置づけで，2014 年 4 月から「道路メンテナンス会議」が設立され点検から対策の推進を図る．
③ 定期点検に関する省令が告示されたが，公布は 2014 年 3 月 31 日，施行は 2014 年 7 月 1 日としており，5 年に 1 回の近接目視による点検を義務付けている．また，点検実施のための具体的な方法等を提示した定期点検要領を 2014 年 6 月 25 日に通知されている．

この様に，点検強化と効果的な老朽化対策の推進を図ることで，国民の理解を得ることとしている．また，2013 年 1 月 15 日に「首都高速道路構造物の大規模更新のあり方に関する調査研究委員会の提言」，2013 年 4 月 17 日に「阪神高速道路の長期維持管理及び更新に関する技術検討委員会の提言」，2014 年 1 月 22 日に「高速道路資産の長期保全及び更新のあり方に関する技術検討委員会の提言」が各高速道路会社によりまとめられ，リニューアルプロジェクトとして老朽化対策に取り組んでいるところである．

(2) 道路橋の健全性の診断[6]

国土交通省から通知された「定期点検要領」によると，健全性の診断は，図 2.3.1 に示すフローに従い行うこととされている．なお，最終的には道路橋毎の健全性の診断を行うことで，道路管理者が保有する道路橋全体の状況を把握し，全体のメンテナンスサイクルを回すことになる．

これらの維持管理については，以前からある仕様規定に基づく維持管理手法であり，今後は性能規定型維持管理に移行することで，より明確に要求性能を照査することができ，維持管理の推進が図れると期待される．

そのため，2017年7月に道路橋示方書[2]の改定がなされた．次項に道路橋示方書の改定内容を記載する．

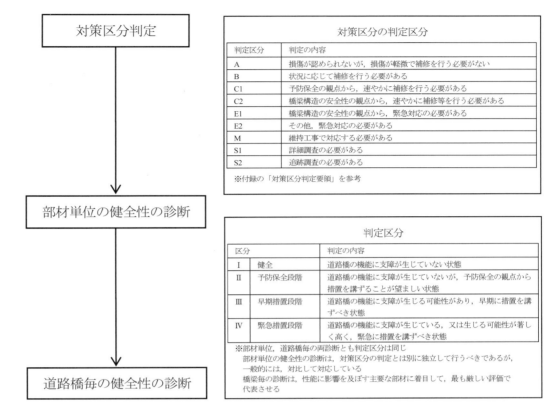

図2.3.1　道路橋の健全性の診断フロー[6]を加筆修正

(3) 道路橋示方書[7]の性能照査型設計への移行

道路橋の新設及び維持管理を行う上で，基本となる基準は，道路橋示方書となっている．2001年の改定で,性能照査型の示方書となり,2012年の改定で,維持管理に配慮事項の規定がされた．今回の2017年7月の改定においてより詳細に記述された．以下に概要を示す．

多様な条件に対応するきめ細かな設計手法の導入が主な内容で，荷重係数，部材係数，材料係数等に安全率を細分化（部分係数化）した設計手法としており，この他にも新たな知見等を取り入れた改定となっている．

【Ⅰ共通編】
・橋の耐荷性能について区分，限界状態および部分係数による照査の方法を規定
・設計上の配慮事項（維持管理等）を具体的に規定
・設計供用期間について100年を標準とすることを新規追加
　項目としては，新規に1～7章に記載され要点を以下の表にまとめた．

表2.3.1　H29道示の主な項目（Ⅰ共通編）[7]から一部抜粋して加筆修正

章	項目	改定内容の要点
1章　総則	橋の重要度	橋の重要度について新規規定
	設計供用期間	設計供用期間について新規規定 期間は100年を標準
	設計の基本方針	設計の基本方針について新規規定 橋の耐荷性能，橋の耐久性能，使用目的との適合性について記載
	構造設計上の配慮事項	構造設計上配慮できる具体的な事項について追記
	施工	施工における考慮事項を新規規定
2章　橋の耐荷性能に関する基本事項		橋の状況・状態の区分及び耐荷性能について新規規定
3章　設計状況		作用の種類，作用状況の設定，作用の組合せについて新規規定⇒2章に規定している橋の状況に合わせた作用の組合せ・係数を記載
4章　橋の限界状態		橋・上下部・接続部・部材等の限界状態について新規規定
5章　橋の耐荷性能の照査		橋の耐荷性能の照査の一般事項・照査方法について新規規定
6章　橋の耐久性能に関する基本的事項と照査		耐久性確保の方法と照査について新規規定
7章　橋の使用目的との適合性を満足するために必要なその他検討と照査	一般	検討が必要な事項として，第三者に被害を及ぼす可能性，振動や騒音等が発生する可能性又は通行者や周辺環境に及ぼす影響を記載
	接合部の耐久性能に関する設計	交換を前提とする部材について新規規定
8章　作用の特性値	死荷重	プレストレスを導入するコンクリートについて設計基準強度によって，24.5，25.0kN/m³の2種類を記載
	温度差の影響	これまで温度変化の影響に併せて記載されていたものを，温度差について分けて記載
	雪荷重	雪荷重の算出方法について，解説から条文化
	風荷重	設計基準風速を40m/sとし，風荷重を風速から算出する式に見直し 活荷重に対する風荷重を追加
9章　使用材料	鋼材	橋梁用高降伏点鋼板，溶接材料について追加 摩擦接合用トルシア形超高力ボルト（S14T）の追加
10章　上下部接続部	支承部に作用する力	不反力が生じる場合の算出式の見直し　$R_u = \alpha R_{L+I} + R_d$　$\alpha = 1.65$
	支承部の限界状態	支承部の限界状態・抵抗の特性値・照査について新規規定
	支承と上下部構造の取付部の設計	取付部について追記
	支承部の施工	支承部の施工について追記
	メナーゼヒンジ支承	メナーゼヒンジ支承について新規制定
	遊間	遊間ついて新規規定
	伸縮装置に作用する力	解説に記載していた活荷重応力について条文化 ゴム材，鋼材からなる伸縮装置：活荷重応力の75% 表面に張出しを有する鋼部材を持つフィンガージョイント等：活荷重応力の150%
	伸縮装置の耐久性能に関する検討	耐久性能に関する検討について新規制定⇒耐久性能は6章に準じ，磨耗についても考慮する
	フェールセーフ	フェールセーフについて新規制定

【Ⅱ鋼橋・鋼部材編】

鋼橋・鋼部材編については，内容の項目の再構築を行い，照査方法を規定項目を性能照査に係る部分について要点を以下の表にまとめた．

表2.3.2　H29道示の主な項目（Ⅱ鋼橋・鋼部材編）[7]から一部抜粋して加筆修正

章	項目	改定内容の要点
1章　総則	前提となる条件	設計の前提となる材料・施工・維持管理について新規規定
	鋼種の選定	橋梁用高降伏点鋼板（JIS G 3140）SBHS400，SBHS400W，SBHS500 及びSBHS500W について追記
	設計図等に記載すべき事項	設計図等に記載すべき事項について具体的な記載を追記
2章　調査		設計，維持管理及び施工のために必要な調査を新規規定
3章　設計の基本	総則	部材等を主要部材と二次部材に適切に区分して扱うことを追記
	その他の必要事項	構造設計上の配慮事項を追記
4章　材料の特性値	材料強度の特性値	材料の特性値について，新たな章として新規規定 平行線ストランド及び被服平行線ストランドについて追加 摩擦接合用高力ボルトにS14Tを追加
	設計に用いる定数	PC鋼より線のヤング係数の見直し
5章　耐荷性能に関する部材の設計		設計手法の改定に併せて，対応する各事項を見直し
6章　耐久性能に関する部材の設計		鋼材の腐食及び疲労を考慮することを追記
7章　防せい防食		防せい防食の機能および維持管理について追記
8章　疲労設計	疲労設計荷重と応力範囲の算出	疲労設計荷重（F荷重）を新規規定
	継手の強度等級	分類区分及び名称を見直し
	疲労設計における配慮事項	二次応力及び応力集中，部材の振動について新規規定
	構造詳細による鋼床版の疲労設計	鋼床版の疲労設計について新規規定
9章　接合部	溶接継手の種類と適用	完全溶込み開先溶接は裏はつりを行うこと原則とすることを追記 引張力を受ける継手には，すみ肉溶接による溶接継手を用いてはならないことを追記
	継手形式の選定	継手形式について新規規定
	溶接継手の限界状態1及び3	部分溶込み開先溶接は，すみ肉溶接と同様な照査とすることを追記
	連結板	連結板に用いる鋼材について，母材と同等以上とすること新規規定
	鋼部材とコンクリート部材の接合	鋼部材とコンクリート部材との接合部の構造について新規規定
11章　床版	全般	鋼コンクリート合成床版及びPC合成床版について適用を追加
	床版の設計曲げモーメント	単純版，連続版におけるPC床版の床版支間適用範囲が $0<L\leqq8m$ に拡大
	コンクリート系床版の施工時の前提条件	施工時の前提条件を新規規定
14章　コンクリート系床版を有する鋼桁	床版の合成作用の取り扱い	コンクリート系床版を有する鋼桁の設計にあたっては，床版のコンクリートと鋼桁との合成作用を適切に考慮しなければならないことを追記
	床版のコンクリートの設計基準強度	鋼コンクリート合成床版のコンクリートの設計基準強度について $30N/mm^2$ 以上とすることを追記
15章　トラス構造	ガセット	斜材または鉛直材とボルトの離れを追記
17章　ラーメン構造	鋼製橋脚	鋼製橋脚について新規規定
18章　ケーブル構造	ケーブル部材の区分	ケーブル部材の疲労特性について新規規定
20章　施工	施工に関する記録	施工に関する記録の取得及び作成，保存について新規規定
	加工	加工計画，製作図について追記
	内部きず検査	突合せ溶接以外の完全溶込み溶接継手の検査方法等について追記

この様に，照査方法は規定されたものの具体の方策については，今後検討されるものと思慮される．

(4) 性能照査型維持管理の事例紹介

道路橋においては，まだ具体的な性能照査型維持管理手法が確立されていないため，本項では，各機関において，試験的に実施している事例を紹介する．

a) 中日本高速道路（株）金沢支社における事例[8]

1) 維持管理フロー

高速道路橋の定期点検は，これまで経験工学に依るところが大きく，既設鋼橋の構造安全性能は定性的に評価されてきた．すなわち点検員・技術者は現場での実務経験を積み，ノウハウの蓄積を継承することにより既設鋼橋の構造安全性能が確かめられるとするものである．

しかしながらこれらの手法には限界があり，点検・調査・モニタリングのデータを基に橋の健全性を定量的に評価する維持管理プロセスが整備されて始めている．健全性の定量的な評価は，定期点検による現状を把握するプロセスと，構造安全性能，使用性能ならびに疲労を照査するプロセスで構成されることが多い．

ここで，ISO13822（構造物の設計の基本－既設構造物の性能評価）[9]では図2.3.2に示す維持管理フローが定められ，橋の架設地点における経年劣化や損傷シナリオを考慮した構造解析により，構造安全性能ならびに使用性能の評価が行われている．また米国ではFHWAの点検要領NBISにより高速道路橋に対して2年1回の定期点検を定め，さらにAASHTO MBE[10]（橋梁評価マニュアル）による耐荷力評価法でRF（Rating Factor）を算出し，NBI台帳により橋の情報を一元管理している．AASHTO LRFRによる耐荷力評価のフローを図2.3.3に示す．また，鋼トラス橋などの冗長性がない橋では，崩落危険部材（Fracture Critical Member，以下FCM）を特定し，点検員・技術者にFCMに対する教育を行うことが重要とされている．

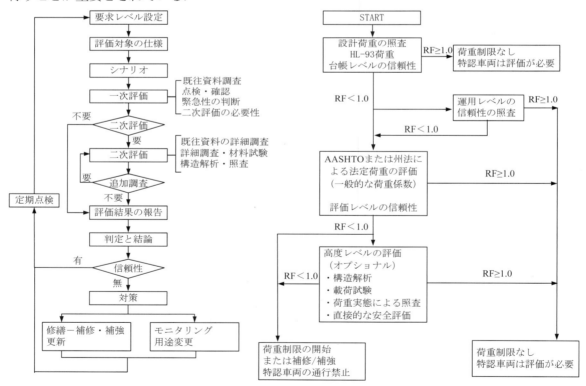

図2.3.2 ISO 13822による既設構造物の維持管理フロー[9]　　図2.3.3 AASHTO MBEによる既設橋梁の耐荷力評価フロー[10]

第1編　鋼橋の性能照査型維持管理と性能評価について

これらをベースにしながら，金沢支社では，図2.3.4に示すフローを提案している．このフローは，限られた人的資源で，より多くの既設鋼橋を効率的に維持管理できるよう，構造安全性能の照査にメリハリをつけ，劣化の度合いが重篤な判定に進むごとに，より精密かつ定量的な評価を実施することを求めている．具体には，構造安全性能の事前確認，定期点検，事後確認の3ステップとする．

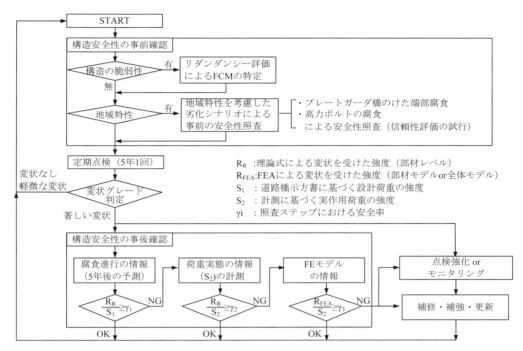

図2.3.4　性能照査型維持管理による評価フロー[8]

2)　構造安全性の事前確認

2-1)　リダンダンシー評価によるFCMの特定

トラス部材の単体破損が橋全体の崩落に繋がるFCMを把握するため，線形解析でリダンダンシー評価を行う．リダンダンシー評価の方法は，ある部材が破断したことを仮定し断面力を開放した後で他の部材の断面力を算出し，他の部材が終局状態となるかを判定するものである．ただし，トラス橋の建設は全国的に少なくなっており，金沢支社で管理しているトラス橋の数も少ないことから，詳細についてここでは省略する．

2-2)　劣化シナリオによる事前の安全性照査

点検員の知識や経験の差による点検結果のバラツキを防ぐため，多くの鋼鈑桁橋で報告される代表的な劣化要因に対して，地域特性を考慮した劣化シナリオを検討する．この検討から，代表的な鋼鈑桁橋の劣化に対して，効率的に定量的な評価を行うノウハウが整理できる．これまで地域特性を考慮した劣化シナリオの検討では，鋼鈑桁橋のけた端部腐食や，高力ボルトの腐食の事例について，信頼性評価指標β（以下，β指標）により構造安全性能の試算している．

なおβ指標とは図2.3.5でイメージされる．β指標は時間の経過により劣化が進行すると小さくなり，また破壊確率も増す．β指標は作用側の確率分布 $f_S(S)$ と抵抗側の確率分布 $f_R(R)$ が交わる性能関数 Z の平均値 μ_Z を標準偏差 σ_Z で除し，$\beta = \mu_Z/\sigma_Z$ で与えられる．また性能関数 Z の平均値は $\mu_Z = \mu_R - \mu_S$，標準偏差は $\sigma_Z = (\sigma_R^2 + \sigma_S^2)^{1/2}$ で求まる．表2.3.3は破壊確率とβ指標の関係を示す．ISO13822[9]ではβ指標を3.8に確保して，構造物を維持管理することが目標とされている．

① プレートガーダー橋のけた端部腐食の事例

冬季に凍結防止剤を使用する北陸道では，鋼橋のけた端部に局部的な腐食が生じていることが多い．性能関数 Z の平均値 μ_z は，$\mu_z = F_y - (D+L)/A$ と表現できる．ここに F_y は降伏強度の平均値，D は死荷重強度の平均値，L は活荷重強度の平均値，A は柱としての有効断面の平均値をそれぞれ示す．表 2.3.4 に β 指標を試算するための対象部の諸元の平均値，標準偏差を示す．β 指標の算定にあたり，Advanced First Order and Second-Moment（以下，AFOSM）を用い，表 2.3.5 の結果を得る．なお表 2.3.5 には許容応力度設計法（Allowable Stress Design Method，以下，ASD）における降伏点に対する安全率も併記している．

② 高力ボルトの腐食の事例

高力ボルトが著しく腐食するとボルトの残存軸力は低下する．この試算では，著しく腐食した高力ボルトの残存軸力をゼロと仮定し，β 指標 3.8 を確保する高力ボルトの本数の割合を算出する．高力ボルトの残存軸力の性能関数 Z の平均値 μ_z は，$\mu_z = \rho N - (D+L)$ と表現できる．ここに ρ は高力ボルト 1 本あたりの耐荷力，N は軽微および腐食がない高力ボルトの本数，D は死荷重によるフランジ軸力分，L は活荷重によるフランジ軸力分とする．表 2.3.4 に β 指標を試算するための諸元の平均値，標準偏差を示す．なお β 指標の算定は AFOSM を用い，表 2.3.6 に結果を示す．

高力ボルトの腐食による信頼性評価の試算結果から，設計活荷重（L×1.00）が作用する場合は 25% 未満の本数の高力ボルトが著しく腐食しても β 指標 3.8 を確保できる．これは道路橋示方書 ASD と，信頼性理論に基づく β 指標の評価の差であると考え，道路橋示方書 ASD は信頼性理論に基づく β 指標 3.8 に比べて 25% の余裕があることがわかる．また北陸道の活荷重実態調査に基づく活荷重評価（L×0.65）の場合は，35% 未満の高力ボルトが著しく腐食しても β 指標 3.8 を確保できると試算された．

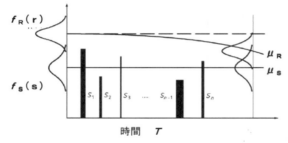

図 2.3.5 時間経過に伴う信頼性評価指標 β のイメージ[8]

表 2.3.3 破壊確率と β 指標の関係[8]

破壊確率	β 指標	破壊確率	β 指標
0.50	0.00	10^{-4}	3.72
0.16	1.00	10^{-5}	4.27
10^{-1}	1.29	10^{-6}	4.75
10^{-2}	2.32	10^{-7}	5.20
10^{-3}	3.09	10^{-8}	5.61

表 2.3.4 不確定要因の平均値と標準偏差の一覧[8]

不確定要因		基準値	平均値／基準値	標準偏差
作用側要因	死荷重	RC 床版　2.50tf/m³	1.050	0.0138
		鋼重　　　7.85tf/m³	1.002	0.0121
		舗装　　　2.30tf/m³	1.030	0.0500
	活荷重	TL20	0.65~1.30	0.0560
抵抗側要因 けた端部	降伏強度	JIS 規格下限値 SM41	1.232	0.1011
	板厚	計測値	計測値	0.2mm
抵抗側要因 高力ボルト	すべり係数	0.40	1.480	0.0670
	軸力	202kN	0.956	0.0190
	多列配置	耐荷力 10% 低下を考慮する。		

表 2.3.5 けた端部の腐食減肉と安全率，β指標の関係
（設計荷重強度の平均値×1.3の場合）[8]を一部修正

残存板厚(mm)		ASDによる降伏点に対する安全率	β指標
補剛材	ウエブ		
22	9	1.72	4.67
22	6	1.62	4.34
22	4	1.55	4.09
22	2	1.48	3.82
20	2	1.35	3.24

表 2.3.6 腐食した高力ボルトの本数の割合
（β指標3.8を確保する状態）[8]

活荷重評価	著しく腐食した高力ボルトの本数割合
L×0.65	35%
L×0.80	30%
L×1.00	25%
L×1.30	13%

3) 構造安全性能の事後確認

3-1) 腐食進行の情報

道路橋の抵抗側に関する影響度（R）の設定として，定期点検の間隔である5年後の鋼材の腐食進行を予測することが重要である．鋼材の腐食進行を予測するため，海岸からの飛来塩分や凍結防止剤が影響する代表橋（4か所）において，図2.3.6のワッペン型鋼材片（SM490A，50×50×2mm）を鈑桁橋のウエブや下フランジの上面に曝露し，経過時間と鋼材の腐食量の関係を調べている．鋼材片の曝露は2015年1月頃から始まり，所定期間後の鋼材腐食の質量減少を計測することで，将来の腐食進行が予測できる．定期点検において鋼材腐食が発見された場合，ノギスなどによる腐食減肉量の計測値に加え，曝露試験の予測値を加算することで，抵抗側に関する影響度（R）を補正できる．

3-2) 荷重実態の情報

道路橋の作用側に関する影響度（S）を設定するため，Bridge Weigh-in-Motion（以下，BWIM）による大型車荷重の実態を把握している．図2.3.7はBWIMで得た荷重モデルから主桁の最大曲げモーメントを算出し，道路橋示方書の設計荷重との比較している．大型車が並走する場合，活荷重係数は0.65と試算される．今後も実荷重に関するデータを収集し，より信頼ある定量的な評価が可能となる．

3-3) FEモデルの情報

FEモデルによる安全性能の確認は，FEモデルと現地状況を同定することが重要となる．現地状況とFEモデルを構造同定する方法として，実橋の振動特性やたわみ特性が活用できる．たわみ特性の活用は実橋での載荷試験を行う必要があり，振動計測に比べ試験費や作業性に劣る．このため図2.3.8に示す加速度計を橋面上に設置し，実橋での振動特性を把握し，FEモデルの構造同定を試している．

図 2.3.6 ワッペン試験片による腐食計測[8]

図 2.3.8 振動特性による構造同定[8]

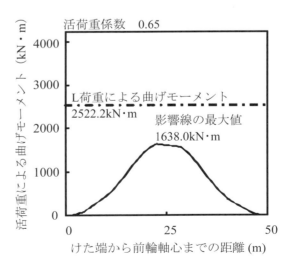

図 2.3.7 BWIMで得た主桁の最大曲げモーメント[8]

2.4 ダムゲートの性能照査型維持管理について

(1) 性能照査型維持管理の概要

維持管理の実務に性能照査概念を取り込むことや，状態監視の導入，あるいは維持管理・補修・更新に関わるリスク・コスト評価などが必要となってきていることに対応する目的で，主要な水力土木設備としてダムゲートを対象に，リスク・コスト評価を含む性能照査型維持管理マニュアルが策定されている[11]．当該マニュアル冒頭に記載されている，マニュアルの概要を以下に引用する[11]．

(1) 基準・指針類策定のための新しいガイドラインである ISO13822（構造物の設計の基本－既設構造物の性能評価）や国土交通省「土木・建築にかかる設計の基本」に基づき，性能規定化や国際整合化に合致する内容とした．

(2) 通常時（洪水時を含む）および地震時における，ダムゲートの安全性（構造安全性／水理安全性／制御確実性），耐久性（耐腐食性／耐摩耗性／耐疲労性），使用性（水密性／操作性／保守作業性）に関わる要求性能と目標性能を明らかにした（2章および3章）．

(3) ダムゲートが保有する上記の性能を低下させる原因となる変状を明らかにし，点検・調査・構造解析を介して供用中の保有性能を照査する手順を示した（4章）．

(4) 損傷モード影響解析等により予め変状と損傷・損壊の関連を把握した上で点検・調査の項目および内容を設定する考え方を示した（5章）．

(6) 性能照査では，特に構造安全性の照査において，製作時の許容応力に割増率を乗じた値を維持管理向けの判断基準に設定する考え方を示した（7章）．

(7) 対策選定では，設備の損壊確率の推定，損壊発生時の周囲への影響，損害費や収益の減少等を考慮し，これをライフサイクルにわたって評価することで対策の実施時期や内容を決定する考え方を示した（8章）．

(8) 維持管理向けの判断基準の設定やリスク評価に役立てるため，経年劣化の影響を考慮した構造信頼性解析の評価例を示した（付録）．

なお，当該マニュアルでは，「鋼・合成構造標準示方書　維持管理編（土木学会）」[1]や「鉄道構造物等維持管理標準」[2]等で示されている"要求性能"にくわえて，"目標性能"というものを設定しているところに特徴があり，性能照査は構造物が保有する性能が目標性能を満足する手法としている．また，要求性能と目標性能ともに，通常時と地震時に分けて考えられており，地震時についてはさらに設計震度に対する目標性能，設計震度を越える地震に対する目標性能を考えている．

以下に，マニュアルに記載されている性能照査，要求性能，目標性能の定義を示す．また，表2.4.1に安全性（通常時の要求性能）に関わる目標性能を示す．

　　性能照査[11]：構造物に対する要求性能・目標性能を明らかにし，その構造物が保有する性能（構造物性能）が目標性能を満足することを直接確認（照査）する手法．

　　要求性能[11]：ダムゲートの設置環境や使用条件にしたがって，所有者・管理責任者が求める性能であり，安全性，耐久性，使用性などの用語を用いて一般的表現で記述されたもの．

　　目標性能[11]：要求性能を満足させるために，ダムゲートの供用期間中に実現しようとする性能であり，工学的表現で記述されたもの．

表 2.4.1 安全性（通常時の要求性能）に関わる目標性能

構造安全性[11]	設備管理者が定める通常時の管理限界応力を越えないこと．ここで，通常時の管理限界応力とは，詳細な性能照査の実施や状態監視の強化により，このレベルまでは容認可能となる指標値のことで，許容応力より大きい値をとることもできる．
水理安全性[11]	自励振動やキャビテーション等の異常な流体関連振動が生じないこと．
制御確実性[11]	扉体の開閉操作 1 回につきダム操作規程に定められた限界値以上の動作をしないこと，運転員が設定した開度に開閉動作が行えること，仮に扉体の開閉に異常が発生した場合でも当該扉体を確実に停止できること．

ゲートの維持管理における，性能照査のための点検・調査や，保有性能の維持のための状態監視，補修・更新等の対策は，設備・部材毎に最適な保全方式に基づいて実施することとしている．保全方式については，大きく予防保全と事後保全に大別されており，さらに予防保全（PM：Preventive Maintenance）は時間計画保全（TBM：Time Based preventive Maintenance）と状態監視保全（CBM：Condition Based preventive Maintenance）に区別し，事後保全（BM：Breakdown Maintenance）は緊急保全と通常事後保全に区別している（図 2.4.1）．

予防保全・事後保全等，効果的な保全方式を設定する方法としては，①設備重要度による方法，②信頼性重視保全（RCM：Reliability Centered Maintenance）による方法，③リスク基準保全（RBM：Risk Based Maintenance）による方法等があるとしている．例として①設備重要度による方法を表 2.4.2 に示す．

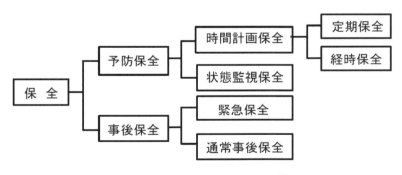

図 2.4.1　保全方式の種類[11]

表 2.4.2　設備重要度に応じた保全方式の設定例[11]

重要度ランク	設備保全方式			設備診断標準
	TBM	CBM	BM	
A（重要度大）	○	○		定期的な設備診断
B（重要度中）		○		〃
C（重要度小）			○	なし

(2) 性能照査

性能照査を適用した維持管理として図 2.4.2 に示すフローを，また，性能照査に用いる基本的なデータは図 2.4.3 に示す流れを適用することとしている．

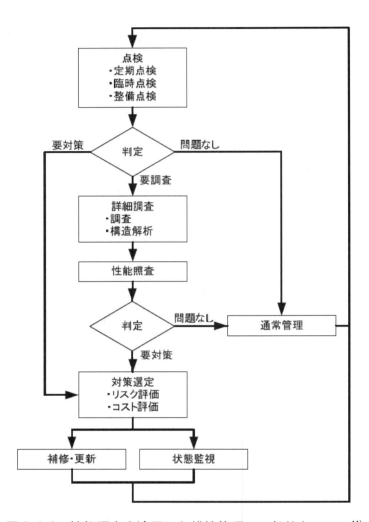

図 2.4.2　性能照査を適用した維持管理の一般的なフロー[11]

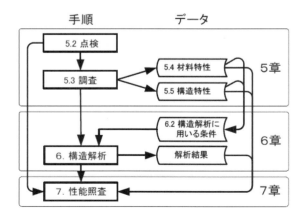

図 2.4.3　性能照査に用いる基本的なデータの流れ[11]

図 2.4.2 に示すとおり，ダムゲートでは，点検においては外観を中心とした定性的情報を主体とした判定をすることとし，性能照査は詳細調査後に実施するものとなっている．これは，変状の発見・抽出を主体とした点検もしくは検査においても性能を照査するとしている「鋼・合成構造標準示方書　維持管理編（土木学会）」[1]や「鉄道構造物等維持管理標準」[2]等とは異なったスタンスである．ただし，「点検で確認できる個々の劣化・変状に関して，損傷モード影響解析あるいはそれに類する手法によって損傷あるいは損傷に至るプロセスを把握することにより，当該ゲートの安全性，耐久性，使用性を間接的に照査することが可能である．」[11]ということも示しており，実態としては，土木学会や鉄道における性能照査と考えは一致している．

定量的な性能照査の方法としては，構造安全性（安全性）や耐疲労性（耐久性）において具体的な方法が示されている．構造安全性については許容応力と発生応力を比較し評価するものであり，耐疲労性については疲労限もしくは累積損傷度によって評価するものである．以下に，構造安全性についての手法を示す．通常は①照査レベル1を用い，安全率を $1/\alpha$ だけ下げられると判断した場合は②照査レベル2を用いることとし，その際，必要に応じて状態を監視することとなっている．

① 照査レベル1（現行の設計基準に基づく照査）[11]

　許容応力 σ_a と発生応力 σ を比較することで，安全性を評価する．

$$\sigma \leqq \sigma_a \quad \text{基準値以内} \tag{2.4.1}$$

$$\sigma > \sigma_a \quad \text{基準値超過} \tag{2.4.2}$$

② 照査レベル2（管理限界応力に基づく照査）[11]

　許容応力 σ_a に α（割増率または割増し係数）を乗じた $\alpha\sigma_a$ を維持管理上の限界応力として照査に用いる．

$$\sigma \leqq \alpha\sigma_a \quad \text{基準値以内} \tag{2.4.3}$$

$$\sigma > \alpha\sigma_a \quad \text{基準値超過} \tag{2.4.4}$$

2.5 我が国の橋等の性能照査型維持管理に関する課題

本章で紹介された各構造物の維持管理の現状をみると，すでに性能照査型維持管理として取り組まれているもの，取り組もうとしているもの等，それぞれで状況が異なっていることがわかる．ただし，構造物に求められるあらゆる性能について，効率的に，精度良く評価を行いながら維持管理を行う手法は確立されているとはいいがたい．

一方，どの管理者も維持管理の予算に余裕がなく，次回点検まで経過観察で済ませられるのか，補修・補強等の措置を行わなければ構造物に求められる性能や安全を確保できないのか，という評価の見極めを精度良く行うことに対するニーズは高い．現状は定性的な評価が基本となっていることに対して，定量的な評価手法を導入することがそのニーズへの有効な対策の一つと考えられる．以上を踏まえて，性能照査型維持管理を深化させるための課題を抽出すると以下のようである．

・安全性の照査の一部において，変状に対する詳細な調査の結果に基づき定量的な性能評価がなされることが鉄道構造物等設計標準（鋼・合成構造物）[2]等の基準に示されているものの，目視を主体とした調査で発見・抽出された変状に対し定性的に照査することを基本としている．そのため，点検者の技量の水準が確保されていることを前提としていない場合，評価の信頼性が明確ではない．

・特に，次回点検まで経過観察で済ませられるのか，補修・補強等の措置を行わなければ構造物に求められる性能や安全を確保できないのか，という評価にばらつきが生じると，安全性や維持管理の費用に大きな影響を与える懸念がある．

・目視が主体である場合，近接が困難な狭あい部や，地中部などの不可視部分の評価が難しい．

- 定性的な評価では，補修・補強等の措置を行った場合，その措置の効果の程度が不明瞭である．
- 定量的な性能評価は，鉄道橋においては耐荷性，構造安全性，あるいは耐疲労性等の一部について具体的な手法が示されているものの，その手法は性能照査型維持管理に移行する以前から利用されてきた慣用的な手法と同様である．
- 定量的に性能を評価する場合，求められる性能の種類や程度が構造物ごとに異なることを踏まえて各性能を評価するための工学的指標を適切に設定する必要がある．
- 定量的な性能評価において一定の信頼性を確保するためには，構造物の重要性や工学的指標の不確かさを考慮して安全率を適切に設定する必要がある．
- 定量的な性能評価を主桁等の各部材に対して行う場合，部材の性能と構造物全体の性能との関連を明確にする必要がある．
- 定量的な性能評価は，点検した時点における構造物の性能を評価していることから，変状の時間的な進行性の考慮が不明確である．

定量的な性能評価に関して，これらのような課題にどのように対応するのか，海外においてすでに実用化されている具体的な手法を調査して3章で報告する．

参考文献

1) 土木学会鋼構造委員会：2013年制定 鋼・合成構造標準示方書 維持管理編，2014.1.
2) 国土交通省鉄道局 監修，鉄道総合技術研究所 編：鉄道構造物等設計標準（鋼・合成構造物），2009.7.
3) 国土交通省鉄道局 監修，鉄道総合技術研究所 編：鉄道構造物等維持管理標準・同解説（構造物編） 鋼・合成構造物，2007.1.
4) 日本鋼構造協会 編：鋼構造物の疲労設計指針・同解説，2012.6.
5) 国土交通省鉄道局 監修，鉄道総合技術研究所 編：鉄道構造物等設計標準・同解説 変位制限，2006.2.
6) 国土交通省道路局国道・防災課：橋梁定期点検要領,2014.6.
7) 日本道路協会：道路橋示方書・同解説，2017.11.
8) 土木学会鋼構造委員会：第18回 鋼構造と橋に関するシンポジウム論文報告集，2015.8.
9) ISO(2010)：ISO13822 Bases for design of structures – Assessment of existing structures.
10) AASHTO(2011)：The Manual for Bridge Evaluation, Second Edition.
11) 電力中央研究所：ダムゲートの性能照査型維持管理マニュアル,2010.5.

3 橋に関する定量的な性能評価手法に関する調査

橋の維持管理における点検時の性能評価について，現状は定性的な評価が基本になっており，それに対する課題，及び定量的な評価に対する期待について，2章最後の2.5で整理された．本章では，海外における維持管理に関する基準の動向の調査として，まず ISO の現状を報告する．次に，すでに実用化されている具体的な手法として米国とカナダの事例を調査した結果を報告する．なお，本章における橋の定量的な性能評価を原書に合わせて"Rating"と呼び，特に活荷重等の荷重に対する性能評価を"Load Rating"と呼ぶ．

3.1 ISO13822, ISO16311 について

本節では，国際規格である ISO での維持管理に関する現状を整理する．ISO 13822[1]は「既設構造物の信頼性評価についての規定であり，ISO 16311[2]はコンクリート構造物を対象としているものの構造物の維持管理と補修について規定されている．また，これら国際規格の前提や包括的なものとして挙げられるものに ISO 2394 がある．ISO 2394 は「構造物の信頼性に関する一般原則」が示されており，構造物設計の際に構造物やその要素に要求される性能を信頼性理論により検証することが求められている[3]．この ISO 2394 に示された信頼性理論による設計は，3つの設計水準が設定されている．この3つの水準は，レベルⅠは部分係数設計法，レベルⅡは信頼性指標による設計法，レベルⅢは破壊確率による設計法となっている[4]．すなわち，信頼性指標や限界状態設計法，部分係数を定義する内容であり，我が国の維持管理を含めた構造物に関する基準の基盤となっているものであると言える．本規格に示された信頼性指標の例としては，終局限界状態では安全性クラスにより 3.1, 3.8, 4.3 に，疲労限界状態では点検の可能性に応じて 2.3～3.1 となっている[5]．ISO 2394 は新設構造物も含めた設計に関する内容であり，すでに各種文献もあるため，ここでは維持管理に関する国際規格である ISO 13822 と ISO 16311 について現状をまとめるものとした．

3.1.1 ISO13822

ISO13822 は，「構造物の設計の基本－既設構造物の信頼性評価」について規定されている．本規定は 2001 年に策定された後，2010 年に改訂が行われ，現在も基準や指針のガイドラインとして機能している．

図 3.1.1 は，ISO13822 における既設構造物の評価のフローである．特徴的な点としては，評価が一次と二次の 2 段階が設定されていることと，信頼性指標を用いた信頼性評価が活用されていることである．評価を一次と二次に分けている理由としては，一次では比較的簡易な調査に留め，詳細な二次評価の必要性について検討を行うこととし，一次評価の結果を受けて二次評価を行う内容を決定しているためである．一次評価と二次評価に分けて診断を行う事例としては，わが国の鉄道橋の維持管理基準[7]が類似していると言える．この鉄道橋の維持管理基準では，2 年に 1 回定期的に実施される全般検査と，全般検査の後に詳細な点検として実施される個別検査が設定されており，前者が一次評価で後者が二次評価に相当するとも捉えられる．よって，これらの評価の分けは，実務上膨大な維持管理の構造物に対してより効率的，確実に検査・評価を実施するために適した設定であると考えられる．なお，鉄道橋の維持管理基準での全般検査と個別検査の分類は，ISO 13822 が規定される以前の国鉄であった時代から設定されている．

信頼性の評価としては，先述の ISO 2394 で定義されている信頼性指標 β を使用することが求められている．この信頼性指標の目標値の例を表 3.1.1 に示す．この信頼性指標の設定，値は，先述の ISO 2394 に準じていると言える．

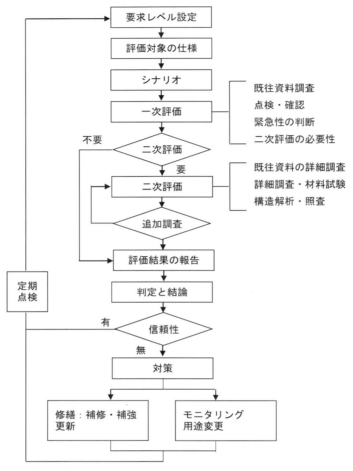

図 3.1.1　ISO13822 における既設構造物の評価のフロー[6]

表 3.1.1　ISO13822 における信頼性指標の目標 [1]

Limit states	Target reliability index β	Reference period
Serviceability		
Reversible	0.0	Intended remaining working life
Irreversible	1.5	Intended remaining working life
Fatigue		
Inspectable	2.3	Intended remaining working life
Not inspectable	3.1	Intended remaining working life
Ultimate		
Very low consequences of failure	2.3	L_S years[a]
Low consequence of failure	3.1	L_S years[a]
Medium consequence of failure	3.8	L_S years[a]
High consequence of failure	4.3	L_S years[a]
L_S is a minimum standard period for safety (e.g. 50 years).		

3.1.2 ISO16311

ISO16311は,「コンクリート構造物の維持管理と補修」について規定されている．本規定は2014年に制定され，この標準の策定を行ったISO第71専門委員会第7分科会は日本と韓国の共同により設置運営された．また，本規定は，Part1～4から構成されており，「Part1：基本原則」，「Part2：既存構造物の診断」，「Part3：補修設計」，「Part4：補修施工」となっている．各編の関連図を図3.1.2に，各編の目次構成を表3.1.2にそれぞれ示す．

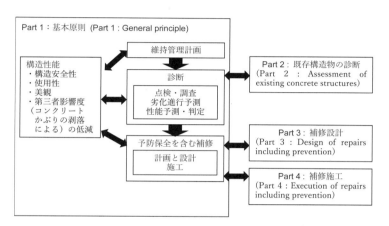

図3.1.2　ISO16311の各編の関係[8]

Part1の基本原則は，アジアンコンクリートモデルコードの維持補修関連個所が土台になっているとされている．Part2は，実務で行われてきた劣化状態の評価に，より合理的な構造性能評価を取り込んだ既存構造物評価法を提示している．この結果，評価は概略評価と詳細評価の2段階を取ることになったとされている．Part3とPart4は，補修工法に関して実績のある欧州標準の影響を受けた内容であり，事後保全と予防保全の両方を含めている．

ISO 16311の各編間，及び他のISOとの比較を図3.1.3に示す．これによれば，Part2（既存構造物の診断）は，先述のISO 2394，及びISO 13822とも関連整合していることが伺える．文献9)にはISO 16311の維持管理に関するフロー（図3.1.4）が示されているが，用語は多少変化しているものの，ISO 13822とほぼ整合したものとなっていることが分かる．また，図3.1.4には，信頼性判断後の処置として，供用中のモニタリングも選択肢として用意されていることがわかる．

ISO16311に規定されている概略照査（概略アセスメント）では，目視を原則とする点検のほか文献調査に基づき，安全性，供用性について検討を行う．その結果，状態レベルと影響レベルを評価し構造安全性を確認する．状態レベルは「Good」から「Unsafe」の5段階，影響レベルは「影響なし」から「危険性が高い」の5段階で示される．

詳細診断（詳細アセスメント）では，構造物の状態に関連付けられた定量的な指標で行うこととしている．具体的には，構造解析に必要な，詳細な文献調査，詳細点検，材料実験などが実施されることが特徴であり，試験室に持ち帰ってのオフサイト試験，非破壊検査，微破壊検査も含まれるとしている．なお，構造モデルについては，各国や各地域の基準や計算手法を用いてもよいこととなっている．

診断（アセスメント）の結果は，状態レベル（表3.1.3）と影響レベル（表3.1.4）での判定を行うこととしている．この評価に基づき不具合によりもたらされるリスクが推定される．

表 3.1.2　ISO16311 の各編の目次[8]

Part1	Part2	Part3	Part4
1　適用範囲 (1　Scope)	1　適用範囲 (1　Scope)	1　適用範囲 (1　Scope)	1　適用範囲 (1　Scope)
2　引用基準 (2　Normative references)	2　引用基準 (2　Normative references)	2　引用基準 (2　Normative references)	2　引用基準 (2　Normative references)
3　用語の定義 (3　Terms and definitions)	3　用語の定義 (3　Terms and definitions)	3　用語の定義 (3　Terms and definitions)	3　用語の定義 (3　Terms and definitions)
4　維持管理・補修の基本 (4　Basis of maintenance and repair)	4　診断の骨組 (4　Framework of assessment)	4　補修前の最低限の検討事項 (4　Minimum considerations before repair and prevention design)	4　補修工事中の構造安定性 (4　Structural stability during execution of repairs)
5　維持管理計画 (5　Maintenance plan)	5　現場と実験室での調査とデータ収集 (5　Site and laboratory investigation and data collection)	5　維持管理・補修・予防保全の選択肢 (5　Strategies for maintenance repair and prevention)	5　一般的な要件 (5　General requirements)
6　診断 (6　Assessment)	6　性能評価と照査 (6　Evaluation and verification)	6　有効な補修や予防保全を実施するための設計原則、実施計画、具体的方法等の選定の基本 (6　Basis for the choice of specific repair and prevention design principles strategies, remedies, and methods)	6　補修・予防保全の方法 (6　Methods of prevention and repair)
7　予防保全を含む補修 (7　Repair including prevention)	7　対策の提案 (7　Recommendation)	7　補修が満足すべき要件に必要な製品とシステムの特性 (7　Properties of products and systems required for compliance with repair and prevention remedies)	7　既存構造物側の準備 (7　Preparation of substrate)
8　記録 (8　Recording)	8　報告 (8　Report)	8　設計図面に関する要件 (8　Design documentation requirements)	8　製品とシステムの適用 (8　Application of products and systems)
付録 A（参考資料）コンクリート構造物の維持・補修標準に関する国家法規と他の国際標準を含めた階層図 (Annex A (informative) Extended hierarchy of "Standards for maintenance and repair of concrete structures" with national legislation and other related International Standards)	付録 A（参考資料）診断レベル、調査レベルと診断の例 (Annex A (informative) Assessment levels Investigative tests, and examples of assessments)	9　衛生、安全性、環境保護への対応 (9　Compliance with health, safety, and environmental requirements)	9　品質管理 (9　Quality control)
付録 B（参考資料）用語の階層 (Annex B (informative) Hierarchy of terms)	付録 B（参考資料）劣化状態と性能に与える影響のレベル (Annex B (informative) Condition and consequence levels)	10　技術者の要件 (10　Competence of personnel)	10　対策実施後の維持管理 (10　Maintenance following completion of remedial action)
付録 C（参考資料）維持管理の区分 (Annex C (informative) Category of maintenance)	付録 C（参考資料）性能評価と照査 (Annex C (informative) Evaluation and verification)	付録 A（参考資料）補修設計 (Annex A (informative) Design of repairs and prevention)	11　衛星、安全性と環境 (11　Health, safety, and the environment)
	付録 D（参考資料）対策の提案 (Annex D (informative) Recommendations)		付録 A（参考資料）補修・予防保全の施工に関する解説 (Annex A (informative) Commentary on the execution of repairs and prevention)
	付録 E（参考資料）最終報告の内容 (Annex E (informative) Content of the final report)		

第1編 鋼橋の性能照査型維持管理と性能評価について

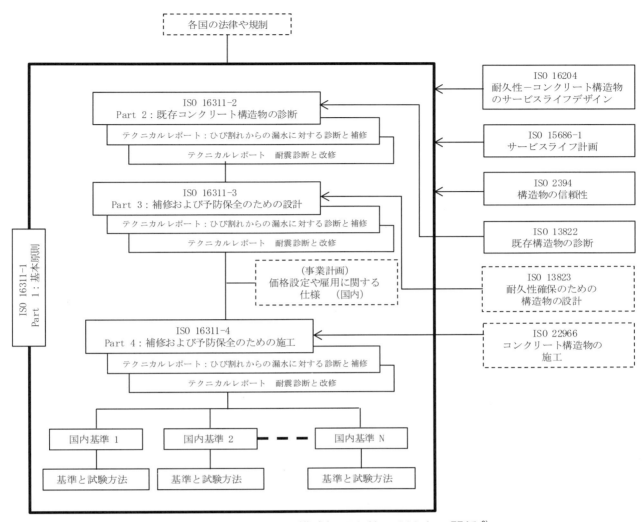

図3.1.3 ISO16311の構成概要と他のISOとの関係[8]

表3.1.3 状態レベルによる判定（詳細診断時）[9]

状態レベル0	良好な状態・劣化の兆候なし（Good condition. No symptoms of deterioration）目視による劣化の兆候がないが，中性化や塩分浸透が進み，潜伏期をほぼ過ぎつつある状況
状態レベル1	小規模な劣化の兆候（Minor symptoms of deterioration）小規模な劣化の兆候が確認されるが，調査を実施しても劣化程度は特定できない
状態レベル2	中規模な劣化の兆候（Moderate symptoms of deterioration）中規模な劣化の兆候が確認されるが，調査を実施しても劣化程度は特定できない
状態レベル3	深刻な劣化（Severe deterioration）深刻な劣化の兆候が目視で確認され，剥離・剥落による危険性が想定されるが，構造体の供用性や安全性の低下は最小限に留まる
状態レベル4	危険性が高い（Potentially hazardous）強い劣化の兆候が顕在化し，その影響により第三者安全性が低下する

表3.1.4 影響レベルによる判定（詳細診断時）[9]

影響レベル0	影響なし（No consequences）評価の結果，なんら影響がみられない状態
影響レベル1	影響小（Small consequences）評価の結果，小規模な影響が確認される状態
影響レベル2	影響中（Medium consequences）評価の結果，中程度の影響が確認される状態
影響レベル3	影響大（Large consequences）評価の結果，大規模な影響が確認される状態
影響レベル4	危険性が高い（Hazardous consequences）評価の結果，構造的に危険である，または危険な影響が認められる状態

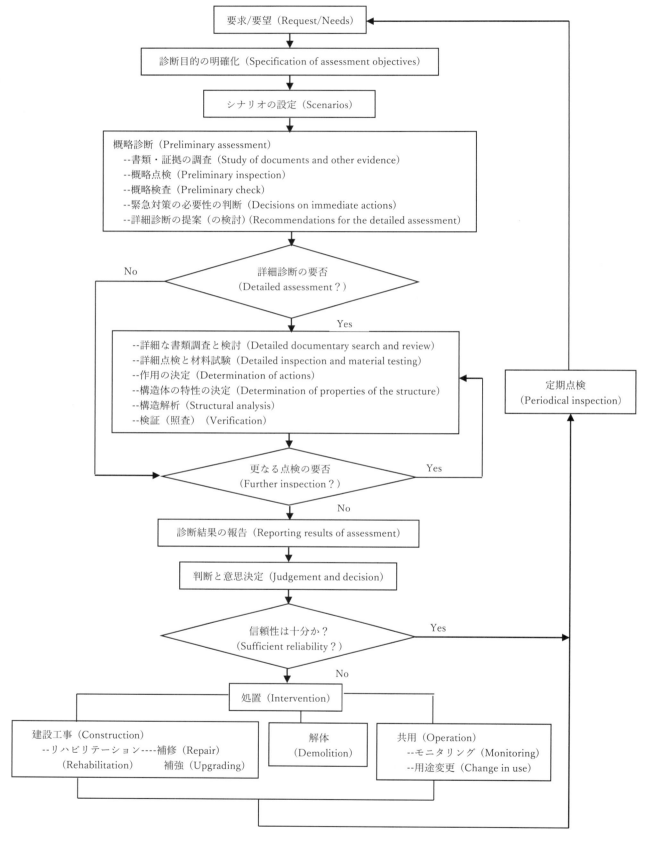

図 3.1.4　一般的な既設構造物の診断フロー[9]

Part3 では，維持管理・補修・予防保全の選択肢において以下のものが列挙されている[10].
・一定期間のモニタリング
・構造物の機能のダウングレード
・劣化進行の防止，遅延策
・補修保護，補強
・再構築
・撤去

この中で，補修保護という用語はあまり見慣れないものであると言えるが，引用文献[10]の記載のまま使用した．Part4 は，補修，及び予防保全のための施工についての内容であるが，具体的な試験方法について個別の規定を避けるように制定されている[10]．従って，本 ISO だけで施工が行えるようにはなっておらず，各国，各地域の実情に合わせられるようになっている．

3.2 LRFR の Rating Factor について

米国全州道路交通運輸行政官協会（American Association of State Highway and Transportation Officials, 以下，AASHTOという）は 高速道路の規格に関する基準設定機関であり，米国の高速道路全てこの協会が設定する規格に則って設計及び建設されている．橋の設計示方書においては，1971年から荷重係数設計法（Load Factor Design, 以下，LFDという）を採用し，1994年から荷重係数及び抵抗係数設計法（Load and Resistance Factor Design, 以下，LRFDという）になっており[12]，信頼性理論に基づいた各供用限界状態を設定し，均一信頼性指標のもとに設計できることとなっている．このLRFDと整合して連動した橋の性能評価手法が基準化され，実用化されている．本節では，性能照査型維持管理に向けた取り組みとして，AASHTOで基準化された橋の性能評価手法としてのLoad Ratingを紹介する．

3.2.1 LRFR の Rating Factor について

米国において，既設橋の耐荷力評価は1967年シルバー・ブリッジ崩壊事故を契機として発展してきた．近年では，1994年に"AASHTO Manual for Condition Evaluation of Bridges"という既設橋の状態評価が規定された[12]．その後，2003年に"AASHTO Guide Manual for Condition Evaluation and Load and Resistance Factor Rating (LRFR) of Highway Bridges"に改訂され，荷重係数及び抵抗係数評価法（Load and Resistance Factor Rating, 以下，LRFRという）が規定された[13]．その後，2008年に"AASHTO Manual for Bridge Evaluation"（以下，MBEという）に改訂され[14]，新設橋の設計基準であるLRFDに対応するLoad Rating手法としてのLRFRがPart Aに，それまでの許容応力度評価法（Allowable Stress Rating, 以下，ASRという）及び荷重係数評価法（Load Factor Rating, 以下，LFRという）がPart Bにそれぞれ記載されている．これら3つの手法に優先順位はなく，また新設時の設計手法にも関係なく，どの手法でも同等に橋の状態評価を行うことができるとされている．

MBEのLoad Ratingとは，ある荷重作用下における橋の安全性を評価するものである．主な対象は活荷重に対する耐荷性能の評価である．全国橋梁点検基準（National Bridge Inspection Standards, 以下，NBISという）[15]では，橋の定期点検は別途規定されている最大点検間隔（基本的には24か月）を超えずに実施されなければならず，Load Ratingは定期点検と同時に義務付けられている．具体的には，設計活荷重に対し，その何倍耐荷力があるかを表すRating Factor (以下，RFという)で表される．

Load Ratingの結果は，全国橋梁台帳（National Bridge Inventory, 以下，NBIという）に定期的に報告され，橋梁マネジメントシステム（Bridge Management System, 以下，BMSという）にて使用される．NBISは，道路の架け替えや補修のプログラム（Highway Bridge Replacement and Rehabilitation Program,

以下，HBRRPという）とも連動している．以上より，Load Ratingによる橋の評価は維持管理の中にしっかり組み込まれて実施されていることがわかる．

$$RF = \frac{C - DL}{LL} \tag{3.2.1}$$

ここで，Cは部材耐荷力，DLは死荷重効果（死荷重によって生じる断面力もしくは応力），LLは活荷重効果（活荷重によって生じる断面力もしくは応力）を表す．従って，RFが1以上であれば，基準とした活荷重に対して十分に安全であることを意味する．一方，RFが1より小さい場合，基準とした活荷重に対して安全とは言えず，NBISより，この橋の補強，閉鎖，もしくは荷重制限を実施しなければならない．

式（3.2.1）は耐荷力評価の方法によって，計算方法は異なる．ASRとLFRを用いて評価する場合，式（3.2.2）で示す．

$$RF = \frac{C - A_1 D}{A_2 L(1+I)} \tag{3.2.2}$$

ここで，DとLは部材に作用する各種類の死荷重と活荷重による荷重効果（軸力，せん断力，曲げモーメント等）である．A_1とA_2は死荷重と活荷重の係数であり，Iは活荷重の衝撃係数を表している．設計と同様に，ASRで評価する場合，作用応力度が許容応力度を超えないという判定方法で評価する．許容応力度は材料の降伏点，コンクリートの破壊または座屈などの不安定現象が生じる耐荷力を応力で示して安全率で除して求められる．LFRの場合，特に活荷重は死荷重に比べて大きく変動するという観点から，活荷重には死荷重よりも大きい荷重係数を用いる．評価の抵抗力は部材寸法精度，材料強度のばらつき及び計算手法を考慮した強度低減係数を乗じて，計算抵抗力を低減する．ASRとLFRでは，同時に発生する予測以上の荷重あるいは予測以下の部材強度の確率について明確に考慮されていない．

LRFRを用いて橋の耐荷力を評価する場合，式（3.2.3）で示す．

$$RF = \frac{C - \gamma_{DC} DC - \gamma_{Dw} DW \pm \gamma_P P}{\gamma_L LL(1+IM)} \tag{3.2.3}$$

ここで，DCは構造部材による死荷重効果，DWは表面摩耗する部材による死荷重効果，Pは死荷重以外の永久負荷（ポストテンション負荷など），LLは活荷重効果をそれぞれ表す．γ_{DC}, γ_{DW}, γ_Pは死荷重係数，γ_Lは活荷重係数，IMは衝撃係数である

部材耐荷力Cは，次式で評価して良いとしている．

$$C = \phi_c \phi_s \phi R_n \quad (\phi_c \phi_s \geq 0.85) \tag{3.2.4}$$

R_nは公称部材耐荷力である．ϕ_cはCondition Factor（状態係数）と呼ばれ，橋の点検の結果を受けて決定される係数である．表3.2.1に橋の点検結果を，表3.2.2に橋の点検結果とCondition Factor ϕ_cをそれぞれ示す．無損傷の状態が1.0で，腐食による断面欠損等の損傷がある場合は最大0.85まで減じられ，部材耐荷力Cが修正される．ϕ_sはSystem Factor（構造システム係数）と呼ばれ，リダンダンシー（冗長性）のある橋（例えば4本主桁橋など）の場合は1.0で，リダンダンシーが無い橋では，0.85に減じられる．また，ϕは抵抗側の安全係数で，設計と同様に鋼桁の場合は1.0，RC部材の場合は0.9等に設定されている．一方，死荷重効果は構造本体の死荷重による荷重効果DCと，舗装など将来変動する可能性が大きい死荷重効果DWとに分けて，異なる荷重係数を設定している．

表 3.2.1 米国における橋の点検結果 [15]

Rating	Description
9	Excellent Condition
8	Very Good Condition - no problems noted
7	Good Condition - some minor problems
6	Satisfactory Condition - some minor deterioration of structural elements
5	Fair Condition - minor section loss of primary structural elements
4	Poor Condition - advance section loss of primary structural elements
3	Serious Condition - seriously deteriorated primary structural elements
2	Critical Condition - facility should be closed until repairs are made
1	Imminent Failure Condition - facility closed. Study of repairs is feasible
0	Failed Condition - facility is closed and beyond repair

表 3.2.2 Condition Factor ϕ_c と橋の点検結果の関係 [14]

点検結果	橋の状態	Condition Factor ϕ_c
6 以上	Good or Satisfactory	1.00
5	Fair	0.95
4 以下	Poor	0.85

なお，文献 16)では，点検結果に基づいて，橋の状態と Conditon Factor の対応関係を図 3.2.1 のように整理し，表 3.2.3 の点検結果と Condition Factor の関係を提案している．表 3.2.2 よりも，橋の状態に対する Condition Factor の低減が大きい．

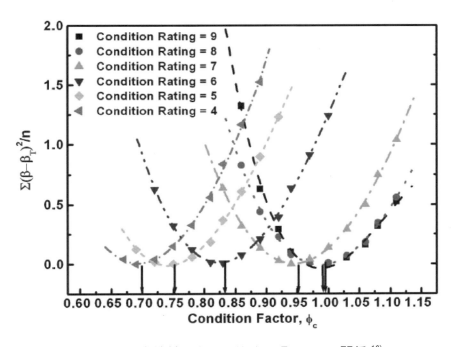

図 3.2.1 点検結果と Condition Factor の関係 [16]

表 3.2.3 提案された点検結果と Condition Factor の対応関係 [16]

点検結果	状態係数 ϕ_c
≥ 8	1.00
7	0.95
6	0.85
5	0.75
≤ 4	0.70

また，式(3.2.3)から DW と P を省略する場合，式(3.2.5)を得る．ここで，$LLIM$ は衝撃係数を考慮した活荷重効果である．死荷重効果 DC に対する活荷重効果 $LLIM$ の比を ξ とし，無損傷の状態 $\phi_c=1.0$ における橋の評価を RF_0 とすると，式(3.2.6)を得る．ここで，$DC/LLIM$ の比率を変化させた場合の Condition Factor と RF の関係を表 3.2.4 と図 3.2.2 にそれぞれ示す．初期評価 RF_0 が大きいほど，ξ が大きくなるほど，あるいは γ_{DC}/γ_L が大きくなるほど，RF が小さくなる．類似的に，表 3.2.5 と図 3.2.3 に信頼性指標 β と Condition Factor の関係をそれぞれ示す．

$$RF = \frac{\varphi_c \varphi_s \varphi R_n - \gamma_{DC} DC}{\gamma_L LLIM} = \varphi_c \left(\frac{\varphi_s \varphi R_n}{\gamma_L LLIM} \right) - \left(\frac{\gamma_{DC} DC}{\gamma_L LLIM} \right) \tag{3.2.5}$$

$$\frac{RF}{RF_0} = \left[1 + \xi \left(\frac{\gamma_{DC}}{\gamma_L} \right) \frac{1}{RF_0} \right] \varphi_c - \xi \left(\frac{\gamma_{DC}}{\gamma_L} \right) \frac{1}{RF_0} \tag{3.2.6}$$

表 3.2.4 Rating Factor Ratio RF/RF_0 [17]

Structural Condition of Member	Super. Condition Rating	Condition Factor ϕ_c	Inventory Level $RF_0=1.0$ Ratio of DC to LLIM			Inventory Level $RF_0=1.5$ Ratio of DC to LLIM		
			1.5	2.5	3.5	1.5	2.5	3.5
Good or Satisfactory	6 or Higher	1	1.00	1.00	1.00	1.00	1.00	1.00
Fair	5	0.95	0.90	0.86	0.83	0.91	0.89	0.87
Poor	4 or Lower	0.85	0.69	0.58	0.48	0.74	0.67	0.60
Structural Condition of Member	Super. Condition Rating	Condition Factor ϕ_c	Operating Level $RF_0=1.0$ Ratio of DC to LLIM			Operating Level $RF_0=1.5$ Ratio of DC to LLIM		
			1.5	2.5	3.5	1.5	2.5	3.5
Good or Satisfactory	6 or Higher	1	1.00	1.00	1.00	1.00	1.00	1.00
Fair	5	0.95	0.88	0.83	0.79	0.90	0.87	0.84
Poor	4 or Lower	0.85	0.64	0.50	0.36	0.71	0.62	0.53

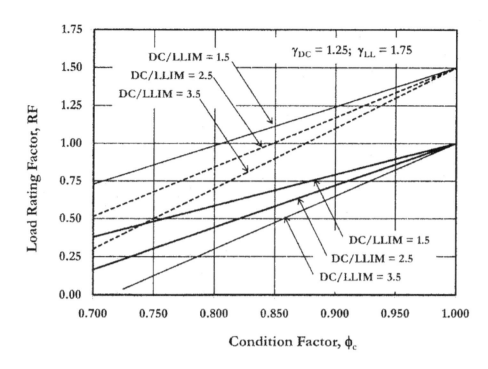

(a) Inventory level (設計時レベル) $\gamma_{DC}=1.25; \gamma_L=1.75$ の場合

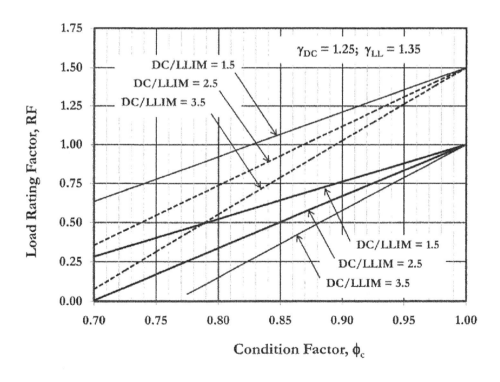

(b) Operating Level (供用時レベル) $\gamma_{DC}=1.25; \gamma_L=1.35$ の場合
図 3.2.2 RF と Condition Factor の関係 [17]

表 3.2.5　信頼性指標 β と Condition Factor の関係 [17]

Condition Factor	$\gamma_{LL}=1.35; RF_0=1.0$			$\gamma_{LL}=1.35; RF_0=1.3$		
	Ratio of DC to $LLIM, \xi$			Ratio of DC to $LLIM, \xi$		
	1.0	2.0	3.0	1.0	2.0	3.0
1.000	2.68	2.59	2.51	3.59	3.24	3.02
0.975	2.51	2.42	2.34	3.44	3.08	2.85
0.950	2.34	2.24	2.16	3.28	2.91	2.68
0.925	2.16	2.06	1.98	3.11	2.74	2.50
0.900	1.97	1.86	1.78	2.94	2.55	2.32
0.875	1.77	1.66	1.58	2.75	2.36	2.12
0.850	1.57	1.45	1.37	2.56	2.16	1.92
0.825	1.36	1.24	1.15	2.36	1.96	1.71
0.800	1.14	1.01	0.93	2.16	1.74	1.49
0.775	0.90	0.77	0.69	1.94	1.51	1.26
0.750	0.66	0.52	0.44	1.71	1.27	1.02

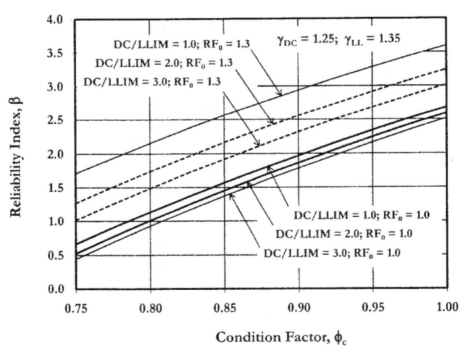

図 3.2.3　信頼性指標 β と Condition Factor の関係
(Operating Level（供用時レベル）$\gamma_{DC}=1.25; \gamma_L=1.35$) [17]

　Condition Factor と点検結果の関連，及び Condition Factor の RF への影響はそれぞれ以上のようであり，定性的な点検結果をここで数値として評価していることから，RF の精度確保のためには，この評価が重要であることがわかる．

3.2.2 Load Ratingの手順について [14]

MBEによるLoading Ratingは，Design load rating（設計荷重評価段階），Legal load rating（法定荷重評価段階），Permit load rating（許容荷重評価段階）の順番に行う．各々の評価段階の荷重レベルは異なるものの，均一な信頼性指標で評価できることが特徴となっている．

実際の手順として，まず，設計荷重評価を行う．この段階では，AASHTO LRFDに定めているHL-93設計荷重を用いて評価する．具体的にInventory level（設計時レベル）とOperating Level（供用時レベル）の2つにレベルを分けている。多数の橋に対して，設計時（Inventory level）の部分係数はLRFDと同じ数値を適用する．すなわち，目標信頼性指標βを3.5と設定して，活荷重係数1.75を用いて設計されることと，荷重係数1.75に対する$RF \geqq 1.0$の評価は同等である．一方，Operating Levelは供用時のLoad Ratingであり，既設橋の耐荷力評価（RF値の算定）には目標信頼性指標βを2.5と設定し，活荷重係数を1.35に減じている．このため，活荷重による効果は1.35/1.75=0.77（=1/1.3）で，23%小さいことから，既設橋の耐荷力評価には非常に有利な条件となる．これは，既設橋はすでに供用されていて，架橋地点における橋の置かれる状況がある程度明確になっており，新設の設計段階より不確定要素が少なくなっていること，Load Ratingは次回点検までの措置を決めるための行為であること等を踏まえたものである．目標信頼性指標β=2.5は，文献12)におけるRating Factor=1.0（活荷重HS-20）の平均値とも整合している．

Operating Levelの設計荷重評価でもRFが1を下回る場合，引き続き法定荷重評価，許容荷重評価を順番に行う．これら2つの段階では，実際に走行する荷重の実態に合わせて活荷重を設定できる，法定荷重評価段階はこの地方に走行可能の最大交通荷重，許容荷重評価段階は特定の橋に走行可能の最大交通荷重（荷重制限を含め）に対してそれぞれ評価する．また，特定の橋に対して，載荷試験，交通量調査や詳細数値解析など，橋の耐荷力や荷重の状況をより正確に把握できる事前確認を行って，Load Ratingに反映することができる．図3.2.4にLRFRの評価手順をフローとして示す．

なお，使用限界状態に対するLoad Rating手法も規定されているものの，強度限界状態に対するLoad Ratingのような一定の目標信頼性指標が設定されているわけではなく，従来の評価手法等の実状に踏まえた評価となっている．そのほか，鋼橋については疲労限界状態に対するLoad Rating手法も規定されており，各限界状態と荷重係数を整理すると表3.2.6のようになる．

表 3.2.6　LRFR の Load Rating に関する各限界状態と荷重係数 [14]

Bridge Type	Limit State*	Dead Load γ_{DC}	Dead Load γ_{DW}	Design Load Inventory γ_{LL}	Design Load Operating γ_{LL}	Legal Load γ_{LL}	Permit Load γ_{LL}
Steel	Strength I	1.25	1.50	1.75	1.35	Tables 6A.4.4.2.3a-1 and 6A.4.4.2.3b-1	—
	Strength II	1.25	1.50	—	—	—	Table 6A.4.5.4.2a-1
	Service II	1.00	1.00	1.30	1.00	1.30	1.00
	Fatigue	0.00	0.00	0.75	—	—	—
Reinforced Concrete	Strength I	1.25	1.50	1.75	1.35	Tables 6A.4.4.2.3a-1 and 6A.4.4.2.3b-1	—
	Strength II	1.25	1.50	—	—	—	Table 6A.4.5.4.2a-1
	Service I	1.00	1.00	—	—	—	1.00
Prestressed Concrete	Strength I	1.25	1.50	1.75	1.35	Tables 6A.4.4.2.3a-1 and 6A.4.4.2.3b-1	—
	Strength II	1.25	1.50	—	—	—	Table 6A.4.5.4.2a-1
	Service III	1.00	1.00	0.80	—	1.00	—
	Service I	1.00	1.00	—	—	—	1.00
Wood	Strength I	1.25	1.50	1.75	1.35	Tables 6A.4.4.2.3a-1 and 6A.4.4.2.3b-1	—
	Strength II	1.25	1.50	—	—	—	Table 6A.4.5.4.2a-1

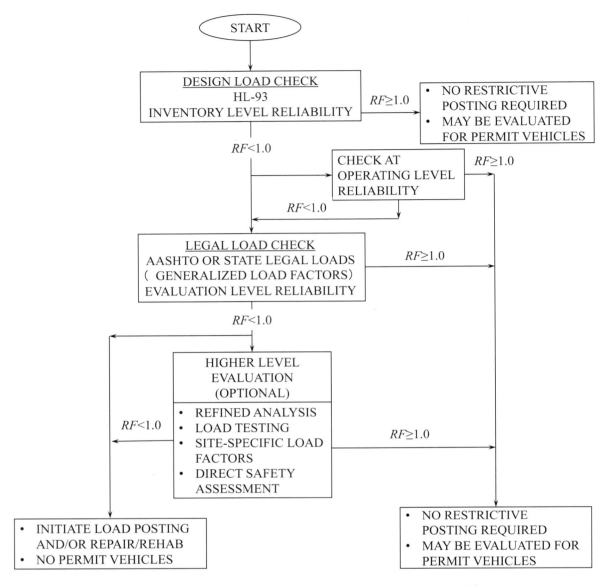

図3.2.4　LRFRのLoad Ratingに関する評価手順フロー[14]

Load Ratingによる評価手法は，緊急車両の通行性に対する評価にも応用されており，ここではその概要を紹介する[18,19]．FHWAでは，火災やその他の危険な状況に対応するための緊急時の車両として，2タイプを想定している．

1. EV2タイプ：後輪単一車軸
   - 前輪単一車軸: 24,000ポンド（約10.9t）
   - 後輪単一車軸: 33,500ポンド（約15.2t）
   - ホイールベース: 15フィート（約4.6m）
2. EV3タイプ：後輪タンデム車軸
   - 前輪単一車軸: 24,000ポンド（約10.9t）
   - 後輪タンデム車軸: 62,000ポンド（約28.1t）
     4フィート間隔の2つの31,000ポンド（約14.1t）の車軸

・ホイールベース: 17 フィート (約 5.2m : ただし, 前輪から後輪タンデム車軸の中心線までの距離)

これらの緊急車両の走行に対する橋の安全性の評価において, 次のいずれかに該当する場合は, 評価の必要はないとしている.

 a. AASHTO の法定荷重 Type3 車両 (25 t 車) に対する RF が, 少なくとも 1.85 であること.
 b. LFR による HS-20 設計荷重に対する RF が少なくとも 1.0 であること.
 c. LRFR による HL-93 設計荷重に対する RF が少なくとも 0.9 であること.

ただし, 構造条件, あるいはその他の荷重の変化がある場合等においては, 適宜再評価を行うものとする. また, 上記の評価を満足しない橋は, 点検の実施を踏まえて最新の状態を考慮した上で, 評価を行うものとしている.

緊急車両走行の法令の取り扱いについてのQ&A集も公開されている[19]. ここでは, 橋の支間長をパラメータとして, EV2及びEV3緊急車両の走行に対して$RF=1$を満足するために必要な, AASHTOの法定荷重Type3車両に対するRFを図3.2.5に示す.

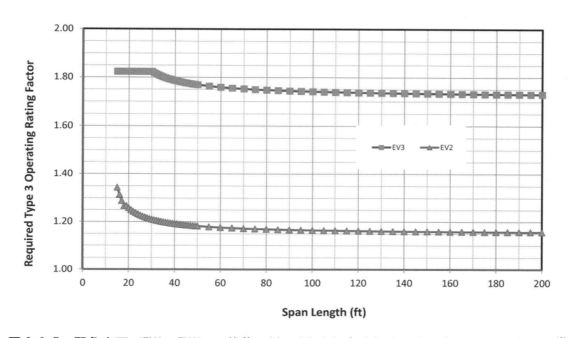

図3.2.5 緊急車両 (EV2, EV3) の載荷に対し RF=1 とするために必要な Type3 設計の RF[19]

3.3 Canadian Highway Bridge Evaluation の LLCF について

本節ではカナダのLoad Ratingについて紹介する. 1980年に, カナダの設計基準Canadian Highway Bridge EvaluationのCAN3-S6-M78「道路橋の設計」(Design of highway bridges) の第11節に対して, より正確的に橋の耐荷力を評価するために, 第12節「既存橋の評価」(Existing bridge evaluation) が追加された. 1990年には第12節の内容を改定し, 1988年版の設計基準S6 (Canadian Standards Association 1988, 1990) に補足番号1-1990として出版された. 本節で紹介するのは, 2014年版の第14項に示されているLive Load Capacity Factor (以下, LLCFという) の内容である[20].

3.3.1 LLCFについて

カナダの設計基準に示されているLLCFでは，MBE[14]と同様に，信頼性理論に基づいて橋の耐荷力を評価する．評価における制限値は，構造特性，損傷発生時の耐荷力低下の時間尺度，損傷の影響程度を考慮し，実際の交通荷重を把握できれば，新設の設計時の値より大きくとることが可能となる．即ち安全係数を低減させても，目標の信頼性指標あるいは実際の安全性は同等を確保できることに着目したものであると言える．

橋の評価では，死荷重と活荷重のみを考慮する場合，評価式は式(3.3.1)となる．基本的に死荷重と活荷重だけを適用するが，ほかの荷重形式，例えば風荷重や地震荷重にも適用が可能である．

$$U\phi R \geq \alpha_L L(1+I) + \alpha_{D1}D_1 + \alpha_{D2}D_2 \tag{3.3.1}$$

実用段階では，式(3.3.1)は式(3.3.2)のように，評価指標の形で表現される．

$$LLCF = \frac{U\phi R - (\alpha_{D1}D_1 + \alpha_{D2}D_2)}{\alpha_L L(1+I)} \tag{3.3.2}$$

ここで，Rは公称部材耐荷力，D_1とD_2は死荷重効果，Lは活荷重効果を表す．U, ϕ, α_{D1}, α_{D2}, α_Lは耐荷力，死荷重及び活荷重の部分係数であり，Iは衝撃係数である．LRFRのRFと同様に，$LLCF \geq 1$であれば，基準とする活荷重に対して安全であるが，$LLCF < 1$の場合，基準とする活荷重に対して安全とは言えず，補強，閉鎖，荷重制限を実施する必要がある．

3.3.2 評価荷重について

LRFRと類似して，通常の交通荷重（normal traffic）に対して，評価レベル（Evaluation Level）は1～3に分類し，それぞれ車両列（vehicle trains），2台車(two-unit vehicles)，1台車(single-unit vehicles)に対応しているトラック荷重と分布荷重を対象とする．各評価レベルのトラック荷重は，レベル1に対する荷重強度Wに対してレベル2では$0.76W$，レベル3では$0.48W$であり，車軸数も変化させる．

特殊車両あるいは特別許可を受けて運転されている車両は，PA，PB，PCまたはPSに分類される．PA車両（Permit-Annual or project）は，毎年許可された車両，あるいは分割不可能な積荷を運ぶ特定プロジェクトである．軸重と総車両重量は，法律上の制限を超える場合がある．PB車両（Permit-Bulk haul）は，通常の交通量と混在して考慮される，分割不可能な積荷を運ぶ特殊許可車両である．軸重は法律上の制限を超えてはならないが，総重量は制限を超えることがある．PC車両（Permit-Controlled）は，指定されたルート上を通行する分割不可能な積荷を運ぶ特殊許可車両である．軸重と間隔は測定によって厳密に確認されなければならない．PS車両（Permit-Single trip）は，分割不可能な積荷を運ぶ，一回だけ許可された車両である．他の交通と混在でき，軸重と総重量は法律上の制限を超える場合がある．

3.3.3 目標の信頼性指標

LLCFの最大の特徴は，評価時に基準とする活荷重と部分係数について，設計基準と異なるものを適用していることである．限界状態に対応する信頼性指標の設定に当たっては，特に以下の4点の影響要因を考慮する．

・事故の脅威人数：リスクの波及する人数が減少する場合，目標信頼性指標を低減できる
・構造特性：部材の破壊による構造物全体の破壊への影響が低減される場合，目標信頼性指標を低減できる

・部材特性：部材の延性破壊により損傷の警告情報を提供できる場合，目標信頼性指標を低減できる
・点検レベル：点検レベルが上がる場合，目標信頼性指標を低減できる

以上の要因を考慮した目標信頼性指標の設定を表 3.3.1 及び表 3.3.2 に示す．構造特性（System behavior）の欄において、S1:部材の損傷は完全な崩壊につながる，S2:部材の故障完全な崩壊を引きこさない，S3：局部損傷のみをそれぞれ示している．部材特性（Element behavior）の欄において，E1：警告なしで耐荷力の突然喪失，E2：警告なしで突然破壊であるものの若干耐荷力が残る，E3：段階的な耐荷力低下をそれぞれ示す．点検レベル（Inspection level）の欄において，INSP1：個別の部材は点検不可能，INSP2：評価者が検査記録を確認可能，INSP3：評価者は重要と規格外の部材検査可能をそれぞれ示す．

表 3.3.1 及び表 3.3.2 で示している信頼性指標は 1 年間のものであるが，評価周期は 1 年間で良いことや，1 年後に再評価されるべきであるという示唆は基準には見られない．年間またはライフタイムに基づく評価は，橋の状態または交通量が変化するまで有効である．表 3.3.3 に示されているいくつかの例のように，目標信頼性指標 β によって各荷重係数が決まる．死荷重は 4 つに分類されており，D1 鋼桁，D2 コンクリート桁，D3 コンクリート床版（コンクリート舗装），D4 アスファルト舗装である．アスファルト舗装は不確定性が高く，設計値通りの厚さではないケースが多いので D4 に分類される．

表 3.3.1 目標信頼性指標（通常の交通荷重及び PA，PB，PS 荷重）[20]

System behavior	Element behavior	Inspection level		
		INSP1	INSP2	INSP3
S1	E1	4.00	3.75	3.75
	E2	3.75	3.50	3.25
	E3	3.50	3.25	3.00
S2	E1	3.75	3.50	3.50
	E2	3.50	3.25	3.00
	E3	3.25	3.00	2.75
S3	E1	3.50	3.25	3.25
	E2	3.25	3.00	2.75
	E3	3.00	2.75	2.50

表 3.3.2 目標信頼性指標（PC 荷重）[20]

System behavior	Element behavior	Inspection level		
		INSP1	INSP2	INSP3
S1	E1	3.50	3.25	3.25
	E2	3.25	3.00	2.78
	E3	3.00	2.75	2.50
S2	E1	3.25	3.00	3.00
	E2	3.00	2.75	2.50
	E3	2.75	2.50	2.25
S3	E1	3.00	2.75	2.75
	E2	2.75	2.50	2.25
	E3	2.50	2.25	2.00

表 3.3.3 目標信頼性指標により決まる荷重係数の例 [20)を参考に編集作成]

Load category	symbol	Target reliability index β								
		2.00	2.25	2.50	2.75	3.00	3.25	3.50	3.75	4.00
Permanent loads D1	α_{D1}	1.03	1.04	1.05	1.06	1.07	1.08	1.09	1.1	1.11
Permanent loads D2	α_{D2}	1.06	1.08	1.1	1.12	1.14	1.16	1.18	1.2	1.22
Permanent loads D3	α_{D3}	1.15	1.20	1.25	1.3	1.35	1.4	1.45	1.5	1.55
Live Load (normal traffic)	α_L	-	-	1.35	1.42	1.49	1.56	1.63	1.7	1.77
Live Load (PA traffic) Statically determinate, short span	α_L	-	-	1.42	1.48	1.53	1.59	1.65	1.71	1.77
Live Load (PB traffic) Statically determinate, short span	α_L	-	-	1.15	1.19	1.23	1.28	1.33	1.38	1.43
Live Load (PC traffic) Statically determinate, short span	α_L	1.11	1.15	1.19	1.24	1.28	1.33	1.38	-	-
Live Load (PS traffic) Statically determinate, short span	α_L	-	-	1.34	1.39	1.44	1.49	1.55	1.61	1.67

3.4 我が国の道路橋を対象とした Rating Factor の試算例

本節では，一般社団法人日本鋼構造協会の「鋼橋の設計・評価技術の高度化」JSSC テクニカルレポート No.114（平成 30 年 8 月発行）[21)]の一部を再校正し，我が国の道路橋を対象とした Rating Factor の試算例を示す．

3.4.1 橋の諸元

対象橋（以下，A 橋と呼ぶ）は，表 3.4.1 に示す橋の諸元を有する単純合成 I 桁橋である．主桁数は 5 で，昭和 39 年（1964 年）の道示に準拠して設計されており，設計活荷重は TL-20，しゅん功は昭和 46 年（1971 年）1 月である．図 3.4.1 に断面図を示す．

表 3.4.1 橋の諸元 [21)]

橋長	35.0 m
支間	34.4 m
幅員	15.6 m
主桁数	5
主桁高	1.65 m
主桁間隔	3.5 m
橋格	TL-20
形式	単純合成鈑桁
舗装	アスファルト 8.0 cm 厚
床版	軽量鉄筋コンクリート 21 cm 厚
設計	鋼道示 39
竣工	S46 年 1 月

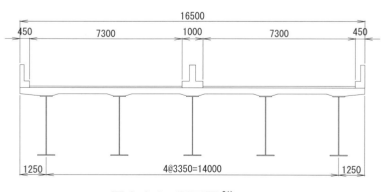

図 3.4.1 断面図 [21)]

3.4.2 格子解析

本橋に対して，AASHTO と同様の Load Rating を実施するために，単純合成桁の概略自動設計ソフトウェアを用いて格子解析を行う．活荷重強度は，設計時の L-20 と現行の B 活荷重の 2 種類とし，出力する応力は，下フランジの曲げ応力度，ウェブのせん断応力度，下フランジの合成応力度，支点上補剛材の軸方向圧縮応力度とする．評価対象とする桁は，断面中央に対して対称構造であることから，G5（外桁），G4（外から 2 番目の桁），G3（中央桁）とし，評価位置は断面変化位置とした．ただし，せん断力については面変化位置で合成後の内訳（合成後死荷重，合成後活荷重）が不明であることから，格点位置の断面力を用いる．設計時からの変更点は，しゅん功図面に基づいて地覆と中央分離帯を軽量コンクリートから普通コンクリートとし，中央分離帯ガードレール重量，並びに遮音壁荷重，裏面吸音板荷重を追加し，それらの荷重を死荷重に追加している点等である．

(1) 曲げ応力度

下フランジの曲げ応力度を L-20 活荷重と B 活荷重で比較した結果を図 3.4.2 に示す．RF の計算では，式(3.4.1)において部材耐力 C を鋼材の許容応力度，死荷重効果 DL と活荷重効果 LL はそれぞれ各荷重による曲げモーメントによる垂直応力度とした．これらより，L-20 活荷重，B 活荷重ともに外桁の RF が小さく，L-20 活荷重では RF が 0.9 以上であるのに対して，B 活荷重では RF が 0.68〜0.92 となる．L-20 活荷重で，RF が 1.0 を下回る理由は，設計時と比較して，中央分離帯ガードレール重量並びに遮音壁荷重，裏面吸音板荷重が追加されたことが考えられる．

$$RF = (C - DL)/LL \tag{3.4.1}$$

(2) せん断応力度

ウェブのせん断応力度を L-20 活荷重と B 活荷重で比較した結果を図 3.4.3 に示す．RF の計算では，式(3.4.1)において部材耐力 C を鋼材の許容せん断応力度，死荷重効果 DL と活荷重効果 LL はそれぞれ各荷重によるせん断力によるせん断応力度とする．これらより，L-20 活荷重，B 活荷重ともに全ての桁で RF が 1.0 を上回り，L-20 活荷重，B 活荷重ともに全ての桁で RF が支間中央ほど大きくなる傾向がみられる．

(3) 合成応力度

下フランジの合成応力度を L-20 活荷重と B 活荷重で比較した結果を図 3.4.4 に示す．ここで，合成応力度の評価は，式(3.4.1)において右辺を次のようにし，許容応力度 σ_a の割増しを考慮した．

$$C = \sigma_a \tag{3.4.2}$$

$$DL = \sqrt{\sigma_d^2 + 3\tau_d^2}/1.1 \tag{3.4.3}$$

$$LL = \sqrt{\sigma_L^2 + 3\tau_L^2}/1.1 \tag{3.4.4}$$

ただし，σ_d は曲げ応力度（合成前死＋合成後死），τ_d はせん断応力度（合成前死＋合成後死），σ_L は曲げ応力度（合成後活），τ_L はせん断応力度（合成後活）である．これらより，L-20 活荷重，B 活荷重ともに支間中央の RF が小さく，支点部の RF が 1.0 を上回り，L-20 活荷重では支間中央で RF が 0.88〜1.11 となることがわかる．

(4) 軸方向圧縮応力度

支点上補剛材の軸方向圧縮応力度を L-20 活荷重と B 活荷重で比較した結果を図 3.4.5 に示す．RF の計算では，式(3.4.1)において部材耐力 C を鋼材の許容軸圧縮応力度，死荷重効果 DL と活荷重効果 LL はそれぞれ各荷重による支点反力による垂直応力度とした．これらより，L-20 活荷重では全ての桁で RF が 1.0 を上回り，B 活荷重では，RF が 0.92〜1.12 となることがわかる．

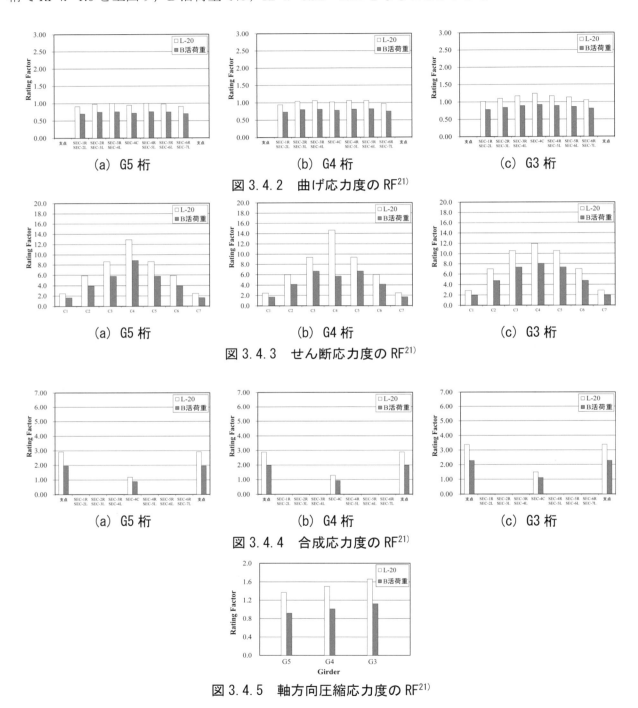

(a) G5 桁　　(b) G4 桁　　(c) G3 桁

図 3.4.2　曲げ応力度の RF[21]

(a) G5 桁　　(b) G4 桁　　(c) G3 桁

図 3.4.3　せん断応力度の RF[21]

(a) G5 桁　　(b) G4 桁　　(c) G3 桁

図 3.4.4　合成応力度の RF[21]

図 3.4.5　軸方向圧縮応力度の RF[21]

3.4.3 FEM 解析

汎用構造解析プログラム DIANA を用いて FEM 解析モデルを作成する．解析モデルは，格子解析に合わせ，平面線形を直橋として，縦横断勾配を考慮しない．また，桁端部の桁高変化を考慮し，水平補剛材，連結板，開口と舗装はモデル化しない．床版と鋼桁は剛結とする．要素として，床版並びに壁高欄をソリッド要素（板厚 4 分割程度），主桁（垂直補剛材）並びに横桁にシェル要素（ウェブを 10 分割程度，フランジ幅を 4 分割程度），対傾構並びに横構に梁要素もしくはトラス要素，支点上の補剛材にシェル要素をそれぞれ用いる．図 3.4.6 に，解析モデルのメッシュ図を示す．

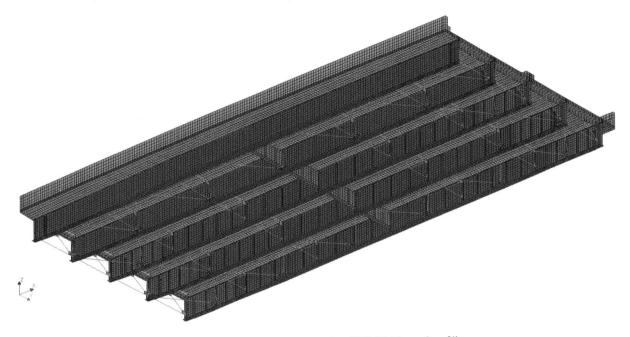

図 3.4.6　FEM 解析モデル [21)]

材料特性は格子解析に合わせる．具体的には，床版，高欄，中央分離帯におけるコンクリートは弾性体として取扱い，ヤング係数を $1.4×10^4$ N/mm^2，ポアソン比を 0.167 とする．また，鋼材は弾性体として取扱い，ヤング係数を $2.0×10^5$ N/mm^2，ポアソン比を 0.3 とする．

解析モデルの荷重値は，基本的に格子解析の入力値と一致するように載荷する．死荷重は合成前死荷重，合成後死荷重を考慮する．はじめに，合成前死荷重では，鋼部材のみを有効とする．鋼重は，総重量が格子解析の実鋼重と一致するように，鋼材の単位体積重量を考慮する．なお，床版コンクリートは，格子解析の車道床版とハンチ荷重の合計値と一致するように調整した．合成後死荷重では，壁高欄及び中央分離帯を含む全ての部材を有効とする．

B 活荷重の載荷ケースとして，外桁（G1）支点反力最大，外桁（G1）曲げモーメント最大，内桁（G2）支点反力最大，内桁（G2）曲げモーメント最大とした 4 ケースを考える．格子解析における活荷重載荷位置を，着目箇所の断面力が一致するように，任意形立体骨組の断面力解析システムの固定荷重により再現し，この活荷重を FEM 解析モデルに載荷する．

FEM 解析の出力項目は，曲げ応力度並びにせん断応力度とし，合成応力度を格子解析に合わせて算出する．ここで，曲げ応力度は断面変化位置で算出し，せん断応力度は格点位置で算出する．ただし，FEM 解析モデルでは断面変化位置が厳密に取れていない箇所があるため，その場合には近傍の要素にて出力する．また，支点部の垂直補剛材に隣接する要素は局所的に応力が大きい場合があるため，橋

軸方向に2要素分で応力を算出して平均化し，曲げ応力についても板幅方向で応力度が異なるため，フランジ幅方向は4要素分，ウェブ高さ方向は10要素分で算出して平均化する．

図 3.4.7 に，FEM 解析並びに格子解析から算出された各応力に対する RF の比較を示す．ここで，RF は式(3.4.1)を用いて算出する．また，合成応力度に対する RF の算出では，式(3.4.2)～式(3.4.4)を用いる．これらより，活荷重強度を現行のB活荷重とした場合の全ての RF について，FEM解析の結果が格子解析の結果を上回っていることがわかる．これは主として格子解析では考慮されない床版による荷重分配効果によるものと考えられ，局部的な応力の評価方法等の課題はあるものの，構造システムとして橋全体の耐荷力を精度良く評価することによって合理的な維持管理へと結び付くことが示唆される．

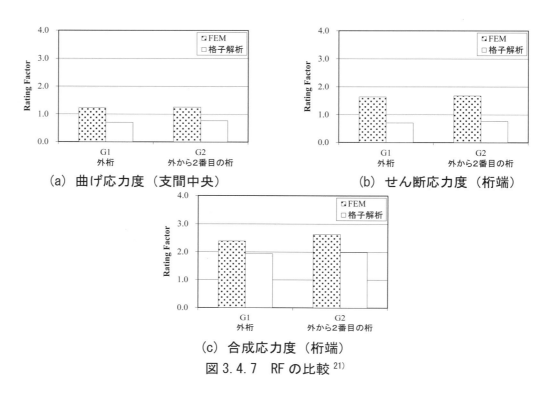

(a) 曲げ応力度（支間中央）　　(b) せん断応力度（桁端）

(c) 合成応力度（桁端）

図 3.4.7　RF の比較 [21]

3.4.4 各基準における Rating Factor の比較

図 3.4.8 に，B活荷重を作用させた格子解析から得られた曲げ応力について，平成24年の道路橋示方書（以下，旧道示）[22]，平成29年に改定された道路橋示方書（以下，新道示）[23]，JSCE標準示方書 [24]，AASHTO MBE [14]を用いて計算された RF の比較を示す [21]．RF の計算では，下式を用いる．

$$RF = \frac{C - \gamma_d D}{\gamma_L L(1.0+i)} \quad (3.4.5)$$

ここで，C は耐力，γ_d は死荷重係数，D は死荷重効果，γ_L は活荷重係数，L は活荷重効果，i は衝撃係数を表す．ただし，システム係数は1.0と仮定している（無損傷に相当）．耐力 C，死荷重係数 γ_d，活荷重係数 γ_L は表 3.4.2 のようにした．

また，AASHTOの活荷重は基準交通荷重であるHL-93とし，終局耐力については合成桁（コンパクト断面）であることから全塑性モーメントとしている．JSCE標準示方書並びにAASHTOを用いるこ

とによって抵抗側の制限値が増加するため，RFが増大することがわかる．

以上のように，RFを適切に算出することができれば，過不足のない措置の判断が可能となることが示唆される．一方で，解析手法，採用する基準の各係数，着目する部材や応力の位置によってRFが変わり，各部材各位置のRFと橋全体のRFの関連付けが難しい等，実用化に向けた課題が依然多くあることがわかる．

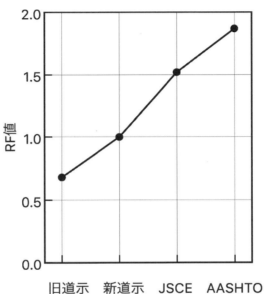

図3.4.8 RFの比較（曲げ応力度）[21]

表3.4.2 RFの係数 [21]

基準	耐力 C	死荷重係数 γ_d	活荷重係数 γ_L
旧道示	許容応力 σ_a	1.0	1.0
新道示	応力制限値 $\sigma_{tud/cud}$	1.05	1.25
JSCE標準示方書	設計曲げ耐力 M_{rd}	1.70	1.70
AASHTO MBE	公称曲げ耐力 M_n	1.50（舗装） 1.25（その他）	1.75（設計時レベル）

3.5 定量的な性能評価手法を我が国の橋の維持管理に導入する場合の課題

本章で紹介された米国，及びカナダのLoad Ratingより，定量的な性能評価手法の長所，及び我が国の橋の維持管理に導入する場合の課題を整理すると以下のようである．2章で示した現状の定性的な評価に対する定量的評価への期待等と重複する内容もあるが，定量的な性能評価の理解のしやすさに配慮して，ここではまとめて記載することとする．

【長所】
① 橋の供用されている具体の状況，及び様々な種類の損傷の状態を踏まえた性能評価が可能

交通量や環境条件，あるいは供用年数等の橋の置かれる状況は個別に異なる．活荷重効果への反映や，腐食の進行性を他の安全係数で考慮することで個別の状況をRFに反映することができる．損傷

については，腐食による鋼材の減厚あるいは疲労によるき裂等，種類や程度が異なる状態をCondition Factor（状態係数）ϕ_cやR_nにより部材耐荷力Cを修正することで考慮される．このとき，新設の設計時より不確かさが少ないこと，及びLoad Ratingは次回の点検までの措置を決めるための行為であることから，目標信頼性指標βを新設の設計時より小さくでき，過去の設計基準により建設された橋でも健全な場合は直ちに補修・補強を行わなくて良いことを定量的に示すことができる．

② 様々な種類の損傷を受ける複数の橋について同じ尺度で数値化した性能評価が可能

上述の①で示した通り，橋の置かれる状況や，建設時の適用基準あるいは求められた性能レベルが個別に異なる複数の橋が維持管理の対象となり，管理者は予算をこれらに適切に配分して維持管理しなければならない．LRFRでは，各限界状態に対する目標信頼性指標の設定を適切に行う場合，これらの橋に対して同じ尺度で数値化したRFによる性能評価が可能である．また，RFの算出には段階があり，最初に行う簡易な手法では，完成図書及び供用後の定期点検の結果から，当該橋の点検時の状態を踏まえた性能評価を端的に行うことができる．これによって，維持管理する橋を横並びで評価し，措置の優先順位を判定するなど，維持管理の合理性に資する可能性がある．

③ 補修・補強の耐荷性能に対する効果を数値化して評価することが可能

損傷を受けた橋は，点検結果を受けて決定されるCondition Factor（状態係数）ϕ_cやR_nにより部材耐荷力Cが低減されることから，RFは減少する．一方で，補修・補強によって健全性を取り戻した橋は，ϕ_c，R_nやCが回復，上昇することでRFも増加する．RFが1を大きく超える場合，その補修・補強は過剰であると考えられることから，RFの評価により橋ごとの過不足のない適切な措置が可能になると考えられる．

【我が国の橋の維持管理に導入する場合の課題】
① 橋の性能評価を行うための諸係数の適切な設定

制限値等の具体の数値の設定においては，点検の頻度等の維持管理状況を踏まえて，かつ平成29年に改定された道路橋示方書[23]，あるいは鉄道構造物等維持管理標準[25]等の各構造物の基準と同等の安全率を確保しなければならない．評価する性能によって対象となる工学的指標が変わる可能性にも留意する必要がある．

また，直接，耐荷力等を評価する部材と橋全体の性能との関連を適切に考慮して，System Factor（構造システム係数）ϕ_sや抵抗側の安全係数ϕを設定する必要がある．

損傷状態をRFに考慮する場合，腐食による鋼材の減厚あるいは疲労によるき裂等，種類や程度が異なる状態を橋全体，あるいは部材の性能に適切に関連付けたCondition Factor（状態係数）ϕ_cを設定しなければならない．

② 維持管理における定量的な性能評価手法の活用範囲

現状の定性的な性能評価に対して本章で示した多くの特長に期待できる一方，維持管理の効率を高めることを目的とする場合，全ての構造物のあらゆる要求性能に対して定量的な評価を行うのは手間と費用が増える可能性がある．健全な状態で供用されている年数が長い橋の場合，交通量等の橋の置かれる状況が変わらず，かつ前回の点検から橋の状態に明確な変化が見られない場合，健全な状態を維持している可能性は高い．逆に，崩壊寸前の橋は目視で危険な状態であることがわかる場合も多いと考えられる．これらのような橋に対して，補修・補強の措置を見極めようとしている橋と同等に詳

細な調査を行う必要性は低く，スクリーニングにより調査の詳細さのメリハリをつけることも維持管理上重要と考えられる．

③ 損傷に関する時間的な進行性の評価

Condition Factor（状態係数）ϕ_cによる損傷状態の評価は，点検を行った時点のものであり，橋の置かれる状況や損傷の状態によって異なる時間的な進行性までは評価できていない．経過観察できる時間的余地があるのか，直ちに補修・補強等の措置を行う必要があるのかの判断には，進行性の評価が不可欠である．

本章で浮かび上がった課題のうち，課題①への対応を検討するためには，非破壊検査等の調査手法や解析に関する調査が必要である．抵抗側である橋の状態の評価には，損傷状態の種類や程度による橋の座屈等の限界状態への影響の検証が必要であり，内容が多岐に亘ることから，独立した編を設けて報告する．つまり，第2編で既存の鋼橋に対して損傷した状態における耐荷性能を把握するための調査・検討を行う．一方，作用側である橋の置かれる状況の評価も，主な作用である活荷重の評価手法が複数存在することから，第3編として既存の鋼橋が置かれている実際の状況，特に活荷重を把握するための調査・検討を行う．

課題③については，維持管理における監視という行為に着目して，モニタリングに関する調査結果を4章で報告する．

なお，課題②については，維持管理の予算配分や，各構造物をどのように管理していくのかという管理者の意思決定にも係わる問題であることから，本書の対象外とする．

参考文献

1) ISO 13822:2010, Bases for design of structures -- Assessment of existing structures.
2) ISO 16311:2014, Maintenance and repair of concrete structures.
3) ISO2394：構造物の信頼性に関する一般原則，1998.6.
4) 鋼橋技術研究会：No.74 設計部会報告書，2010.10.
5) 村越潤，清水英樹，有馬敬育：鋼I桁の信頼性指標βの評価と部分係数に関する基礎検討，構造工学論文 Vol.53A，pp.914-925，2007.3.
6) 依田照彦：インフラへのモニタリング技術の活用の意義（講演会資料），平成29年度RAIMS活動報告会　モニタリング技術の活用による維持管理業務の高度化・効率化，2017.7.
7) 国土交通省監修，鉄道総合技術研究所編：鉄道構造物等維持管理標準・同解説　鋼・合成構造物，丸善，2008.
8) 武若耕司，上田多門：ISO16311 Maintenance and Repair of Concrete Structures（コンクリート構造物の維持管理と補修）の制定とその内容について－全体概要とPart1：基本原則について－，コンクリート工学 Vol.53,No.6,2015.6.
9) 兼松学，竹田宣典，横田弘：ISO16311 Maintenance and Repair of Concrete Structures（コンクリート構造物の維持管理と補修）の制定とその内容について－Part2：既存コンクリート構造物の診断について－，コンクリート工学 Vol.53,No.7,2015.7.
10) 渡辺博志，西脇智哉，鹿毛忠継，武若耕司：：ISO16311 Maintenance and Repair of Concrete Structures（コンクリート構造物の維持管理と補修）の制定とその内容について－Part3 補修および予防保全のための設計とPart4 補修および予防保全のための施工について－，コンクリート工学 Vol.53,No.8,2015.8.

11) AASHTO: LRFD Bridge Design Specifications, 5th Edition, 2010.
12) AASHTO: Manual for Condition Evaluation of Bridges, 1994.
13) AASHTO: Guide Manual for Condition Evaluation and Load and Resistance Factor Rating (LRFR) of Highway Bridges, 2005.
14) AASHTO: Manual for Bridge Evaluation, Second Edition, 2011.
15) Federal Highway Administration: National Bridge Inspection Standards, 2009.
16) Naiyu Wang, Bruce R. Ellingwood, and Abdul-Hamid Zureick: Bridge Rating Using System Reliability Assessment. II: Improvements to Bridge Rating Practices, Journal of Bridge Engineering, 16(6), 863-871, 2011.
17) Lubin Gao: Load Rating Highway Bridges: In Accordance with Load and Resistance Factor Method, First Edition, Outskirts Press, 2013.
18) FHWA's Memorandum on Load Rating for the FAST Act's Emergency Vehicles, 2016.3.
19) Federal Highway Administration: QUESTIONS AND ANSWERS, Load Rating for the FAST Act's Emergency Vehicles, REVISION R01, 2018.3.
20) Canadian Standards Association : CAN/CSA-S6-14, Canadian Highway Bridge Design Code, 2014
21) 日本鋼構造協会：鋼橋の設計・評価技術の高度化，JSSC テクニカルレポート No.114, 2018. 8.
22) 日本道路協会：道路橋示方書・同解説 平成 24 年 3 月版，2012.3.
23) 日本道路協会：道路橋示方書・同解説 平成 29 年 11 月版，2017.11.
24) 土木学会：鋼・合成構造標準示方書［総則・設計編］，2016.
25) 国土交通省鉄道局 監修，鉄道総合技術研究所 編：鉄道構造物等維持管理標準・同解説（構造物編） 鋼・合成構造物，2007.1.

4 維持管理とモニタリング

橋の維持管理において，損傷が見られる橋を診断して措置を決定する場合，経過観察できる時間的余地があるのか，直ちに補修・補強等の措置を行う必要があるのかの判断には，進行性の評価が非常に役立つ場合がある．本章では，進行性の評価も含めて，維持管理におけるモニタリングの活用方法を整理し，現状と展望を述べる．

4.1 維持管理におけるモニタリングの活用[1]

限られたライフサイクルコストで安全・安心やその他の必要なサービス水準を確保することが維持管理において求められており，その実現のために，長寿命化計画等に基づいて，点検，診断，措置，記録という維持管理の業務サイクルの構築がなされる[2]．マネジメント的な観点からメンテナンスサイクルにおけるモニタリングの使い方として，評価，計画，措置の3つの観点や，適用範囲や指標，評価法などの軸で整理されたりしている[3]が，ここでは，維持管理のメンテナンスサイクルにおける利用に基づいて図 4.1.1 の通り，「維持管理を直接支援するモニタリング」と「維持管理を間接支援するモニタリング」に大別してそれぞれ詳細を述べる．

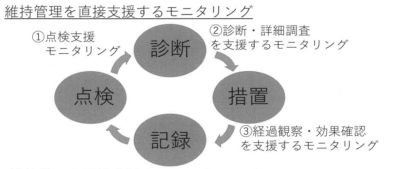

図 4.1.1 維持管理を支援するモニタリング

(1) 点検を支援するモニタリング

点検は，対象物が本来あるべき状態に対して異状の有無を調べる行為と言える[2]．道路橋においては5年に1度の近接目視点検が義務付けられており，そのコスト，時間，手間の観点からも点検を簡易化するためにモニタリングを利用したいというニーズは大きい．また，目視点検だけでは把握が困難あるいは見落とし得る異常(例えば，床版内部の変状や，河川内橋脚の洗掘，特定の風・交通荷重条件の際だけに発生する振動や環境騒音，地震時

の耐震性能，軌道・路面形状など)を把握するために，点検を高度化・確実化するニーズも大きい．

双方のニーズに関連する技術として，例えば移動型の車両から広域を効率的に評価しようとするものとして，RC 床版の損傷を高速走行しながらレーダーにより評価したりする技術があげられる[4]．常設型のセンサを利用して特定の橋の異状を検知・評価する技術も開発が進む．河川内橋脚の洗掘評価[5)6)]や支承部のアオリ検知[7]，破断検知線による亀裂検知[8]などは実構造物にも適用されている．また，第 2 編で詳細に述べる，腐食部材のさび厚や残存板厚を小型で持ち運びに優れた機材で簡便に評価する技術[9]や，簡易な打撃試験により局部振動を励起し腐食の程度を評価しようとするもの[10]など，点検時に持ち込める機材で簡易に評価しようとする点検支援技術も開発が進む．常設を想定するものではないが，点検時に継続的に実施して管理すればモニタリング技術と捉えることもできる．

LRFR との関連においては，モニタリングを活用した点検により無損傷であると判断された場合には，状態係数や耐荷力は無損傷を想定したものを利用して算出されることになる．

(2) 診断を支援するモニタリング（詳細調査など）

変状が確認された対象の一部に対して，変状やその原因，進行性をより詳細に把握して診断を確定したり，補修・補強の必要性や具体策を判断したりする目的で，詳細調査・個別調査が実施される．この診断から措置の過程を支援するモニタリング技術が 2 つ目の分類である．非破壊試験のほか，静的載荷試験，動的載荷試験なども行われる．例えば，異常振動・低周波音・騒音等の問題が生じた橋では詳細な振動計測をある期間に渡って実施し，異常振動・騒音等の実態の把握，原因調査がなされる[11)12)13)]．土木学会鋼・合成構造標準示方書・維持管理編[14]には，「詳細調査では，機器を用いた計測，測定，検査，試験などを実施する事が多く定量的なデータをもとにした性能評価」も可能となる，とされており，計測・測定が位置付けられている．鉄道構造物等維持管理標準・同解説[15]では調査項目として変位・変形量・たわみ量・腐食量などの具体例や，部材負担力や応力測定の方法などが述べられている．一定期間に渡って調査のための計測・測定がなされる場合モニタリングとして捉えることもできる．

詳細調査や個別調査における計測・測定は構造物の重要性や特殊性に応じてこれまでも実施されており，必ずしも性能照査型維持管理やモニタリングの観点から捉えられてきたものではない．しかし，維持管理の現状と整合性をとりつつ，客観的・定量的な情報に基づいた性能照査型維持管理の概念を具現化する上で，従来も行われてきた計測・測定を性能照査型維持管理やモニタリングの観点から整理することは重要と考えられる．

LRFR との関連においては，詳細調査等により耐荷力を推定し，Rating Factor を算出することになる．

(3) 措置を支援するモニタリング（経過観察・効果確認など）

鉄道構造物等維持管理標準[15]では，措置の1つとして，補修・補強等と並んで，「監視」があげられている．監視においては目視が主であるが，モニタリングシステムを用いた監視についても記述されている．さらに，補修・補強等の措置後の取り扱いとして，変状の進行または新たな変状発生の兆候を「監視」することとなっている．例えば，ストップホール処置後の疲労亀裂の状態監視等が考えられる．他にも，風によるケーブル振動を抑制するためにダンパー設置などの措置をした場合には一定期間にわたり計測することがあり[16]，経過観察・効果確認のためのモニタリングと言える．措置を支援するモニタリングへの期待も大きい．

補修・補強，架け替えなどの対応までの間，経過観察をしながら供用を続ける事例として，鋼橋ではないものの代表例として妙高大橋が挙げられる．点検，診断をへて構造物の損傷状態を把握した後，補修・補強工事までの間，たわみ量などを計測し，閾値を設定して経過観察をしながら供用を続けた．補強が終わった現在も架け替えまでの間，経過観察を続けている[17]．

変状・劣化した橋を工事前後の一定期間モニタリングして補強工事施工管理マネジメントへ応用された事例もある．鋼3径間連続非合成鈑桁の矢野川橋において床版取替のリニューアル工事の実施までの期間の安全な供用を確保する目的，および工事中・完成時の健全度確認のためにモニタリングを実施している[18)19]．床版たわみ，ひび割れ開閉量，温度を対象としたモニタリングが3年に渡って実施している．モニタリング結果は，床版下面コンクリートの剥落予知・撤去に活用したり，床版耐荷性能に低下傾向のないことを確認するために活用したりしている．名神高速道路下植野高架橋では，座屈した主構造部材の撤去，取替，構造形式変更の工事に伴い，緊急補強後も抜本対策が完了するまで5年間に渡り，通行車両の安全を確保するため，変形や発生応力を計測し，挙動のリアルタイム観測，予測観察を続けた．得られた発生応力に基づいて緊急補強を行ったり，載荷実験や応力頻度測定から補強工事完了後の効果確認をしたりしている[18)20)21]．

経過観察により対策効果の持続性の確認や想定外の事象への備えなどを図った例として，鋼橋ではないものの，垂井高架橋が代表例として挙げられる．垂井高架橋では竣工後間もなく損傷が確認され，補修・補強を行った後に10年間に渡ってモニタリングたわみ，変位，変形，ケーブル張力などのモニタリングを行っている[22]．

他にも，計測機器によるモニタリングではないが，道路管理者が定期的に変状の状態を目視観察しながら供用を続けているものも，同様の考えで実施されているといえる．

(4) 設計検証のモニタリング

動的耐風設計された橋では設計検証にモニタリングが利用される．構造物の風応答は固有振動数や振動モード形状および構造減衰に大きく影響を受ける．特に構造減衰は解析的に推定することは困難で実橋振動計測で評価せざるを得ない．吊橋や斜張橋のような長大橋だけでなく，桁橋においても鋼少数主桁橋を長支間で適用する場合にはねじれ振動の耐

風安定性の確保が重要となり実橋振動計測が実施されることがある[23)24)25)26)]．動的耐震設計された橋の設計検証でも地震時の記録を用いて検証されることがある[27)28)29)30)]．維持管理に直接利用されるわけではないが，維持管理における初期値としての利用も考えられる．特殊な構造の橋であったり，新工法・新材料を採用する橋などは特に設計検証のモニタリングの必要性が高いと言える．

(5) 施工を支援するモニタリング

施工管理において計測データが利活用されていることは言うまでもない．これに加えて近年は，2016 年に発生した有馬川橋橋桁落下事故や余野川橋ベント転倒事故を踏まえて，重大事故リスクマネジメントの観点からもモニタリング技術の利活用が期待されている．西日本高速道路の「重大事故リスクアセスメントガイドライン」には，施工中の安全性を確認する目的での常時計測について，仮設ベント設備の傾き，沈下等の計測に言及して述べられている[31)]．維持管理の補修・補強工事等においても現場の安全に寄与すると考えられる．

(6) 緊急時対応を支援するモニタリング

地震・台風・豪雨などの災害後の対応を支援するモニタリングである．例えば新幹線の早期地震検知システム[32)]はその一例と言える．常時揺れを監視し，大きな揺れが予想される場合には列車が緊急停車する．

構造物の損傷自体を検知・評価する取り組みは研究段階のものが多いが，計測された応答をベースに設計値と比較して設計時に想定された応答を上回っていないことを確認するモニタリングは実運用されているものもある．建築分野では，層間変位，層間変形角を基準に耐震設計していることもあり，地震応答時の層間変位・層間変形角を計測・推定して基準値を下回っていることを確認するモニタリングが実構造物で利用されている[33)]．土木においては，例えば鉄道高架橋において柱部材の変形角を計測・推定し，設計時の変形角と比較することで，応答が非損傷範囲であることを確認する取り組みがなされている[34)]．

(7) 作用外力評価のモニタリング

第 3 編において詳細に述べる通り，活荷重評価のために Bridge Weigh-In-Motion や軸重計等を利用したモニタリングが実施されている[35)]．国外では活荷重モニタリングが維持管理に利用される例もある．例えば米国では Load Rating における活荷重に反映され，維持管理における優先順位付け，荷重制限などに利用される．なお，緊急時対応を支援するモニタリングの地震動や地震応答のモニタリングも，作用外力評価のモニタリングにあてはまると言える．

以上，モニタリングに関する 7 つのカテゴリ分けを述べたが，これらはその境界が必ず

しも明確ではない．例えば，地震モニタリングは，緊急時対応や作用外力評価の他，設計検証にも分類され得るし，詳細調査のモニタリングを元に補修・補強を行い，その効果確認まで行うこともある．また，同一技術が多様な目的のモニタリングに利用され得る．例えば，遠隔から赤外線カメラ等を使って応力集中やクラック等を評価する技術[36]も点検，診断・詳細調査，経過観察・効果確認等で利用され得るし，ケーブル張力推定は点検にも詳細調査にも利用され得る[37]．

4.2 モニタリングを活用した性能評価事例

BWIMなどのモニタリング技術を利用して把握された活荷重特性はLoad Ratingに反映されている一方で，モニタリングにより抵抗（耐荷力）を把握・更新しLoad Ratingに反映させた事例報告は少ない．ここでは，橋のモニタリングデータや数値モデルを利用してLoad ratingを詳細に実施する試みを紹介する．

米国マサチューセッツ州にかかる3径間連続合成鈑桁橋のPower Mill Bond橋において，図4.2.1に示す通り計100チャンネルの歪ゲージの他，温度計，傾斜計，加速度計を設置した上で静的載荷試験が実施された．

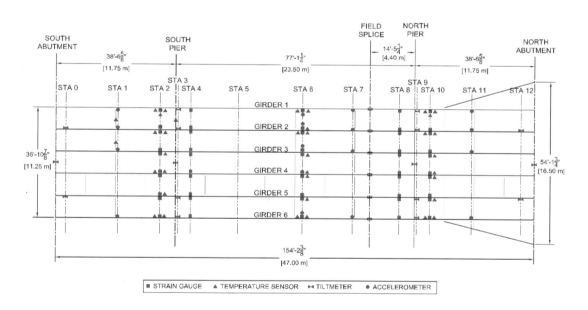

図4.2.1　Power Mill Bond橋の各種計測項目と計測位置（平面図）[38]

静的載荷試験結果を利用して更新したモデル（Enhanced Design Model; EDM）で，Rating Factorを求めている[38][39]．EDMでは，載荷試験における計測値とモデルが整合するように，高欄の剛性や，ゴム支承材料試験，コンクリート床版の材料試験などを反映している．LRFRによるRating Factorと，キャリブレーションした設計モデルに基づくRating Factorを比較している．LRFRでは荷重分配効果が係数として反映されている一方，EDMに基づくLoad

Ratingではモデルシミュレーションから荷重分配を求めているといった違いから，EDMに基づくRating FactorがLRFRによるRating Factorに比べ大きく，また主桁間のばらつきも小さいことが示されている（図4.2.2参照）．健全時のRating Factorに加えて，主桁に模擬損傷を想定した場合のRating Factorも算出・比較し，同様の結論を得ている（図4.2.3参照）．

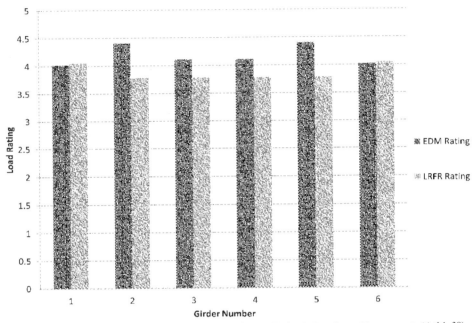

図4.2.2　LRFR及びEDMにおける主桁に関するRating Factorの比較 [38]

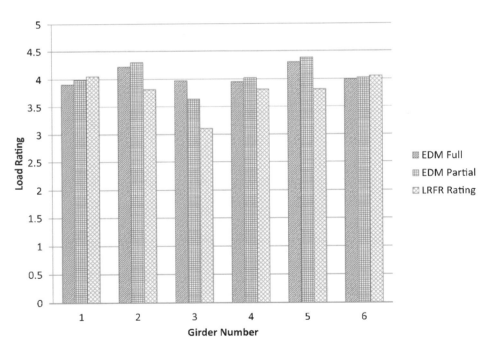

図4.2.3　LRFR及びEDMにおける主桁に関するRating Factorの比較
（内側の主桁3が損傷した場合）[38]

モデルを詳細に作成しモニタリングデータで更新することにより現実に即したRating Factorを得て，過度に安全側の評価となることを避けているといえる．モニタリングは引き続き実施されているもののLoad Ratingにおける利用は供用開始に合わせて行われた載荷試験時のデータのみである．今後，実際に損傷が発生した場合にはモニタリングデータを用いてモデルを更新し，詳細なLoad Ratingがなされるものと考えられる．計測・載荷試験・モデル化に要した費用は建設費の10%程度と報告されており，簡易な計測系等による費用の低減や，得られる効果の明確化が必要である．

4.3 モニタリングのシーズとニーズのマッチングについて

これまで本章では，維持管理のメンテナンスサイクルにおける利用に基づいてモニタリングのカテゴリ分けとその事例紹介，及び抵抗側（耐荷力）の状態を把握するためにモニタリングを行い，Load Ratingという形で橋の状態を評価した事例を紹介した．このように，モニタリングのシーズ技術の進展は著しく，橋の状態把握，進展性の評価において，今後の更なる活用が大いに期待される．一方で，これまでもそのような期待があったものの採用例が多くない原因の一つに，維持管理におけるニーズとシーズが適切にマッチングされていないことが考えられる．さらに，橋の状態をモニタリングで精度良く評価することで補修・補強を行わずに経過観察で済んだ場合等，維持管理におけるモニタリングの活用の費用対効果がより明らかになれば，モニタリングの活用は増えていくと思われる．そこでここでは，モニタリングのシーズとニーズのマッチングに着目したモニタリング技術の運用方法に関する研究事例[3]を紹介する．

まず，モニタリングをマネジメント的な観点からの運用検討を行い，スクリーニングとカテゴリー化を整理すると，図4.3.1のようになる．このような整理から，維持管理に対して

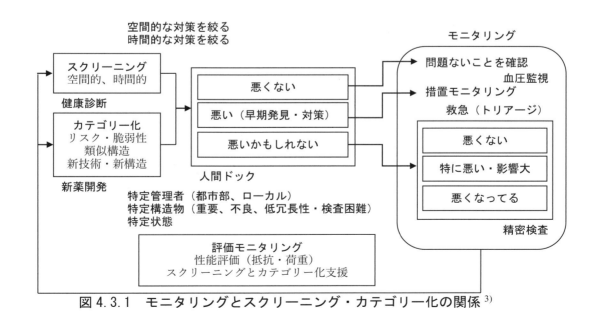

図4.3.1 モニタリングとスクリーニング・カテゴリー化の関係[3]

より効果的なモニタリングを検討することが可能と考えられる．

次に，モニタリングを行う工学的指標，及びその評価手法の構築について考える．工学的指標や評価における閾値の設定の難易度は，対象とする問題あるいは評価する性能の難易度に大きく依存する．例えば，図4.3.2のような，モデルの不確定性とマネジメントの不確定性から工学的指標や閾値の設定の難易度を評価することが可能である．モデルの不確定性が小さい対象では工学的指標の選定は容易であるものの，マネジメントが多様である場合はその判断を支援する評価基準は多数あることが考えられる．また，モデルの不確定性が大きいような対象では，閾値の設定は難しいものの，マネジメント方法を絞る，もしくは階層的にすることで判断材料として活用することが可能となると考えられる．[3]

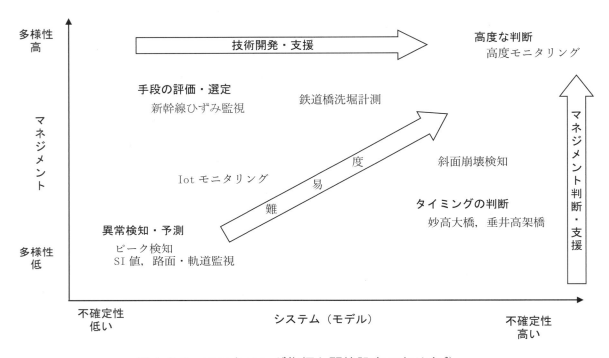

図4.3.2 モニタリング指標と閾値設定の在り方[3]

モニタリングを行う工学的指標，その評価手法，及びその適用範囲を決めることができれば，モニタリングシステムに求められる仕様を決めることができる．モニタリングシステムで決めるべき仕様項目を整理することで，ニーズとシーズのマッチングが可能になると考えられる．[3]

ここで，モニタリングと運用方法との関係を整理すると表4.3.1のようになる．現状で実装例があるモニタリング技術の更なる利活用と，研究段階のモニタリング技術については将来的に実装が期待されるモニタリングとして分類した．それぞれの方法について，運用目的と効果に着目して整理した．次に，表4.3.1に示した運用目的のいくつかについて，個別のモニタリング技術ごとに適用範囲，モニタリング性能仕様，運用課題等の仕様項目を

挙げ，現状の性能や，改善項目を表 4.3.2 に整理した．統一した項目に対して，個別のモニタリング技術に関する内容を記載することで，ニーズとシーズのマッチングを意識した実装が可能になると考えられる．類似の技術がある場合は，技術比較も可能になる．また，改善項目（課題）を記載することで，将来的に高度な実装を検討することが可能になると考えられる．[3)]

表 4.3.1 モニタリングの運用計画 [3)]

段階	サイクル	運用目的	効果
実装されているモニタリングの利活用	評価のモニタリング	代表的（特殊）な構造物の挙動把握	性能確認
		荷重や外的条件の監視	地震，雨量，風速，水位等，過積載
	措置のモニタリング	点検・診断等で問題のある構造物	変状の進行性，対策効果監視，異常検知
		重要な構造物に対する予防的な監視	悪くないことを把握する，き裂検知，落橋監視
将来的に実装が期待されるモニタリング	評価のモニタリング（スクリーニングとカテゴリー化）	個別点検計画支援，異常検知	点検間隔の延伸，トリガー，舗装・データ相関
		カテゴリー化	施工から一貫したモニタリング
		新技術の促進，品質管理，長寿命化	劣化因子の監視，共振の確認
	措置のモニタリング	診断の高度化	原因究明，リアルタイム評価
		被災時の被害評価および判断支援	対策・更新の高度化・判断支援，劣化監視

表 4.3.2 モニタリング評価のための記載項目と事例 [3)]

運用目的（単目的／多目的）	適用範囲 スクリーニング＆カテゴリー化	事例（想定事例）	指標／評価基準（単／多機能）	モニタリングシステム性能仕様						運用課題
				センサ（数）	AD変換	通信	電源	データ回収	点検	
点検・診断等で問題のある構造物に対して変状箇所と関連する指標を監視する．	①損傷状態：点検結果悪い ②余裕度：無し ③検査性・維持管理性：河川長大橋 ④構造特徴：初期PC橋 ⑤利用度：交通量多 ⑥猶予：2年	PC鋼棒の破断	たわみ／たわみ制限	水管式傾斜計	高周波カット	固定	常設	常時	2ヶ月に1回目視	汎用化，コストダウン 適用範囲の拡大
重要な構造物に対する予防的な監視として現状が健全であることを確認する．	①損傷状態：良い ②余裕度：無し ③検査性・維持管理性：検査足場無し ④構造特徴：下路溶接桁 ⑤利用度：新幹線（高速） ⑥猶予：10年	き裂，ひずみ	疲労限／疲労限以下	検知線歪ゲージ	アナログフィルタ	固定携帯	電池	点検時常時	不要	適用範囲の拡大 データの蓄積
特殊な材料や構造であるため，挙動把握を行う．また，合わせて荷重等を把握する．	①損傷状態：良い ②余裕度：無し ③検査性・維持管理性：都市部長大橋 ④構造特徴：斜張橋 ⑤利用度：BCP ⑥猶予：20年	高張力鋼橋斜張橋	固有モード／	MEMS加速度計	デジタルフィルタ	固定	常設	定期的	年に1回目視	維持管理への活用 異常検知の併用 コストダウン
災害時等の異常が発生した構造物を抽出して指標を監視する．異常時にはデータを確認する，また，常時に点検をトリガーする．	①損傷状態：スクリーニング抽出 ②余裕度：無し ③検査性・維持管理性：山間部 ④構造特徴：単柱橋脚 ⑤利用度：中 ⑥猶予：2年	上部工変位監視洗掘検知	傾斜角／統計（3σ）	サーボ式傾斜計	低周波特性高い	固定携帯	燃料電池	一定期間常時	年に1回目視	評価方法の高度化（リアルタイム化等） 適用範囲の拡大 信頼性向上 データ共有

4.4 モニタリングを活用した性能照査型維持管理に向けて

これまで新材料や新工法が採用された際，モニタリングデータを確認しながら施工したり，供用後の動態観測により設計検証したり，モニタリングが設計施工の知見蓄積に貢献してきたといえる．過去のモニタリングや数値シミュレーションの高度化で知見が蓄積され，一方で，新規プロジェクトが減少している昨今では，従来と比べると我が国における同様のモニタリングは減少していると言える．

一方で維持管理の観点からは設計・施工当初の想定とは異なる状態の構造物を対象にすることから設計時の資料や数値シミュレーションに基づく対応には自ら限界があり，モニタリングによる評価の必要性は明らかである．先に挙げたとおり，詳細調査後や，補修・補強した後の経過観察，進行性の評価，補修・補強の施工支援など，モニタリングが必要とされる具体的なケースは多岐にわたる．

性能照査型維持管理は，何かしらの措置が必要と考えられる状態における構造物を客観的に定量的に照査することで維持管理を高度化できる枠組みとも言え，モニタリングをこれとの関連で活用することが期待される．LRFR における活荷重の評価に BWIM などのモニタリングが活用されているものの，抵抗の評価にモニタリングを活用する事例は多くない．近年のモニタリングやデータ処理技術などシーズ技術の進展は著しく，従来と比べて容易に，豊富な情報を得られるようになっており，海外におけるモニタリングに基づく抵抗評価と Load Rating のような事例が増え，その効果を明確にできれば，性能照査型維持管理の枠組みでのモニタリング活用が実効化していく期待される．一方で，実現可能性という観点からも，構造物をモニタリングする必要性，経済的合理性を十分考慮し，スクリーニング，評価指標の選定，評価する性能の設定を適切に行う必要がある．

参考文献

1) 長山智則：維持管理におけるモニタリング技術の利用と研究開発，コンクリート工学，Vol 56. No. 1, 2018.

2) 土木学会　社会インフラ維持管理・更新の重点課題検討特別委員会：社会インフラメンテナンス工学テキストブック編集小委員会,2015.

3) 杉崎光一，家入正隆，北原武嗣，長山智則，河村圭，松田浩：維持管理のイノベーションのためのモニタリング実装方法に関する研究，土木学会論文集 F3（土木情報学），Vol.73, No.2, pp.II_17-II_32, 2017.

4) Tsukasa Mizutani, Nagisa Nakamura, Takahiro Yamaguchi, Minoru Tarumi, Yusuke Ando, and Ikuo Hara : Bridge Slab Damage Detection by Signal Processing of UHF-Band Ground Penetrating Radar Data, Journal of Disaster Research, Vol.12, No.3, pp. 415-421, 2017.

5) 増井洋介，鈴木修：橋りょう下部工健全度評価システムの開発，JR EAST Technical Review, No. 26, pp. 63-66, 2009.10.

6) 阿部慶太，名取努，小湊祐輝，関口琢己，山野明義，王林：固有振動数と相関を有する健

全度診断指標を用いた鉄道橋梁橋脚の健全度の状態監視手法，土木学会論文集 A1（構造・地震工学）Vol. 72, No. 1, pp. 21-40, 2016.

7) 森井広樹, 栗林健一, 小西俊之：振動発電を用いた鋼橋アオリ検知装置の開発, JR EAST Technical Review, No.55, pp.31-32, 2016.

8) 伊藤裕一, 松尾昌武, 蒋立志：破断検知線による鋼構造物疲労損傷モニタリング手法の開発, 土木学会第 60 回年次学術講演会, pp.101-102, 2005.9.

9) 阿久津絢子, 佐々木栄一, 蛯沢佑紀, 田村洋：低周波渦電流による鋼部材の腐食損傷状態分析, 土木学会論文集 A1（構造・地震工学）, Vol. 73, No. 2, pp. 387-398, 2017.

10) 長山智則, Khatri Thaneshwor, 腐食した桁端部を想定した局部振動計測に基づく耐荷性能評価, 土木学会第 71 回年次学術講演会概要集, I-300, 2016.9.

11) 西川貴文, 奥松俊博, 中村聖三, 岡林隆敏：空力励起振動するトラス部材の遠隔計測の実現と長期運用, 構造工学論文集, Vol.61A, pp.91-100, 2015.3.

12) 河田直樹, 川谷充郎, 金哲佑, 高見洋平：実供用荷重下における橋梁交通振動とそれに起因する低周波音, 振動コロキウム 2011, pp.171-178, 2011.9.

13) 畔柳昌己, 安藤直文：鋼桁橋から発生する低周波空気振動問題への対策, 振動コロキウム 2011, pp.166-170, 2011.9.

14) 土木学会：鋼・合成構造標準示方書　維持管理編, 鋼構造委員会, 2014.1.

15) 国土交通省鉄道局：鉄道構造物等維持管理標準・同解説（構造物編）, 2007.2.

16) 寺田篤史・清水 美代：伏木富山港（新湊地区）臨港道路東西線（新湊大橋）のケーブル振動対策について, 北陸地方整備局　事業研究発表会, 2014.

17) 樋口徳男：妙高大橋のモニタリングによる管理, 北陸地方整備局　事業研究発表会, 2013.

18) 土木学会 ：センシング情報社会基盤, 構造工学シリーズ 24, 2015.

19) 松田哲夫, 西山晶造, 松井繁之, 元井邦彦, 村山康雄, 薄井王尚：鋼橋ＲＣ床版のモニタリングによる安全管理と健全度評価, 土木学会第64回年次学術講演会概要集, I-623, pp.1245-1246, 2009.

20) 室井智文, 小松悟, 吉岡博幸：名神高速道路下植野高架橋のリニューアル計画, 橋梁と基礎 38(12), pp.26-32, 2004.12.

21) 松田哲夫, 浜博和：名神高速道路における更新例の検証と大改造例, 第 12 回鋼構造と橋に関するシンポジウム論文報告集, 2009.

22) 土木学会：橋本道路垂井高架橋　供用後モニタリング中間報告書,2012.

23) 真辺保仁, 佐々木伸幸, 山口和範：多々羅大橋の実橋振動実験, 橋梁と基礎 Vol.33, No.5, pp.27-30, 1999.5.

24) 西岡直樹, 鳥海隆一, 岡清志, 佐々木伸幸：安芸灘大橋の振動実験, 土木学会第 55 回年次学術講演会, I-B104, pp.208-209, 2000.9.

25) 村越潤, 麓興一郎, 芦塚憲一郎, 清田錬次, 宮崎正男：鋼少数主桁橋の耐風安定性と

振動特性に関する実験的検討，橋梁振動コロキウム'03 論文集，pp.357-362，2003.9.

26) 奥村学，結城洋一，中野隆，上島秀作，畑中章秀，宮崎正男，新井恵一，麓興一郎，横山功一：複合ラーメンI桁橋の起振機を用いた実橋振動試験，土木学会第65回年次学術講演会，I-494，pp.987-988，2010.9.

27) 吉岡勉，岡田慎哉，西弘明，佐藤京，原田政彦：強震記録を用いた免震橋の地震応答解析モデルに関する検討（その1），土木学会第61回年次学術講演会，2006.9.

28) 吉田純司，阿部雅人，藤野陽三：兵庫県南部地震における阪神高速湾岸線松の浜免震橋の地震時挙動，土木学会論文集，No.626／I-48，pp.37-50，1999.7.

29) Chaudhary, M.T.A., Abe, M. and Fujino, Y. : Investigation of a typical seismic response of a base-isolated bridge, Journal of Engineering Structures, Vol.24, No.7, pp.945-953, 2002.

30) 川島一彦，増本秀二，長島博之，原広司：強震記録からみた宮川橋(免震橋)の振動特性，橋梁と基礎 Vol.26，No.11，pp.34-36，1992.11.

31) 西日本高速道路株式会社：重大事故リスクアセスメントガイドライン，2017.

32) Nakamura Y. : A New Concept for the Earthquake Vulnerability Estimation and its Application to the Early Warning System. In: Zschau J., Küppers A. (eds) Early Warning Systems for Natural Disaster Reduction. Springer, Berlin, Heidelberg, 2003.

33) 白石理人，岡田敬一，森井雄史：モニタリング技術の現状と将来展望，日本建築学会大会構造部門（振動），2016.

34) 石間計夫，羽矢洋，槇浩幸，野崎隆，森島啓行：鉄道における状態監視システムの事例について，日本鋼構造協会会誌，No. 30，2017.

35) 玉越隆史，中洲啓太，石尾真理，中谷昌一：道路橋の交通特性評価手法に関する研究-橋梁部材を用いた車両重量計測システム(Bridge Weigh-in-Motion System)-，国土技術政策総合研究所資料，No.188，2004.

36) 藤林美早，西岡勉，渡邊武，入江庸介：赤外線応力測定システムによる鋼道路橋に発生する応力測定，土木学会第72回年次学術講演会概要集，I-358，2017.9.

37) 宮下剛，稲葉将吾，吉岡勉，田代大樹，羽倉守人，長山智則：不可視レーザー光を用いた新しいLDVによる斜張橋ケーブルの振動計測 －幸魂大橋での計測事例－，土木学会第66回年次学術講演会概要集，I-324，2011.9.

38) Bell, E., Lefebvre, P.J., Sanayei, M., Brenner, B. Sipple, J., Peddle, J. : Objective Load Rating of a Steel-Girder Bridge Using Structural Modeling and Health Monitoring, Journal of Structural Engineering, 139(10), pp.1771-1779, 2013.

39) Sanayei, M., Reiff, A., Brenner, B., Imbaro, G.: Load Rating of a Fully Instrumented Bridge: Comparison of LRFR Approaches, Journal of Performance of Constructed Facilities, 30(2), 2016.

5 おわりに

1章において我が国の橋の維持管理の現状と課題を概説した．2章では，維持管理のあるべき姿を検討すべく，土木学会のほか我が国の橋等で定められている性能照査型維持管理，及びその課題に関する調査結果を報告した．現状の我が国で取り組まれている性能照査型維持管理では，目視を主体とした定性的な評価が主体であり，次回点検までの経過観察と，補修・補強等の措置の見極めの精度を向上させることで，維持管理の効率を高めることが期待される．

3章では，維持管理の効率を高めるために本小委員会で着目した『定量的な性能評価手法』の例としてLRFR，及びCanadian highway bridge evaluationのLLCF等に関する調査結果を報告した．ここで，定量的に評価される主な性能は耐荷性能であり，必要に応じて橋の置かれる状況あるいは橋の状態を詳細に調査して評価の精度を高めることができる．評価の精度を高めて不確かさを新設時よりも明確にすること，及び次回の点検までの期間を健全に供用すればよいという要求性能の設定ができる場合，新設時に設定した安全率の一部を下げることが可能となる．これより，構造物の安全に対する信頼性を低下させることなく，新設構造物を主な対象とした現行基準を満足しない橋や損傷した橋の性能評価，並びに補修・補強が必要となった場合の過不足のない具体の対応が可能となる．ただし，制限値等の具体の数値の設定においては，各構造物の点検の頻度等の維持管理状況を踏まえて，各設計基準と同等の安全率を確保することに留意しなければならない．

このような特長に期待できる一方，維持管理の効率を高めることを目的とする場合，全ての構造物のあらゆる要求性能に対して定量的な評価を行うのは手間と費用が増えて本末転倒になる懸念もある．スクリーニングにより調査の詳細さのメリハリをつけることも維持管理上重要と考えられる．

そもそも，橋の損傷の状態と橋が保有する性能の低下を定量的に結び付けるのは容易ではない．さらに，橋の損傷の状態が同じ場合でも，構造特性や架橋条件，他の部材の状態，損傷の要因，耐荷性能への影響，進行の可能性等が橋によって異なることから，診断を定型的，画一的に行うことができず，いわゆる唯一解はない[1,2]．維持管理における性能評価は個々の橋においてそれぞれ適切に行う必要があることから，第2編では既存の鋼橋に対して損傷した状態における耐荷性能を把握するための調査・検討を行う．並びに，第3編では既存の鋼橋が置かれている実際の状況を把握するための調査・検討を行う．特に供用中に変動荷重として頻繁に作用する活荷重に着目する．ただし，最終的に橋の安全性を評価するためには，以下に注意する必要がある．

- どの部材を主要部材として作用に抵抗させるのかを設定する必要がある．
- 計測等による実際の状況把握から常時の荷重状態を明らかにした場合，疲労損傷の進行予測にはある程度の効果が期待できるとしても，耐荷性能に対する荷重強度は供用期間中に作用する可能性のある荷重から慎重に想定する必要がある．

1つ目について，例えば，ある時点における非破壊検査で壁高欄や舗装が橋全体の剛性に対して無視できない程度の寄与をしていることが判明した場合でも，壁高欄や舗装を主要部材の一部とみなすかどうかという問題である．常時の使用性に対する限界状態としては壁高欄や舗装を有効としても，偶発作用等に対する強度限界状態においては有効としないことが妥当と考えられる場合もある．2つ目は，消防車等の緊急車両や，特車申請を行った車両の通行等を想定しておく必要があるということである．これらは道路の一部である橋をどのように使い，維持管理していくのかという橋の管理者としての方針も考慮する必要があり，それぞれの橋によって事情が異なることから，個別に検討・判断することになる．

定量的な性能評価を維持管理の効率化のために，適切に維持管理の中に取り込むことができたとしても，時間的な進行性を考慮した評価は，依然難しい．点検した時点に得られた情報から進行性も踏

まえた性能評価を行うよりも，監視を行う方が比較的簡単で明確に評価できる場合も考えられる．そこで，維持管理における監視という行為に着目して，4章では『モニタリングによる維持管理上の判断支援』に関する調査結果を報告した．モニタリングで計測できる工学的指標は，たわみ，ひずみ，速度，加速度，振動数等のように種類が多く，これにより耐荷性能以外の性能を評価できることが期待され，性能照査型維持管理の深化に大きく寄与することも考えられる．そのためには，計測する工学的指標と評価する性能を適切に関連させる必要があり，一定の信頼性を確保したしきい値の設定，並びに計測結果の評価に関する妥当性の確保が重要である．維持管理の効率を高めるという観点からは，モニタリング期間の設定も重要である．限定された一定期間のモニタリングにより重大な事故を排除するリスクヘッジがなされるのであれば，十分な費用対効果を発揮することも可能である．

今後，以上を踏まえた性能照査型維持管理の深化は十分可能であり，その効果も大きく期待できる．

参考文献

1) 国土交通省国土技術政策総合研究所：国総研資料第829号，道路構造物管理実務者研修（橋梁初級Ⅰ）道路橋の定期点検に関するテキスト，2015.3.
2) 国土交通省国土技術政策総合研究所：橋梁初級Ⅰ研修，達成度確認試験（実技）のポイント，http://www.nilim.go.jp/lab/ubg/info/index1705P.html#index1705P

第2編
耐荷力の推定と性能照査型維持管理およびモニタリング

目次

第2編　耐荷力の推定と性能照査型維持管理およびモニタリング

- 1　はじめに　　　　　　　　　　　　　　　　　　　　　　　　　　　　65
- 2　腐食損傷に関連する研究事例　　　　　　　　　　　　　　　　　　　67
  - 2.1　文献調査　　　　　　　　　　　　　　　　　　　　　　　　　67
  - 2.2　孔食を有する鋼板の圧縮耐荷力特性についての検討　　　　　　71
- 3　板厚計測法についての検討　　　　　　　　　　　　　　　　　　　　79
  - 3.1　渦電流法による板厚計測　　　　　　　　　　　　　　　　　　79
  - 3.2　レーザ変位計を用いた鋼トラス橋格点部の計測　　　　　　　　89
- 4　性能照査型維持管理およびモニタリングの活用に向けての検討　　　　95
  - 4.1　はじめに　　　　　　　　　　　　　　　　　　　　　　　　　95
  - 4.2　アーチリブに生じた局部腐食による残存耐力評価とその対策に関する検討　　96
  - 4.3　腐食した鋼トラス橋圧縮部材の残存耐荷力に関する検討　　　　103
  - 4.4　腐食損傷したリベット桁端部の残存耐荷力評価に関する検討　　122
  - 4.5　まとめと課題　　　　　　　　　　　　　　　　　　　　　　　133
- 5　おわりに　　　　　　　　　　　　　　　　　　　　　　　　　　　　134

付録　文献要約

1 はじめに

橋梁の耐荷力は様々な要因によって決定されることは周知の通りである．耐荷力に影響を与える要因を考える前に，橋梁の耐荷力とは何かを考える必要がある．我が国で用いられている道路橋示方書など，一般的な設計基準においては，橋梁構造物としての耐荷力は明確に示されておらず，部材および部材を構成する要素の耐荷力を想定し，いくらかの安全率を考慮して設計されている．そのため，一般的には，耐荷力とは部材または部材を構成する要素の抵抗できる最大の断面力（または応力度）を指すことになる．抵抗強度，最大強度とも呼ばれるこの耐荷力は，必然的にそれらの部材または要素が受ける力の種類によって，定義されることになる．すなわち，一般的には，引張，圧縮，曲げ，せん断などの断面力（または応力）に対する耐荷力が定義されることになる．

一方，橋梁構造物としての耐荷力を考えた場合には，作用する断面力・応力の種類によらず，構造物として支えることのできる荷重の大きさが問題となり，それを決定するのは様々な断面力・応力が関係してくることになる．橋梁の性能照査型維持管理においては，この橋梁構造物としての耐荷力を定義し，安全性（耐荷力）に対する照査を行うのが最終的な目標であると考えられるが，新設構造物においても橋梁構造物としての性能（安全性）について照査・設計されていない現状においては難しい課題である．そのため，本編では，部材および要素に着目して性能照査型維持管理を考えることにする．

次に，部材および構成する要素の耐荷力に考慮して行う性能照査型維持管理とはどういうものなのかについて考えておく必要がある．部材および構成する要素は設計荷重によって生じる断面力や応力（作用）に対して安全となるよう部材・断面の形状・寸法が決められている．これらが経年劣化や亀裂・腐食損傷を受けた際に，安全性を維持できているかを照査する必要が生じる．すなわち，劣化・損傷が直ちにその部材・要素の耐荷力に影響を与えるのか否かの判断が必要となる．例えば，腐食による孔食が生じた鋼部材において，断面が減少したことを考えると設計時の断面形状・寸法ではなくなってしまっているため，その時点で安全性が満足されていない，と判断されると考えられる．しかしながら，部材および要素の性能，すなわち耐荷力，に着目した場合には，安全性において問題がないと判断されるケースもあり得ると考えられる．このように，劣化・損傷が生じた状態での性能（残存耐荷力）を考慮することにより維持管理を行っていくことも性能照査型維持管理であると言える．そこで本編では，劣化・損傷が生じた部材・要素の耐荷力に焦点をあてて議論していきたい．また，劣化・損傷には様々なものが考えられるが，本編ではおもに腐食についてのみ検討していく．これは，亀裂は脆性的な破壊につながる恐れもあり，発見から速やかに対策がとられることが多いと思われ，ここでは対象としないこととした．

さて，腐食による耐荷力への影響は，前述のとおり作用の種類によって異なるものと考えられる．それらを整理したものを**図 1.1** に示す．例えば，引張力を受ける部材・要素を考えた場合，耐荷力は断面積に比例することが多く，腐食による断面積の減少は耐荷力の減少に直結するケースが多いものと思われる．また，不均一な腐食においては，応力集中が生じるケースも考えられさらに耐荷力が減少すると思われる．圧縮力を受ける部材・要素の場合，健全時の耐荷力が座屈（全体座屈・局部座屈）によって決定されているか否かによっても耐荷力への影響が異なるものと思われる．また，局部的な腐食なのか，全幅・全長に渡っての腐食なのかによっても耐荷力の影響が異なる．健全時の耐荷力が局部座屈で決まらない場合は，基本的には引張力を受ける部材・要素と同じであるが，腐食が全幅・全長に渡る場合，幅厚比パラメータが大きくなる事もあり，この場合には健全時には考慮しなくて良かった局部座屈に対しての検討も必要となってくる．一方，健全時の状態から座屈が耐荷力を決定している場合には，局所的な腐食が部材・要素としての座屈耐荷力に影響を及ぼさないケースも考えられる．腐食が広範囲にわたる場合には，座屈耐荷力の減少につながり，部材・要素としての耐荷力が減少することになる．せん断，曲げを受ける部材・要素の場合は，腐食による断面欠損が生じた場合，部材

内・要素内での断面力・応力の再分配が生じるため耐荷力の減少は一義的には判断できず，断面形状に対する腐食の位置等にも依存するために個々のケースに応じた検討が必要となる．

以上のように，腐食損傷を有する鋼部材の耐荷力については，その挙動が複雑なために多くの研究成果が発表されてきている．本編では，それら腐食損傷を有する鋼部材の耐荷力に関する研究成果をまとめ，今後の維持管理の際の参考となる資料を作成するとともに，今後有用となり得る情報を調査・提示していくこととした．また，腐食損傷を有する鋼部材に対する補修・補強は今まさに行われている事であり，現在の対策方法についても取り上げ，性能照査型維持管理の観点から議論することにした．

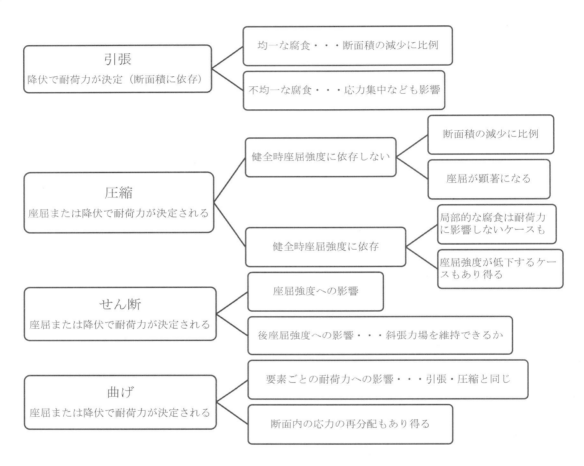

図1.1　腐食による部材・要素の耐荷力への影響の整理

2 腐食損傷に関連する研究事例

2.1 文献調査

　腐食損傷した部材または橋梁全体の定量的な耐荷力評価は，構造物の補修および今後の維持管理において必要不可欠なデータである．しかしながら，既存構造物および腐食損傷した構造物の耐荷力性能を定量的に評価する方法は，明確にされていないのが現状である．ここでは，現存する腐食損傷した部材または橋梁全体を対象とした構造物の耐荷力性能を実験または解析により照査した研究例を調査しそれらをまとめることとする．腐食損傷した部材または橋梁全体の耐荷力特性を照査した研究例の要約は，本章付録にまとめる．

　腐食損傷した鋼構造物を対象とした既往の研究は，次のように大別できる．

- 鋼板（負荷条件：圧縮，引張）
- 鋼鈑桁橋（主桁のみ，全体，桁端部，負荷条件：せん断，曲げ）
- トラス橋（ガセット部，斜材，全体）
- 継手部（ボルト接合，リベット接合）
- 補修（当て板，FRP，接合方法）
- その他（橋脚，鋼管，腐食特性など）

　これらにおいて腐食後の残存強度を調べた研究は，実験および解析により，その強度特性を調べている．また，その成果に基づいた残存強度評価法が示されている内容は，次の通りである．

対象断面または形状	断面力	評価法	対象文献
腐食鋼板	単軸面内圧縮	等価板厚による評価	No. 1, 4, 30
腐食鋼板	単軸面内引張	降伏耐力・引張耐力ともに，板長手方向長さを板幅の 0.5 倍とした領域での平均腐食断面欠損率の最大値を基に計算した有効板厚で評価可能 ＜最小板厚および板厚標準偏差からの評価式＞ （降伏荷重）$P_y = t_{eff\_y} \times b \times \sigma_y, where\ t_{eff\_y} = t_{\min\_ave}$ （最大引張荷重）$P_u = t_{eff\_u} \times b \times \sigma_u, where\ t_{eff\_u} = t_{\min\_ave} - c_\sigma \sigma_t$ ＜初期板厚および最小板厚からの評価式＞ （降伏荷重）$P_y = t_{eff\_y} \times b \times \sigma_y, where\ t_{eff\_y} = (1 - c_{ty})t_0 + c_{ty}t_{min}$ （最大引張荷重）$P_u = t_{eff\_u} \times b \times \sigma_u, where\ t_{eff\_u} = (1 - c_{tu})t_0 + c_{tu}t_{min}$ ＜初期板厚および最大孔食直径からの評価式＞ （降伏荷重）$P_y = t_{eff\_y} \times b \times \sigma_y, where\ t_{eff\_y} = t_0 - c_{Dy}D$ （最大引張荷重）$P_u = t_{eff\_u} \times b \times \sigma_u, where\ t_{eff\_u} = t_0 - c_{Du}D$	No. 2, 34, 46

腐食H形,T形長柱	柱軸方向圧縮	最大断面欠損率 R_A による残存圧縮強度評価式 (H形) $P_U/P_Y = 1.14 - 1.36 R_A$ (T形) $P_U/P_Y = 0.92 - 1.29 R_A$	No. 6
縦補剛材1本を有する腐食補剛板	単軸面内圧縮	腐食した板パネルは重み付け平均板厚（等価板厚）を用いて評価	No. 8
まくらぎ下の上フランジに局部腐食を有する桁	桁の上フランジへの直接載荷時の桁の残存耐荷力	$P_u = P_\sigma + P_w + P_f$ $P_\sigma = \sigma_{pa} c d_w$ $P_w = \frac{2M_w}{\alpha_0 \cos\theta}\left\{2\beta_1 + c_0\left(1 - \bar{\sigma}_{pa}^2/\sigma_{yw}^2\right) - \eta\right\}$ $P_f = 4M_f / \beta_1$ ここで, P_u：局所荷重下の桁の耐荷力 P_σ：ウェブの座屈強度 P_w：座屈後強度 P_f：フランジの塑性強度 β_1：フランジ塑性ヒンジ間の距離, θ：ウェブの塑性変形角度 α_0：ウェブの塑性ヒンジ線間の距離, η：ウェブ幅で塑性ヒンジ線長 $2\beta_1$ の補正長 M_f：フランジ塑性モーメント M_w：ウェブの単位長さ当たりの塑性モーメント	No. 18
腐食の生じた鋼トラス橋格点部		①リベット部の破壊 　(a)リベットのせん断破壊（P_{ry}）：$P_{ry} = \frac{1}{\sqrt{3}}f_u n A_r$ 　(b)リベット孔間または縁端の端抜け破壊（P_{ru}）：$P_{ru} = L_c t f_u$ ②最縁リベット部におけるガセットの降伏・破断 　(a)最縁ボルト部のガセット降伏（P_{gy}）：$P_{gy} = A_e f_y$, $A_e = L_e t$ 　(b)最縁ボルト部のガセット破断（P_{gu}）：$P_{gu} = A_s f_u$ ③ガセットのブロックせん断破壊（P_{gbs}）： 　$A_{tn} \geq \frac{A_{vn}}{\sqrt{3}}$ の場合→$P_{gbs} = \frac{1}{\sqrt{3}}f_y A_{vg} + f_u A_{tn}$ ， $A_{tn} < \frac{A_{vn}}{\sqrt{3}}$ の場合→$P_{gbs} = \frac{1}{\sqrt{3}}f_u A_{vn} + f_y A_{tg}$ ④斜材の降伏・破断 　(a)引張・圧縮斜材の降伏（P_{dy}）：$P_{dy} = f_y A_g$ 　(b)引張・圧縮斜材の破断（P_{du}）：$P_{du} = f_u A_s$ ⑤圧縮材端部におけるガセットの局部座屈（P_{gcr}）： $P_{gcr} = f_y A_g (\bar{\lambda} \leq 0.2)$, 　$P_{gcr} = (1.109 - 0.545\bar{\lambda})f_y A_g (0.2 < \bar{\lambda} \leq 1.0)$, $P_{gcr} =$	No. 33

		$(1.0/(0.773 + \overline{\lambda^2}))f_y A_g (1.0 < \overline{\lambda})$ ⑥ガセットのせん断降伏（V_{gsy}）：$V_{gsy} = \frac{1}{\sqrt{3}} f_y A_g$	
腐食劣化した高力ボルト摩擦接合継手	高力ボルト摩擦接合継手	すべり係数の増分 $$\Delta\mu = \Delta\mu_{r1} + \frac{\Delta F_{r2}}{N}$$ $\Delta\mu_{r1}$：ボルト孔付近の錆によるすべり係数の増分，ΔF_{r2}：ボルト孔付近以外の錆に起因する固着によるすべり耐力の増分，N：残存ボルト軸力	No. 35
腐食した鋼トラス橋箱形断面斜材	軸圧縮	最大断面欠損率 R_A を用いて評価 $$\frac{P_{max}}{P_y} = 1.05 - 1.32 R_A$$ $$\frac{P_{max}}{P_u} = 1.08 - 1.36 R_A$$ ここで，P_{max}：残存耐荷力，P_u：道路橋示方書の柱の基準耐荷力曲線から求めた基準耐荷力 $$R_A = \frac{A_0 - A_{min}}{A_0}$$ A_0：健全時の断面積，A_{min}：最小断面積	No. 36
局部腐食を有する鈑桁ウェブ	せん断	$$\tau_{cr} = k \frac{\pi^2 E}{12(1-\nu^2)} \left(\frac{t_r}{b}\right)^2$$ t_rは代表板厚で，局部腐食が生じている範囲の平均板厚t_{ave}と標準偏差sを用いて， $$t_r = t_{ave} - \beta s \quad (5)$$ $t_r = t_{ave} - 1.0s$ で安全側に評価	No. 54
		腐食損傷程度に応じて推定式を複数仮定 ウェブ両側欠損ケース $P_u/P_{Hu} = 1 - 2.5(1 - P_y/P_{Hy})$　$[P_y/P_{Hy} \geq 77\%]$ (2a) 　　　　　$= 0.43$　　　$[77\% > P_y/P_{Hy} \geq 43\%]$ (2b) ウェブ桁端側全欠損ケース $P_u/P_{Hu} = 1 - 2.5(1 - P_y/P_{Hy})$　$[P_y/P_{Hy} \geq 80\%]$ (2c) 　　　　　$= 0.50$　　　$[80\% > P_y/P_{Hy} \geq 72\%]$ (2d) ウェブ径間側欠損ケース，ウェブ桁端側部分欠損ケース $P_u/P_{Hu} = 1 - 2.5(1 - P_y/P_{Hy})$　$[P_y/P_{Hy} \geq 86\%]$ (2e) 　　　　　$= 0.65$　　　$[86\% > P_y/P_{Hy} \geq 72\%]$ (2f) その他の欠損ケース $P_u/P_{Hu} = P_y/P_{Hy}$　　　　　　$[P_y/P_{Hy} \geq 0\%]$ (2g) その他にも3ケース，計4ケース	No. 60

以上の腐食損傷した鋼構造部材の残存強度を推定する際には，主として部材を構成する板厚の把握が重要であることが明らかである．

　一方，鋼橋の腐食に着目した場合，実際の腐食損傷を活用した研究事例は少なく，健全状態のモデルから減肉や孔部を設けたモデルを採用している内容が多くを占めている．

　実環境下にて長期間強要され，実際に腐食損傷したモデルを対象とした研究成果と，腐食損傷を模擬した結果の比較検討している内容では，全面腐食や一部で孔食が発生している板や部材においても平均板厚による換算式で残存強度の把握が可能であることが得られている研究成果も存在する．このことからも，鋼橋における残存強度の把握には，腐食損傷した部材を構成する鋼板厚さを調べることが重要である．また，解析における断面の欠損は，理想的な形状や連続性を欠いた損傷モデルを採用している例が多くある．そのため，現実の腐食損傷に比べて過度に安全側を考慮した損傷を想定している事も否めない．

　これに加え，箱形断面，I形断面およびこれら断面内に取付けられた補剛材部において，溶接部近傍の局部腐食による損傷が大きい場合には，これら断面を構成する板の支持条件が変化するため，強度的に問題無い強度を保持しているとしても，想定する変形特性との違いが大きくなることが十分見込まれる．

　また，補修後の強度回復を確認した研究例では，耐荷力の観点から判断した補修法に加えて，繰返し荷重等の耐疲労性に着目した構造全体レベルでの補修を調べた研究例は，あまり行われていない．

2.2 孔食を有する鋼板の圧縮耐荷力特性についての検討
2.2.1 はじめに

現在供用中の多くの鋼橋は，腐食・亀裂・経年劣化などの問題に直面している．このような中，各自治体は管理している橋梁の現状を点検し，今後の維持管理計画を策定することが求められている．落橋などの大事故はもちろん，突然の通行止めなど，利用者への不利益を未然に防ぐためには，各橋梁の現時点での状況を把握し，適切な対策をとることが重要である．

これまでにも，腐食による断面欠損や亀裂が生じた鋼部材の残存耐荷力に関する研究は行われてきており[例えば 1)~13)]，残存耐荷力の評価式なども提案されている．しかしながら，これらの結果は桁の寸法などが限定された条件で行われた結果をまとめたものであり，適用範囲などの情報が無い状態では実務での利用が難しい．結果として，未だ実務では広く利用されるに至っておらず，改善の余地が残されている．

本検討では，実務で適用可能な形式を目指し，鋼部材の圧縮耐荷力特性を検討し簡便な評価式を提案することを目的とし，パラメトリック解析を行った．

本検討で対象としている断面欠損は，I形桁や箱桁のフランジを想定しておりし，その中でも腐食しやすい板端部に着目しモデル化した．腐食による欠損は，近接目視などで近寄ってから始めて発見されることも多く，そういったものは孔食であるケースが多いと思われる．そこで，腐食による孔食が発生，その欠損部が悪化した例を想定している．したがって，最も危険な損傷ケースを対象としており，維持管理においては，スクリーニング的な活用が可能になると考える．

2.2.2 解析概要

FEM 解析(有限要素解析)には，汎用非線形構造解析プログラム MSC Marc2015[14)]を用い，モデル化には4節点シェル要素を用いた．

（1）解析モデル

モデルは図2.2.1，図2.2.2に示すようにI形桁のフランジ，および箱桁のフランジを想定したものである（以下Iモデル，Bモデル）．Iモデル，Bモデル共に鋼材にはSM490Yを用いた．I形桁としては，中間支点付近の下フランジや，鉄道橋の上フランジ，端横桁などの2次部材を想定している．箱形断面としては桁断面や軸圧縮力を受ける部材などが想定される．

SM490Yの降伏強度は $\sigma_y=355N/mm^2$ とし，ヤング係数とポアソン比は $E=200,000N/mm^2$，$\nu=0.3$ で統一した．要素分割はX軸方向，Y軸方向それぞれ5mmずつとなるようにした．初期変形として長さ方向には，Iモデル，Bモデルのそれぞれにおいて半波が100mmの正弦波を与え，幅方向については直線的な変化をIモデルに，半波が100mmの正弦波をBモデルに与えた．

解析で用いた残留応力分布を図2.2.3に示す．図2.2.3の左図に示すI桁断面モデル（Iモデル）については，文献[15)]に示されている残留応力分布を参考に，フランジ片側のみの残留応力分布を設定した．一方，右図は箱桁断面モデル（Bモデル）であり，引張残留応力が $1.0\sigma_y$，圧縮残留応力が $0.13\sigma_y$

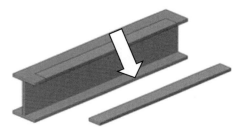

図2.2.1　Iモデル概要[18)]

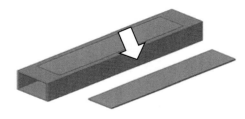

図2.2.2　Bモデル概要[18)]

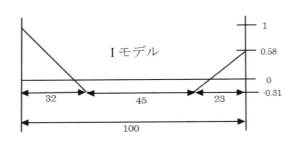
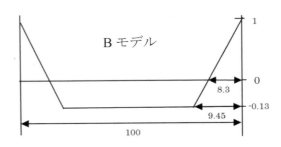

図 2.2.3 残留応力分布[18]

表 2.2.1 I モデル幅厚比パラメータと板厚[18]

R	1.2	1.0	0.9	0.8	0.7
t	5.5	6.6	7.4	8.3	9.5

表 2.2.2 B モデル幅厚比パラメータと板厚[18]

R	1.2	1.0	0.9	0.8	0.7
t	1.8	2.2	2.5	2.8	3.2

の大きさを有する理想化した直線分布形状を仮定した．これは，文献 15)を基に各解析モデル寸法に対して適応できるよう比率を保ったまま変化させたものである．

a) I モデル詳細

I モデルの境界条件は，3 辺単純支持 1 辺自由となるように与えた．寸法は 700mm×100mm とした．板厚（t）は想定した幅厚比パラメータ（R）となるよう，表 2.2.1 に示す値とした．腐食による断面欠損は，端部の中央から幅方向，長さ方向にそれぞれ 10, 20, 30%断面欠損を与えたもの（以下 10-10%，20-20%，30-30%）と，長さ方向の腐食による断面欠損の影響を考慮するため幅方向の 10%を固定し，長さ方向のみ 20%，30%（10-20%，10-30%）と断面欠損を広げた解析を行った．

図 2.2.4 B：0-0%モデル[18]

図 2.2.5 B：10-10%モデル[18]

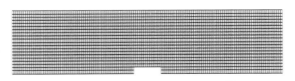

図 2.2.6 B：10-30%モデル[18]

b) B モデル詳細

B モデルの境界条件は，4 辺単純支持となるように与えた．寸法は 500mm×100mm，700mm×100mm，1000mm×100mm の 3 パターンとした．板厚（t）は想定した幅厚比パラメータ（R）となるよう，表 2.2.2 に示す値とした．腐食による断面欠損は，図 2.2.2 の端部の中央から幅方向，長さ方向にそれぞれ 10%，20%，30%与えたもの（以下 10-10%，20-20%，30-30%）と，長さ方向の腐食による断面欠損の影響を考察するため 700mm×100mm モデルのみ幅方向の 10%を固定し，長さ方向のみ 20%，30%（10-20%，10-30%）と断面欠損を広げた解析を行った．また，B モデルの欠損のない基本モデル（0-0%）を図 2.2.4，断面欠損ありの 10-10%および 10-30%のモデルを図 2.2.5 および図 2.2.6 に示す．

2.2.3 解析結果

a) I モデル解析結果

I モデルの解析結果を表 2.2.3，図 2.2.7 に示す．図 2.2.7 の縦軸は解析値の最大応力を降伏強度で無次元化した値（σ_u/σ_y），横軸は，幅厚比パラメータであり，参考として点線は $\sigma_u/\sigma_y = 0.5/R^2$，実線は $\sigma_u/\sigma_y = 1.0/R^2$ を示す．なお，最大応力は，解析で得られた最大荷重を欠損のない断面積で除したもので

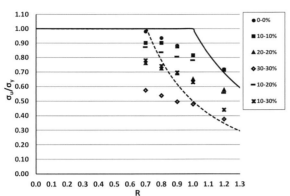

図 2.2.7 Ｉモデル解析結果[18]

表 2.2.3 Ｉモデル解析結果[18]

R	0-0%	10-10%	20-20%	30-30%	10-20%	10-30%
1.2	0.72	0.72	0.58	0.38	0.56	0.44
1.0	0.82	0.82	0.65	0.48	0.78	0.63
0.9	0.88	0.88	0.69	0.50	0.81	0.70
0.8	0.94	0.90	0.72	0.54	0.84	0.74
0.7	0.98	0.90	0.76	0.57	0.87	0.78

表 2.2.4 Ｂモデル解析結果（500mm×100mm）[18]

R	0-0%	10-10%	20-20%	30-30%
1.2	0.68	0.48	0.39	0.36
1.0	0.73	0.56	0.45	0.40
0.9	0.78	0.63	0.49	0.43
0.8	0.83	0.69	0.54	0.45
0.7	0.89	0.80	0.59	0.49

表 2.2.5 Ｂモデル解析結果（700mm×100mm）[18]

R	0-0%	10-10%	20-20%	30-30%	10-20%	10-30%
1.2	0.68	0.45	0.38	0.36	0.39	0.39
1.0	0.74	0.51	0.43	0.40	0.45	0.44
0.9	0.78	0.58	0.46	0.42	0.49	0.47
0.8	0.83	0.64	0.50	0.45	0.54	0.50
0.7	0.89	0.74	0.55	0.47	0.59	0.55

表 2.2.6 Ｂモデル解析結果（1000mm×100mm）[18]

R	0-0%	10-10%	20-20%	30-30%
1.2	0.68	0.37	0.38	0.35
1.0	0.74	0.56	0.42	0.39
0.9	0.78	0.62	0.46	0.42
0.8	0.83	0.68	0.50	0.44
0.7	0.89	0.75	0.55	0.47

表 2.2.7 Ｂモデル解析結果（最小値）[18]

R	0-0%	10-10%	20-20%	30-30%	10-20%	10-30%
1.2	0.68	0.45	0.38	0.35	0.39	0.39
1.0	0.73	0.51	0.42	0.39	0.45	0.44
0.9	0.78	0.58	0.46	0.42	0.49	0.47
0.8	0.83	0.64	0.50	0.44	0.54	0.50
0.7	0.89	0.74	0.55	0.47	0.59	0.55

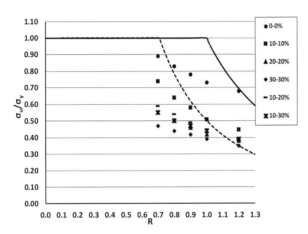

図 2.2.8 Ｂモデル解析結果[18]

ある．

b) Ｂモデル解析結果

Ｂモデルの解析結果を，500mm×100mm は表 2.2.4，700mm×100mm は表 2.2.5，1000mm×100m は表 2.2.6 に示す．Ｉモデル同様，解析結果は解析値の最大応力を降伏強度で無次元化した値（σ_u/σ_y）で整理した．以降の考察においては，3 種類のアスペクト比の解析結果の中で値が最小となったものを用いることとし，その値を表 2.2.7 および図 2.2.8 に示す．図中，横軸は幅厚比パラメータであり，参考として点線は $\sigma_u/\sigma_y = 0.5/R^2$，実線は $\sigma_u/\sigma_y = 1.0/R^2$ を示す．なお，表 2.2.4～7 および図 2.2.8 における最大応力は，解析で得られた最大荷重を欠損のない断面積で除したものである．

2.2.4 考察および残存耐荷力式の提案

本研究の解析結果を用いて残存耐荷力式の提案を行う．

a) Ｉモデル

まず，欠損のないケース (0-0%) については，図 2.2.7 を用いて耐荷力を式(2.2.1)のように近似する．

$$\sigma_u/\sigma_y = 0.8 R^{-0.6} \qquad (2.2.1)$$

次に，欠損がある場合の残存耐荷力式の提案を行う上で，腐食部に着目した幅厚比パラメータ R' を新たに求めることにする．図 2.2.9 に示すように，断面欠損により残った白色部分の b' を用いて，3 辺単純支持 1 辺自由板とした幅厚比パラメータを算出する．求められた R' を表 2.2.8 に示す．新

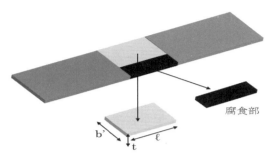

図 2.2.9 腐食部を考慮した幅厚比パラメータ [18]

表 2.2.8 幅厚比パラメータ R' [18]

		もともとの幅厚比パラメータR				
		1.2	1	0.9	0.8	0.7
腐食(%)	10	0.59	0.48	0.44	0.39	0.34
	20	1.18	0.96	0.88	0.78	0.68
	30	1.77	1.48	1.32	1.18	1.03

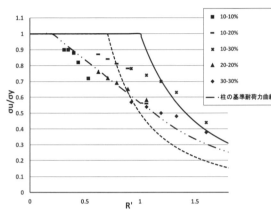

図 2.2.10 再整理したIモデル解析結果 [18]

図 2.2.11 Iモデル座屈形態（10-10%, R=1.2）[18]

図 2.2.12 Iモデル座屈形態（30-30%, R=1.2）[18]

たに求められた R' を横軸，縦軸に最大応力/降伏強度（σ_u/σ_y）をとり整理したものを図 2.2.10 に示す．図 2.2.10 の縦軸は，解析結果から得られた最大荷重を欠損を考慮した断面積で除したものである．

また，図 2.2.10 には比較のため，式(2.2.2)，(2.2.3)より定められる柱の基準耐荷力曲線 [16] を示してある．図 2.2.10 より，断面欠損が 10-10%，20-20%，30-30%の場合，残存耐荷力は柱の基準耐荷力曲線に近づくことが分かる．

$$\sigma_u/\sigma_y = \begin{cases} 1.109 - 0.545R & (0.2 < R \leq 1.0) \quad (2.2.2) \\ 1.0/(0.733 + R^2) & (1.0 < R) \quad (2.2.3) \end{cases}$$

これは，欠損部の座屈形状がおおよそ柱の座屈と同じ形状となっており，3辺単純支持1辺自由の支持条件が機能していないと推定できる．ここで，図 2.2.11（10-10%, R=1.2），図 2.2.12（30-30%, R=1.2）にIモデルの座屈形態を示す．図 2.2.12 の座屈形態より，局部腐食周辺からの拘束条件を考慮し，有効座屈長（ℓ_k）を $\ell_k = 0.9\ell$ と仮定して座屈パラメータ算出することとする．ただし，σ_u/σ_y の値は 0-0%のケースを上回ることはないとする．

最後に，長さ方向に断面欠損が広がったケース（10-20%，10-30%）の残存耐荷力式を提案するために，新たに長さ方向の断面欠損率を β_I（%）と定義する．

長さ方向に断面欠損が広がった 10-20%，10-30%のケースに関しては，幅厚比パラメータ R=1.2～0.7 の

表 2.2.9 β_I と変化量の関係 [18]

β_I	X
20	0.072
30	0.186

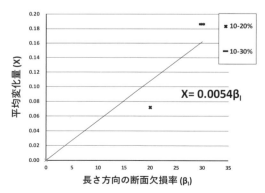

図 2.2.13 β_I と変化量の関係と予測式 [18]

表 2.2.10 提案式の値[18]

R	σ_u/σ_y					
	0-0%	10-10%	20-20%	30-30%	10-20%	10-30%
1.2	0.72	0.72	0.54	0.30	0.61	0.56
1.0	0.8	0.80	0.62	0.40	0.69	0.64
0.9	0.85	0.85	0.68	0.47	0.74	0.69
0.8	0.91	0.91	0.72	0.54	0.80	0.75
0.7	0.99	0.94	0.77	0.61	0.83	0.78

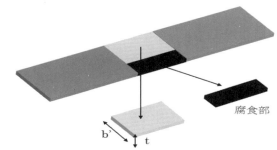

図 2.2.15 腐食部を考慮した幅厚比パラメータ[18]

表 2.2.11 幅厚比パラメータ R'[18]

		もともとの幅厚比パラメータR				
		1.2	1	0.9	0.8	0.7
腐食(%)	10	3.40	2.78	2.45	2.18	1.91
	20	3.02	2.47	2.18	1.94	1.70
	30	2.64	2.16	1.90	1.70	1.49

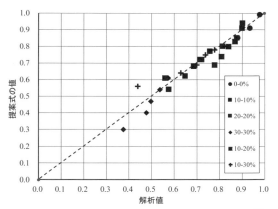

図 2.2.14 解析結果と提案式との比較[18]

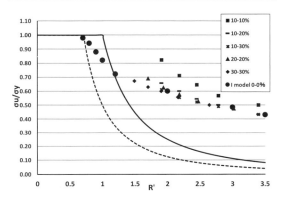

図 2.2.16 再整理した B モデル解析結果[18]

ケースにおける 10-20% および 10-30% の σ_u/σ_y と，10-10% の σ_u/σ_y との差を算出し，それぞれの平均変化量（X）を求めた．表 2.2.9 にその値を，β_I と X の値をプロットしたものを図 2.2.13 に示す．例えば $\beta_I=20$ の場合，幅厚比パラメータ R=1.2〜0.7 の 5 パターンにおける（10-10% の σ_u/σ_y）−（10-20% の σ_u/σ_y）の値を算出し，平均値を算出している．$\beta_I=30$ の値も同様に算出し，図 2.2.13 のようにプロットした値に対して線形近似直線を引くことで $\sigma_u/\sigma_y =0.0054\beta_I$ を推定する．

すなわち，長さ方向に断面欠損が広がったケース（10-20%，10-30%）の残存耐荷力式は，10-10% の値を基準として式(2.2.4)を用いて求める．

$$\sigma_u/\sigma_y = (10\text{-}10\% の \sigma_u/\sigma_y) - (0.0054\beta_I) \quad (2.2.4)$$

提案式(2.2.1)〜(2.2.4)より算出した予測値を表 2.2.10 に示す．また，解析値との比較を行う意味で，縦軸に提案式の値，横軸に解析値をそれぞれプロットしたものを図 2.2.14 に示す．

図 2.2.14 より，解析値と提案式の値とでは，最大で 12% の誤差があることが分かったが，おおよそ解析値を予測できていると判断できる．したがって，式(2.2.1)〜(2.2.4)を用いて，3 辺単純支持 1 辺自由板に想定した断面欠損を有する場合の圧縮耐荷力を評価することができると考える

b) B モデル

欠損のないケース（0-0%）については，図 2.2.8 をもとに耐荷力を式(2.2.5)のように近似する．

$$\sigma_u/\sigma_y = 0.75R^{-0.5} \quad (2.2.5)$$

次に，I モデル同様，欠損のあるケースの残存耐荷力式の提案を行う上で，腐食部に着目した幅厚比パラメータ R' を新たに求めることにする．図 2.2.15 に示すように，断面欠損により残った白色部分の幅 b' を用いて，3 辺単純支持 1 辺自由板とした幅厚比パラメータを算出する．求められた R' を表

図 2.2.17 B モデル座屈形態（10-10%, R=1.2）[18]

図 2.2.18 B モデル座屈形態（30-30%, R=1.2）[18]

表 2.2.12 β_B と変化量の関係 [18]

β_B	X
20	0.092
30	0.114

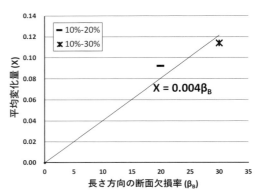

図 2.2.19 β_B と変化量の関係と予測式 [18]

2.2.11 に示す．新たに求められた R' を横軸，縦軸に最大応力/降伏強度（σ_u/σ_y）をとり整理したものを図 2.2.16 に示す．図 2.2.16 の縦軸は，解析結果から得られた最大荷重を，欠損を考慮した断面積で除したものである．また，図 2.2.16 中には，比較のため，3 辺単純 1 辺自由支持板（700mm×100mm のモデル）の解析結果を示している（図中の凡例が I model 0-0%）．

図 2.2.16 より，断面欠損率が 20%以上の場合，残存耐荷力は I model 0-0%の結果と重なっていくことが分かる．これは，欠損部の座屈形状が 3 辺単純支持 1 辺自由の形状に変化し，4 辺単純支持の支持条件が機能していないと言える．しかしながら，断面欠損率が 10-10%のケースにおいては I model 0-0%とは異なる傾向を示している．

したがって，断面欠損率が 10-10%については，図 2.2.8 をもとに式(2.2.6)のように，断面欠損率が 20-20%以上については，I model 0-0%の耐荷力曲線を用いて式(2.2.7)のように設定する．

$$\sigma_u/\sigma_y = 0.5R^{-1} \quad (2.2.6)$$
$$\sigma_u/\sigma_y = 0.8R'^{-0.5} \quad (2.2.7)$$

図 2.2.17（10-10%, R=1.2），図 2.2.18（30-30%, R=1.2）に B モデルの座屈形態を示す．

また，I モデルと同様に，長さ方向に断面欠損が広がったケース（10-20%, 10-30%）の残存耐荷力式を提案するために，新たに長さ方向の断面欠損率を β_B (%)と定義する．長さ方向に断面欠損が広がった 10-20%, 10-30%のケースに関しては，幅厚比パラメータ R=1.2〜0.7 すべてのケースにおける 10-20%および 10-30%の σ_u/σ_y と，10-10%の σ_u/σ_y との差を算出し平均変化量 (X) を求めた．表 2.2.12 にその値を示すとともに，β_B と X の値をプロットしたものを図 2.2.19 に示す．

よって，長さ方向に断面欠損が広がったケース（10-20%, 10-30%）の残存耐荷力式は，10-10%の値を基準として式(2.2.8)のように提案する．

$$\sigma_u/\sigma_y = (10\text{-}10\% \text{の} \sigma_u/\sigma_y) - (0.004\beta_B) \quad (2.2.8)$$

提案式により算出した値を表 2.2.13 に示すとともに，予測値を解析値との比較を行う意味で，縦軸に提案式の値，横軸に解析値をプロットしたものを図 2.2.20 に示す．

図 2.2.20 より，解析値と提案式の値では最大で 9%の誤差があるが，提案式を用いて 4 辺単純支持板における想定した断面欠損に対する圧縮耐荷力を評価することができると考える．

表 2.2.13 提案式の値[18]

R	σu/σy					
	0-0%	10-10%	20-20%	30-30%	10-20%	10-30%
1.2	0.68	0.42	0.37	0.34	0.32	0.30
1.0	0.75	0.50	0.41	0.38	0.42	0.38
0.9	0.79	0.56	0.43	0.41	0.48	0.44
0.8	0.84	0.63	0.46	0.43	0.55	0.51
0.7	0.90	0.71	0.49	0.46	0.63	0.59

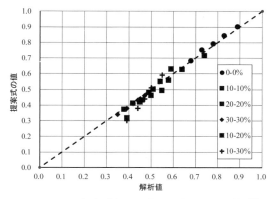

図 2.2.20 解析結果と提案式との比較[18]

2.2.5 おわりに

ここでは，いくつかのパラメータを組み合わせた 3 辺単純支持 1 辺自由板，4 辺単純支持板のモデルについて FEM 解析を行うことで，3 辺単純支持 1 辺自由板，4 辺単純支持板それぞれに腐食による断面欠損が生じた際の圧縮耐荷力特性について検討した．また，解析結果を用いて，腐食による断面欠損が生じた際の圧縮耐荷力の推定式を提案した．

得られたおもな結論は以下のとおりである．

① 3 辺単純支持 1 辺自由板の端部中央から断面欠損を与えた場合，境界条件が変化するため，10-10%，20-20%，30-30%の断面欠損における残存耐荷力は，残存部を柱とみなした場合の柱の基準耐荷力曲線として評価することができる．

② 4 辺支持板の端部中央から断面欠損を与えた場合，欠損が 20%以上になると，境界条件が変化するため，残存部を 3 辺単純支持 1 辺自由板とみなした場合の基準耐荷力曲線にとして評価することができる．

③ 以上より，I モデルおよび B モデルについて腐食による断面欠損が生じた鋼板の，残存座屈耐荷力を予測する式，それぞれ式(2.2.1)～(2.2.4)，および式(2.2.5)～(2.2.8)，を提案した．

本研究で対象とした解析モデルは，鋼部材における圧縮を受けるフランジの一部を取り出したものを想定している．そのため，部材（特に曲げを受ける部材）として断面欠損を有する場合に，本論文で提案した式を用いて残存耐荷力評価が可能か，さらに検討していく必要がある．

【参考文献】

1) 山沢哲也，野上邦栄，小嶋翔一，依田照彦，笠野英行，村越潤，遠山直樹，澤田守，有村健太郎，郭路：模擬腐食を導入した鋼トラス橋斜材の残存圧縮耐荷力，構造工学論文集，Vol. 59A, pp. 143－155, 2013.

2) 野上邦栄，山沢哲也，小栗友紀，加藤美幸：腐食減厚に伴う合成 I 断面柱の残存耐荷力評価に関する一考察，構造工学論文集，Vol. 47A, pp. 93－102, 2001.

3) Vo Thanb Hung, 永澤洋，佐々木栄一，市川篤司，名取暢：腐食が原因で取り替えられた実鋼橋支店部の載荷実験および解析，土木学会論文集 No.710/I-60, 141-151, 2002.

4) 森猛，渡邊一，正井資之：腐食した鋼板の表面形状シミュレーションと腐食鋼桁の曲げ耐力，構造工学論文集，Vol. 49A, 2003.

5) ボータンフン，佐々木栄一，市川篤司，三木千壽：腐食を模擬した模型型桁のせん断耐力に関する実験および解析，構造工学論文集，Vol. 48A, 2002.

6) 海田辰将，藤井堅，宮下雅史，上野谷実，中村秀治：腐食したプレートガーターの残存曲げ強度に関する実験的検討，構造工学論文集，Vol. 51A, 2005.

7) 山沢哲也，野上邦栄，森猛，塚田祥久：腐食鋼部材の腐食形状計測と曲げ耐荷力実験，構造工学論

文集，Vol. 52A，2006.
8) 山沢哲也，野上邦栄，園部裕也，片倉健太郎：厳しい塩害腐食環境下にあった鋼圧縮部材の残存耐荷力実験，構造工学論文集，Vol. 55A，2009.
9) 森猛，橘敦志，野上邦栄，山沢哲也：腐食鋼板の引張・降伏耐力評価の検討，土木学会論文集 A，Vol. 64，No. 1，38-47，2008.
10) 村中昭典，皆田理，藤井堅：腐食鋼板の表面性状と残存耐荷力，構造工学論文集，Vol. 44A，pp. 1063－1071，1998.
11) 海田辰将，藤井堅，中村秀治：腐食したフランジの簡易な圧縮強度評価法，土木学会論文集 No.768/Ⅰ-60，59-71，2004.
12) 海田辰将，藤井堅，原考志，中村秀治，上野谷実：腐食鋼板のせん断耐力とその評価法，構造工学論文集，Vol. 50A，2004.
13) 佐竹亮一，井上太郎，藤井堅，構造全体からみた鋼橋の保有強度に関する一考察，土木学会第69回年次学術講演会，pp.1229-1230，2014.
14) MSC Software Corporation, MARC User documentation, 2015.
15) 前田亮太，野村昌孝，野阪克義，伊藤満：ハイブリッド桁の斜張力場作用を考慮したせん断耐荷力に関する研究，構造工学論文集，土木学会，Vol. 53A，pp.97-108，2007.
16) 日本道路協会：道路橋示方書，同解説Ⅱ，鋼橋編，2002.
17) 土木学会：座屈設計ガイドライン，改訂第2版，土木学会，2005.
18) 齋藤　康平，野阪　克義：断面欠損を有する鋼板の圧縮耐荷力特性に関する一考察，鋼構造年次論文報告集，第25巻，pp.434〜441，2017.

3 板厚計測法についての検討

腐食した部材・要素の耐荷力の評価においては，部材内の残存板厚分布の計測が重要となる．これまで，超音波探傷等の方法が適用されているが，近年では，パルス渦電流板厚測定[1),2)]と呼ばれる手法により，パルス波を用いて板厚を計測する手法などの提案もなされている．さらに，低周波渦電流の特性を利用し，表面さび・塗膜層の除去を伴わず，さび・塗膜層の厚さと内部の残存板厚を計測することを目指した手法の構築も進められている．また，変位計を用いた計測方法の検討も進められている．

本章では，腐食した部材の残存板厚計測の手法として，近年提案されている，渦電流による方法（渦電流法と呼ぶ）および変位計を用いた計測技術についてその手法の概要を概説する．

3.1 渦電流による板厚計測
3.1.1 はじめに

渦電流はこれまで鋼板表面の傷や亀裂の検知に適用されることが多く，すなわち，鋼板表面の情報を取得されることが主な適用目的であったともいえる．しかしながら，渦電流は，低周波領域において鋼材表面から板厚方向へより深く浸透し得ることが知られており，ここで紹介する手法（渦電流法）はその特性に着目し，内部鋼板の板厚により異なる動磁場特性を示すことを利用した手法である．また，表面にさび層もしくは塗膜層などが存在する場合においても，それらを除去せず，それらの厚さの情報もリフトオフ情報として取得することを併せて同時に行うための手法である．手法のより詳細な内容については，文献3)に示されているが，ここではその概要を示す．

本手法では，リフトオフとしてさび層（あるいは塗膜層）の厚さを検出するとともに，内部に残存する鋼板の板厚を計測する．ここでは，さび層（あるいは塗膜層）の厚さ（リフトオフ情報）と残存板厚（板厚情報）を合わせて，「腐食状態情報」と呼ぶ．本手法の適用において想定されている状況を図 3.1.1 に示す．本手法は，片側からの計測により，腐食状態情報を取得する手法となっている．片側からの計測で，腐食状態情報の同時取得を可能とする簡便な手法と言える．ここでは，まず動磁場シミュレーションにより，低周波渦電流を用いた場合に，リフトオフ，板厚の違いにより，検出コイルによる検知電圧にどのような違いが生じるかを示すとともに，その動磁場特性に基づく腐食状態情報の分析方法について示す．

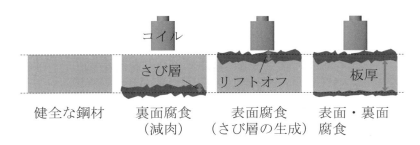

図 3.1.1 渦電流法で想定される腐食鋼板の計測状況[3)]

なお，渦電流試験において重要なパラメータである検出電圧渦電流試験において重要なパラメータである検出電圧v，電流を基準とした電圧の位相推移ϕとインピーダンスZの関係は以下の式で表される．

$$v = V_m \sin(\omega t + \phi) \quad (3.1.1a)$$

$$Z = \sqrt{R^2 + (\omega L)^2} \quad (3.1.1b)$$

$$V_m = Z I_m \quad (3.1.1c)$$

ここで，V_mおよびI_mは正弦波電圧と正弦波電流の振幅，Rは抵抗，ωLはリアクタンスを示す．本手法では，検出電圧として，式(3.1.1c)のV_mを用いて評価される．

3.1.2 動磁場シミュレーションによる検討

ここでは，鋼板の腐食による様々な損傷状態の違いを想定し，それらを対象として，低周波（1～1000Hz程度）渦電流による計測を行う場合の動磁場特性及び検出電圧に生じる違いを明らかにするため，動磁場シミュレーションを用いて実施して得られた知見について述べる．ここでは，腐食による損傷状態の違いをリフトオフ，板厚の違いと考え，それらをパラメータとして変化させている．

図 3.1.2に解析で用いたモデル（3次元有限要素モデル）を示す．動磁場シミュレーションは，動磁場解析ソフト PHOTO-EDDY27)を用いたものである．また，解析に用いた諸元，パラメータ値は，**表 3.1.1**から**表 3.1.2**に示されている．**表 3.1.2**に示されるように，励磁周波数としては，4水準を設定している．また，コイルは解析，実験共に励磁コイルと検出コイルの2つからなる相互誘導方式を用いており，交流電流を励磁コイルに印加し，検出コイルに流れる電圧を計測値として記録する．

なお，励磁周波数によって透磁率が変化することが考えられるが，ここで対象としている低周波帯では変化が小さいことが想定されるため，透磁率を一定としている．

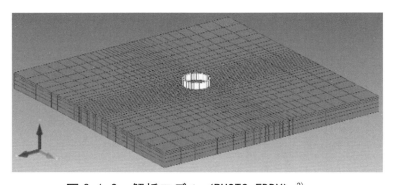

図 3.1.2 解析モデル（PHOTO-EDDY）[3]

表 3.1.1 解析に用いた材料特性[3]

材料	比透磁率	電気伝導率 [S/m]
炭素鋼	100	5.86×10^6
空気	1	0

表 3.1.2 解析に用いたコイル諸元[3]

巻数	400
直径 [mm]	16.4
高さ [mm]	3.7

表3.1.3 解析パラメータ[3]

パラメータ	解析に使用した値
板厚 [mm]	9, 8, 7, 6
リフトオフ [mm]	0, 0.1, 0.3
励磁周波数 [Hz]	1, 10, 100, 1000

以下，動磁場シミュレーションにより得られたパラメータの影響に関する結果を示す．

(1) リフトオフの影響

各周波数での検出電圧とリフトオフの関係を**図3.1.3**に示す．周波数によらず検出電圧が減少しており，コイルが部材から離れるほど，部材を貫く磁束の量が少なくなり，生じる渦電流の強度が弱まると考えられる．

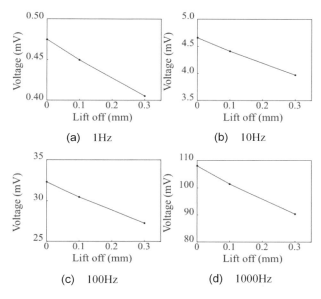

図3.1.3 検出電圧に及ぼすリフトオフの影響[3]

(2) 鋼板板厚の影響

鋼板板厚をパラメータとして変化された場合の検出電圧の違いについて，各周波数での検出電圧と板厚の関係を**図3.1.4**に示す．ここでは，**図3.1.4**はリフトオフを0mmで統一したケースで比較したものである．同図から板厚の増加に伴い検出電圧が増加していく傾向があることがわかる．これは，板厚が減少した場合，実際にはその板厚領域で発生するはずであった渦電流が無くなるため，コイルにおける検出電圧が低下する傾向を示すものと考えられる．また，同図(d)を見ると，7mmでピークを迎え，その後減少している．板厚の増加に伴い徐々に電圧が増加し，あるところでピークを示し，その後減少するという結果が既往の研究[4],[5]でも報告されている．これは渦電流が導体内で消費する電力が熱に変わり，エネルギーが散逸する渦電流損という現象が関係していると考えられる．渦電流損は，周波数が高いほど，板厚が厚いほど大きくなる傾向があるため，板厚情報の取得には，渦電流損の影響の小さい，低い周波数での励磁が必要であると考えられる．

また，本手法で対象とする低周波領域では，ノイズの影響を考慮する必要がある場合も想定される

ことから，検出電圧波形に対して，ウェーブレット変換を適用したデータについても検討している．ウェーブレット変換の適用により，電気ノイズの低減の効果，S/N 比向上が期待できる．解析シミュレーションにより得られた検出電圧波形に対し，ウェーブレット変換を適用し得られたウェーブレット係数を縦軸に，鋼板板厚の影響を示したものを図 3.1.5 に示す．ウェーブレット変換で用いたマザーウェーブレットは，汎用性の高いメキシカンハットとしている．図 3.1.4 に示された検出電圧での特性と同様の特性が見られる．そのため，基本的に，本手法（渦電流法）では，検出電圧波形に対しウェーブレット変換を適用した際に得られるウェーブレット係数により，腐食状態情報を取得する手法として構築されている．

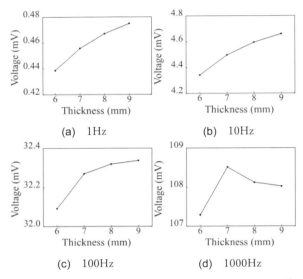

図 3.1.4　検出電圧に及ぼす鋼板板厚の影響 [3]

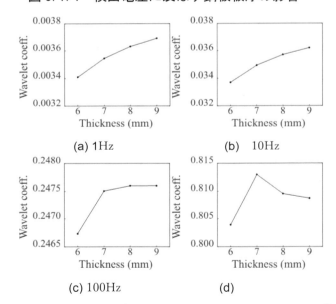

図 3.1.5　ウェーブレット係数と鋼板板厚との関係 [3]

3.1.3　動磁場特性に基づく腐食状態情報の分析方法の検討

動磁場シミュレーションにより，腐食状態（さび層（塗膜層）の厚さに対応するリフトオフ，板厚）の違いにより動磁場特性が異なり，検出電圧に差が生じることが明らかとなった．またその差異は，励磁周波数により異なることが明らかとなった．特に，より高い周波数では，渦電流損の影響もあり，

第2編　耐荷力の推定と性能照査型維持管理およびモニタリング

板厚の情報取得が難しくなる可能性が確認されている．従って，鋼板の腐食情報の取得のためには，適切に周波数を設定して測定を行うことが重要となると考えられる．

ここでは，効率的に検出電圧の周波数特性を把握するため，スイープ波による計測について述べ，具体的に，リフトオフ変化に伴う検出電圧の変化，板厚の変化に伴う検出電圧の変化について，その特徴を 3.1.2 と同様に動磁場シミュレーションにより明らかにする．また，その特徴に基づき，鋼板の腐食情報把握のための手法を提示する．なお，検出電圧の変化は，これ以降，検出電圧波形にウェーブレット変換を施し，得られたウェーブレット係数による評価する．

(1) 検出電圧の周波数特性

検出電圧の周波数特性を効率的に取得するため，高周波数から低周波数に周波数を時間変化させるスイープ波（図3.1.6）の入力への適用を考える．

図3.1.7にスイープ波を入力として，板厚9mmを対象とした場合のウェーブレット係数の時間変化を示す．板厚が異なる場合の影響をウェーブレット係数の差を取ることで評価することとする．図3.1.8に，板厚6mmを対象とした場合のウェーブレット係数から板厚9mmの場合のウェーブレット係数を差し引いた値の時間変化を示す．周波数が大きい程，各板厚でのウェーブレット係数の差が大きくなり，板厚が大きい程ウェーブレット係数が大きいことが見て取れる．

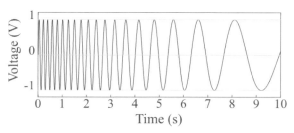

図 3.1.6　ウェーブレット係数と鋼板板厚との関係 [3]

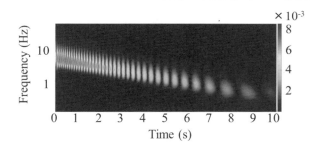

図 3.1.7　スイープ波を適用した場合のウェーブレット係数（板厚 9mm）[3]

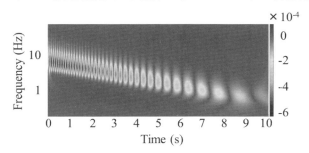

図 3.1.8　ウェーブレット係数の差（板厚 6 mm−板厚 9mm）[3]

板厚変化とリフトオフ変化による検出信号への影響を周波数ごとに見るため，それぞれの変化に付随したウェーブレット係数の変化に着目する．まず，板厚信号強度，リフトオフ信号強度として次式に示すΔWC_t, ΔWC_Lを求めた．

$$\Delta WC_t = WC(t) - WC(t_0) \quad (3.1.2a)$$

$$\Delta WC_L = WC(L) - WC(L_0) \quad (3.1.2b)$$

ここで，t_0は板厚の基準値，L_0はリフトオフの基準値 (0mm)，tとLはそれぞれ対象となる板厚，リフトオフの値を示す．板厚信号強度とリフトオフ信号強度の比 ($\Delta WC_t / \Delta WC_L$) をとり，周波数との関係の例を図3.1.9に示す．図の縦軸を本研究ではTL信号強度比と呼ぶ．TL信号強度比は，周波数が上がるにつれて減少する傾向がみられ，高周波側ではほとんどがリフトオフに起因する信号であるのに対し，低周波側では板厚に起因する信号を含む割合が増えることが確認できる．スイープ波形を用いることは，このような広い周波数範囲を用いるTL信号強度比の算出が効率的に実施できる．

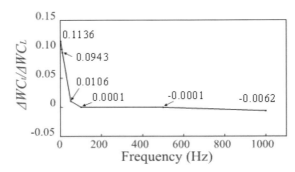

図3.1.9　TL信号強度比の周波数特性の例 [3]

図3.1.9に見られるような特徴を用いて，リフトオフ情報および板厚情報の計測に用いる周波数をそれぞれ決定する．TL信号強度比が小さくリフトオフ情報が多く含まれている周波数 (f_L) として，100Hzを選ぶことができる．また，最も板厚の情報が多い周波数 (f_t) は図3.1.9から1Hzとなるが，励磁周波数1Hzではノイズの影響が大きくなる可能性が考えられることと，できる限り計測時間を低減するため，1HzとTL信号強度比が近い値を示した10Hzを選定することとする．ここで，f_t を板厚推定周波数，f_L をリフトオフ推定周波数と呼ぶ．

図3.1.10および図3.1.11に，板厚推定周波数およびリフトオフ推定周波数におけるウェーブレット係数の板厚およびリフトオフ変化に伴う変化をそれぞれ示している．まず，図3.1.11よりリフトオフ推定を行い，その結果得られたリフトオフに基づいて，図3.1.10で示される関係から板厚を取得することが可能であると考えられる．この考え方に基づいて，低周波渦電流を用いた腐食状態情報の手法システムを構築する．

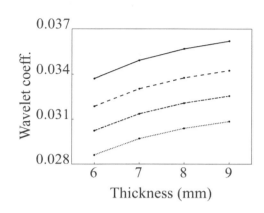

図 3.1.10 10Hz におけるウェーブレット係数－板厚関係[3]

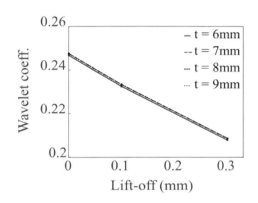

図 3.1.11 100Hz におけるウェーブレット係数－リフトオフ関係[3]

(2) 腐食損傷状態分析手法

上記の考えに基づき，腐食損傷状態分析手法が構築される．その分析手法により，リフトオフと板厚を推定するフローチャートを**図 3.1.12**に示す．

まず，計測に用いる参照データであるデータベースを構築する．具体的には，キャリブレーション用試験体にスイープ波形を励磁し，周波数・板厚・リフトオフを変化させたデータを取得する．その後，取得データから TL 信号強度比グラフを作成し，板厚・リフトオフを推定する周波数 f_t, f_L を各々選択する．さらに，検出波形に対してウェーブレット変換を行い，選択した周波数 f_L からウェーブレット係数－リフトオフ関係を作成し，同様に選択した周波数 f_t からウェーブレット係数－板厚関係を作成する．ここまでの過程をデータベースとする．次に，実際の計測対象に対して測定実験を行い，そこで得た検出波形に対してウェーブレット変換を行う．データベースとして得られたウェーブレット係数－リフトオフ関係と，得られた検出波形の周波数 f_L おける最大値からリフトオフを推定する．最後に，ウェーブレット係数－板厚関係と，得られた検出波形の周波数 f_t における最大値から板厚を推定する．図中の t_{ftL} は，表面から裏面の健全部までを表すため，実際の板厚 t_{ft} は検出したリフトオフ分を差し引くこととなる．

ここまで，動磁場シミュレーションの結果を基に，腐食状態分析手法の提示がなされているが，この手法の適用性は，**図3.1.13**に示すような計測システムを構築し行われた実験によって確認されている（文献3))．実験により**図3.1.14**に示すような，TL信号強度比の周波数特性等を取得できる．

これらの基礎情報・システムを用いて，腐食実構造物から採取した腐食損傷を有する鋼板（腐食試

験体と呼ぶ）に対しても適用が試みられている．図3.1.15に示す腐食試験体に対して，提案された低周波渦電流を用いた腐食状態分析手法を適用し，板厚，リフトオフの推定が行われた．この試験体の表面形状をレーザー変位計で計測したものを図3.1.16に示している．板厚，リフトオフの推定結果の妥当性評価のため，さび層は除去せずレーザー変位計を用いて表面形状を計測し，リフトオフとなるさび厚は膜厚計を用いて計測し，腐食試験体のリフトオフと板厚を求め，評価における値としている．図中のP1，P2，P3が計測点であり，プローブを計測点に直置きして計測が行われた．図3.1.17に板厚及びリフトオフの推定結果を示す．提案手法ではプローブによる観測面積の平均値を測定するため，計測点を中心にコイルの面積で平均化した値を板厚として算出している．同図に示すように，板厚について，P2点で10%程度の差はあるものの，それ以外は数%程度の差異となっており，提案手法により算出することが可能であることが確認できる．

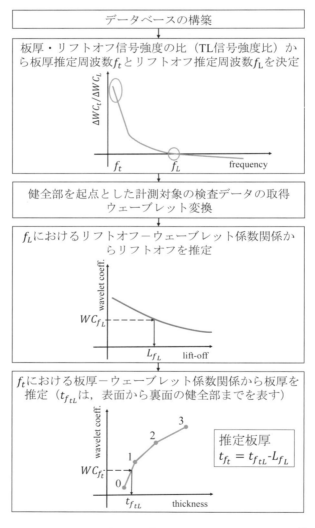

図 3.1.12 低周波渦電流を用いた計測システム[3]

図 3.1.13 低周波渦電流を用いた計測システム[3]

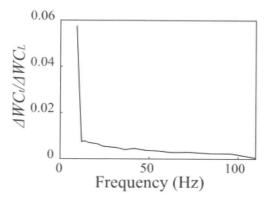

図 3.1.14 実験により得られた TL 信号強度比の周波数特性の例[3]

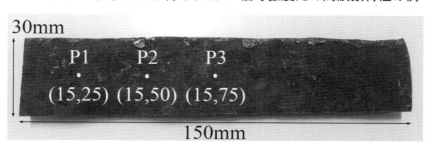

図 3.1.15 腐食試験体と計測位置[3]

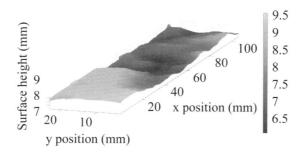

図 3.1.16 腐食試験体の表面形状[3]

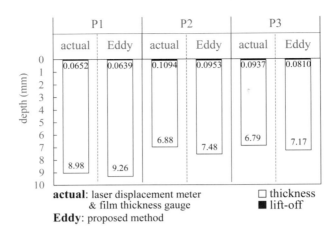

図 3.1.17 腐食試験体への適用手法の適用結果（リフトオフと板厚の推定）[3]

3.1.4 今後の展開

渦電流法では，鋼板の片側からの計測で，さび層の厚さや残存板厚の情報取得がなされ，効率的な計測が実現できる可能性がある．実際に，腐食した鋼板での実験的な確認も行われているが，計測において，板厚推定周波数およびリフトオフ推定周波数がそれぞれ別に設定する必要があることや，層状さび等の腐食が著しい場合の対応など今後より効率性や実用性を高めるための議論が進められると考えられる．

【参考文献】
1) 北根安雄，西島悠太，伊藤義人，中島裕二郎：港湾鋼構造物におけるパルス渦電流板厚測定適用可能性の検討，鋼構造年次論文報告集，Vol.22, pp.943-949, 2014.
2) 程衛英，比翼賢，古川敬，加古晃弘，池堂和仁：パルス渦電流試験法による保温材上からの配管減肉計測，平成26年度火力原子力発電大会論文集，pp.40-45, 2014.
3) 阿久津絢子，佐々木栄一，蛯沢佑紀，田村洋：低周波渦電流による鋼部材の腐食損傷状態分析，土木学会論文集A1, Vol.73, No.2, pp.387-398, 2017.
4) 山田孝行，鈴木功：電磁誘導現象を用いた肉厚測定法，電子情報通信学会論文誌，Vol.J71-A, pp.1453-1460, 1988.
5) 山田孝行，鈴木功：電磁誘導形肉厚センサの被覆を有する測定対象物への応用，計測自動制御学会論文集，Vol.27, No.2, pp.133-140, 1991.

3.2 レーザ変位計を用いた鋼トラス橋格点部の計測
3.2.1 計測対象

対象とした格点部は，図 3.2.1 に示すように供用開始後約 40 年が経過し，塩害などの影響で腐食損傷が著しいこと等により架替に至った 5 径間連続トラス材側格点部の部位（P25d）である．この格点部は，上弦材，斜材，ガセットプレートおよび上横構から構成されている．斜材とガセットプレートは，リベット接合であり，補修された上横構と上弦材の接合部はボルト接合である．なお，以後における格点部の説明のための表現として図 3.2.1 の用語を定義する．この格点部から上横構接合部を撤去し，その後格点部の塗膜を除去し，素地が現れる程度に表面処理した．その全体系および上流側の格点部表面全体系を示したのが写真-3.2.1 である．

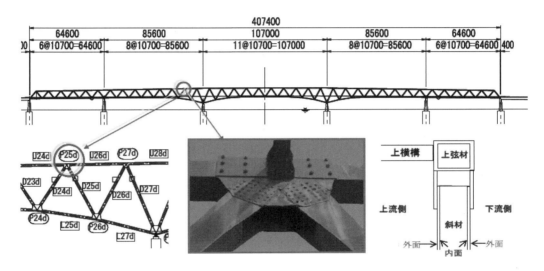

図 3.2.1 対象とした格点部[1]

(a) 全体系

(b) 上流側表面

写真 3.2.1 塗装除去後の格点部[1]

3.2.2 外面の計測方法

格点部試験体(P25d)の腐食形状を計測するにあたり，格点部試験体は枕材(Ⅰ桁)上にできるだけ鉛直度を確保するように設置した．その設置状況の様子を**写真3.2.2**に示す．格点部外面の腐食形状の計測は，**写真3.2.3**に示す腐食形状計測装置によって行った[2),3)]．腐食形状計測装置は，レーザ変位計を組み込んだ①表面粗さ計測装置，②掴み具装置，③A-D変換器と④計測制御装置とから構成される．図中の掴み具装置には鋼板試験体を固定している．レーザ変位計は，計測対象物に応じて基準距離や分解能を選択し，取替えられるようになっている．これらの性能諸元を**表3.2.1**に示す．

写真3.2.2 格点部の設置状況[1)]

写真3.2.3 腐食形状計測装置[1)]
表3.2.1 性能諸元[1)]

計測装置の計測範囲は，x，y方向に1m×1m，奥行き方向ストローク±35mm，リニアスケール読み10μmである．この計測装置は，1mm間隔での計測の場合，200data/minの計測速度で自動計測が可能である．レーザ変位計は，基準距離100mm，測定範囲45mm，分解能30μmの仕様を有するオプテックス社製（CD3-100CN）を用いる．

格点部試験体の凹凸表面の計測間隔は，力学的性能を把握できる程度の密度として1mm間隔を選定した．

①表面粗さ計測装置	
計測範囲(平面)	1000×1000mm
計測範囲(奥行き方向ストローク)	100mm
計測速度(1mm間隔計測時)	200data/min
台枠	鋼製
②掴み具装置	
最大試験体寸法	780×1000mm
水平軸回転範囲	360度
垂直軸回転範囲	360度
微動回転範囲	2軸とも±5度

基準面は，部材表面に腐食が発生していない健全な箇所を目視や指で触って確認して設定している．表面腐食深さは，**図3.2.2**のようにレーザ変位計で計測した部材表面に設定した基準面(H)から腐食表面深さ(h)までの距離(H-h)により算出される．したがって，図中の腐食により減肉した部分は負の値，リベットの頭は正の値になる．腐食していない健全部は，基準面上にある．さらに，残存板厚(t)は，健全時板厚(t_0)に対して外面の表面腐食深$(H-h)_{out}$と内面の表面腐食深さ$(H-h)_{in}$を差し引いて，つまり$t = t_0 + (H-h)_{out} + (H-h)_{in}$により算出される[10)]．なお，上弦材の箱断面内面は，粒子状のさびはあるものの減肉は発生していないため，$(H-h)_{in}=0$と仮定した．同様に，ガセットプレートおよび斜材フランジのリベット接合部にはすきま腐食がないものと仮定した．

3.2.3 セッティングの手順

具体的な計測装置のセッティングの手順は以下の通りである．
① 計測装置と計測する格点部表面を平行にする．レーザ変位計と格点部は水平になるように表示数値を確認しながら計測装置を前後に動かして位置を決める
② 計測をする上での原点を指定する（計測装置が自動で行う）
③ 計測範囲（計測開始位置，計測終了位置）を指定する（手動で行う）
④ 基準面を決めるために，計測範囲の腐食のない健全な箇所を3点を選び記録する
⑤ 計測開始

今回計測に用いた表面粗さ計測装置は，計測範囲が最大 1m×1m と限られているため，P25d の表面を一度に計測することができない．そのため，計測範囲を区切り，盛替えを行いながら複数回に分けて計測を実施する．盛替えは，縦置きの場合片面につき 6 回，横置きの場合（上弦材上フランジ）4 回実施する．縦置きの場合の盛替え手順を示したのが**図 3.2.4** である．盛替えは，上弦材では 1 回/1 日，ガセットプレート部では 1 回/2～3 日のペースで実施する．**写真 3.2.4** は，下流側の⑤領域（**図 3.2.4**）の表面腐食計測状況の様子である．

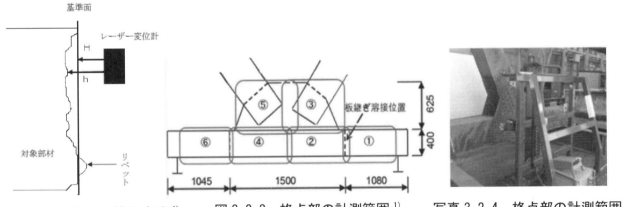

図 3.2.2　板厚の算出方法[1]　　**図 3.2.3　格点部の計測範囲**[1]　　**写真 3.2.4　格点部の計測範囲**[1]

3.2.4 狭隘部内面の計測方法

格点部内面の腐食状況を**写真 3.2.5** に示す．この狭隘部は，表面粗さ計測装置により直接計測できないため，石膏で型取りし，その石膏供試体表面を表面粗さ計測装置で計測する方法を採用した．型取りは，**写真 3.2.5** のガセットプレート内面（2 面）と上弦材下フランジ（1 面），斜材ガセットプレート取付部内面（8 面）に対して分割して実施し，石膏供試体を全体で 18 体作成した．石膏には，高強度石膏(ゾーストーンK)を採用し，
①石膏の計量，②水と石膏の配合(標準混水率40%)，③石膏の攪拌(3 分)，④型枠設置，⑤石膏の流込み，⑥養生硬化(約 1 時間)，⑦脱型の手順で石膏供試体を作成した．**写真 3.2.6** に石膏供試体作成までの手順を示す．④の型枠打設は，ガセットプレートおよび斜材フランジにおける上流側，下流側各々 4 分割した 8 石膏供試体（R1～R4，L1～L4）の場合，**図 3.2.4** のように試験体を水平レベルを調整した枕材（I 桁）上に設置し，ガセットプレートと 19 mm の隙間を設けて打設高さ基準板を設置した．この基準板によって成形される石膏が水平となるため，後で実施される板厚計測における基準面とした．また，材料硬化後に脱型できなくなることを避けるため，型取りを実施する周囲 10mm を採取不可能な範囲と設定し，隙間テープで周囲を取り囲んだ．なお，打設直前には部材表面にグリスを塗布し，脱型がスムーズにできるようにした．グリスを塗布する際，型取りに影響しないように厚みを極

力薄くし，ウェスで拭取ってから打設するようにした．さらに，脱型の際に材料が破損しないように，ワイヤーメッシュ（D6×150mm ピッチ）を内部に設置した．

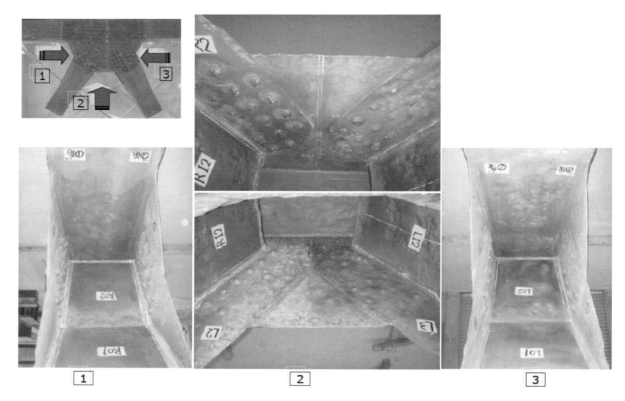

写真 3.2.5　狭隘部内面の腐食状況[1)]

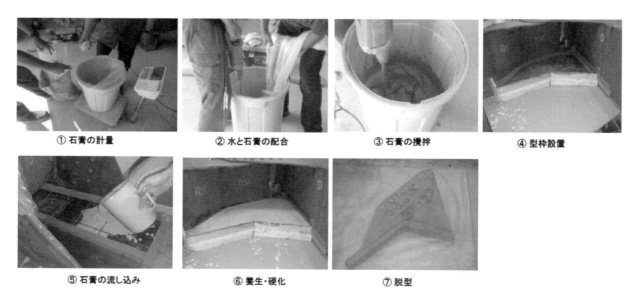

写真 3.2.6　石膏供試体の作成手順[1)]

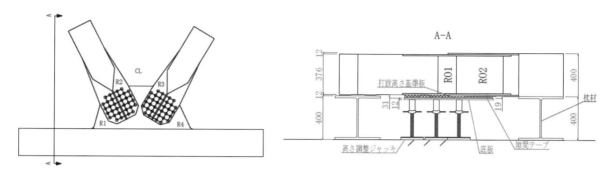

図 3.2.4　ガセットプレートおよび斜材フランジの型どり[1)]

　一方，箱断面が I 断面に絞り込まれる斜材腹板の型取り（R01～RI2，L01～LI2）は，写真 3.2.7 に示すように(RI1 の例)，採取面が水平になるように部材を吊り上げ，その後の脱型までの作業手順は前述の外面計測の場合と同様に行った．また，上弦材下フランジは，**写真 3.2.8** のように板幅中央から左右に分離した石膏供試体を作成した．計測は，**写真 3.2.9** に示す掴み具装置に脱型した石膏供試体を固定して，表面粗さ計測装置を用いて計測する．掴み具装置の性能は，表 3.2.1 のように掴める最大試験体寸法は 780×1000 mm，水平軸回転範囲，および垂直軸回転範囲は 360 度，微動回転範囲 2 軸ともに±5 度の微調整が可能である．なお，下フランジ供試体は掴み具装置に固定できないため，水平な机の上に万力で縦置きに固定して計測した．石膏供験体の表面形状を計測する際の基準面の設定は，次の方法を採用した．予め供試体に設定されている基準板（図 3.2.4 の打設高さ基準板は，ガセットプレートから 19mm の隙間テープを入れて平行度が保たれるように設置している）の平面において任意の 3 点を計測して行った．図 3.2.4 のように予め平面設定時の基準板からガセットプレートまでの距離 19mm および 12mm のガセットプレート厚を考慮したガセットプレート表面までの距離（19+12=31mm）を用いて，表面腐食深さ（H-h-31）を算出する．斜材腹板の石膏供試体の計測における基準面は，供試体表面の減肉していない範囲の 3 点を用いて設定した．なお，石膏供試体の表面形状は，実際の格点部形状とは凹凸が逆方向になるので，計測値全体に負符号を乗じて実際の形状に戻している．

写真 3.2.7　狭隘部斜材腹板の打設状況（RI 1 の例）[1)]

写真 3.2.8　上弦材下フランジの石膏供試体[1)]

写真 3.2.9　石膏供試体の計測[1)]

3.2.5 計測結果

図3.2.5に格点部の計測結果をコンター図で示す．この図から，格点部の腐食劣化し易い個所は，次のようにまとめることができる．

①格点部外面では，ガセットプレートのリベット群とその周辺，斜材フランジ縁端部および斜材フランジとガセットプレートとの境界部，

②狭隘部内面は，斜材フランジのリベット群とその周辺，ガセットプレート縁端部，斜材フランジ先端部のガセットプレート領域および箱断面斜材からⅠ断面に絞り込まれる遷移領域の上下フランジ縁端

また，本試験体の場合，ケレン，ブラスト処理して素地調整した後に，室内計測においてレーザ計測装置による1mmピッチでの詳細な自動計測を可能している．しかし，既設橋梁においては，レーザ変位計による非接触型計測法の適用は困難であり，より簡易的に，直接板厚を計測できる機械的計測手法や超音波板厚計などの接触型計測法が有効となる．その際，どのくらいの計測点数に対して，どのような計測方法で実施するかが問題になる．計測点数を増やすことにより，より高精度の腐食形状および板厚分布を得ることができるが，その増大にともない塗装のケレンなど手間と時間がかかるため，適切な計測点数の設定が重要になる．

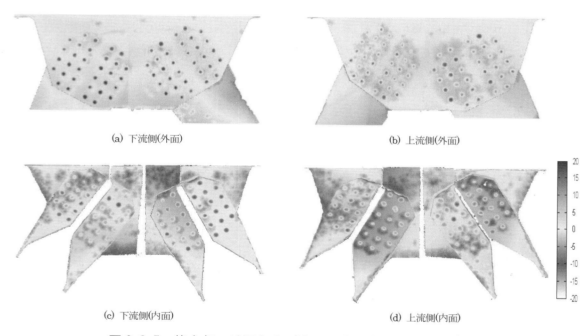

(a) 下流側(外面)　　(b) 上流側(外面)
(c) 下流側(内面)　　(d) 上流側(内面)

図3.2.5　格点部の外面および内面の表面腐食深さ分布[1]

【参考文献】

1) 野上邦栄, 山本憲, 山沢哲也, 依田照彦, 笠野英行, 村越潤, 遠山直樹, 澤田守, 有村健郎, 郭路(2016)：鋼トラス橋の上弦材側格点部の腐食計測とその腐食形態の特徴, 構造工学論文集(土木学会), Vol.58A, pp.679-691, 2012,3.
2) 山沢哲也, 野上邦栄, 伊藤義人, 渡邊英一, 杉浦邦征, 藤井堅, 永田和寿(2008)：19.5年海洋曝露された鋼アングル材の腐食形態, 土木学会論文集, Vol.64,No.1, pp.27-37, 2008.
3) 土木学会鋼構造委員会(2009)：腐食した鋼構造物の耐久性照査マニュアル, 土木学会, 2009.

4 性能照査型維持管理およびモニタリングの活用に向けての検討

4.1 はじめに

　我が国では，既設橋梁における残存耐力について統一的な評価基準は存在せず，維持管理の場面では一部の自治体等で個別に対応マニュアルなどを設定するなど，管理者ごとに対応が異なる．こうした状況下で，道路橋に関しては実状として多くの現場において，設計基準である道路橋示方書[1]の範囲で評価を行うことが一般的な検討手段となっている．一方，鉄道橋においては設計標準[2]とは別に維持管理標準[3]が用意されており，2年に1度行われる通常全般検査に基づく健全度判定の評価を基本として運用されており，結果に応じて監視，補修・補強，使用制限，改築・取替などの措置が取られることになる．

　道路橋の場合，劣化損傷を有する実橋の残存性能に関しては，道路橋示方書に基づいて評価を行うことにより原状回復を目標とする補修・補強方法を適用することとなる．一方で橋梁全体系の中では，部分的に腐食などの損傷を有する状態であっても直ちに橋梁としての要求性能を失うとは限らない（例えば[4], [5]）．そのため，供用下における保有性能を正しく把握することが，補修・補強を目的とした施工内容の決定にも大きく影響すると考えられる．

　2章でも紹介しているように，既設橋の残存性能評価においては萌芽的な検討がなされてきている．本章では腐食損傷を対象とした事例について，実務あるいは研究レベルでの事例をいくつか取り上げ，将来的な維持管理における性能照査型評価手法の体系化に向けて必要な検討事項，あるいは橋梁全体系の中で着目すべき部分へのモニタリング技術の活用に関する基礎資料として，どのような点に着目できるのかを提示する．

【参考文献】
1) 日本道路協会：道路橋示方書・同解説Ⅱ 鋼橋・鋼部材編，丸善，2017.
2) 国土交通省鉄道局(監修)，鉄道総合技術研究所(編)：鉄道構造物等設計標準・同解説 鋼・合成構造物，2009.
3) 国土交通省鉄道局(監修)，鉄道総合技術研究所(編)：：鉄道構造物等維持管理標準・同解説（構造物編）鋼・合成構造物，2006.
4) 劉翠平，宮下剛，長井正嗣：端部パネルの局部腐食をもつI形断面桁のせん断耐力に関する考察，構造工学論文集，土木学会，Vol.57A，pp.715-723，2011年3月.
5) 玉越隆史：道路橋設計におけるリンダンダンシーの評価に向けた取り組み，第17回 鋼構造と橋に関するシンポジウム論文報告集，土木学会，pp.1-14，2014年8月.

4.2 アーチリブに生じた局部腐食による残存耐力評価とその対策に関する検討

ここでは，アーチ橋のアーチリブ箱断面において，現場継手部添接板脇に，フランジにのみ（特に下フランジ）ほぼ全幅にわたり顕著な腐食減肉が発生している箇所に着目し，その耐力評価の方法と補修対策を検討した補修設計事例について紹介し，またそこで浮かび上がった設計手法上の課題について報告する．

図4.2.1に橋梁の概要，**写真4.2.1**に腐食の発生状況を示す．

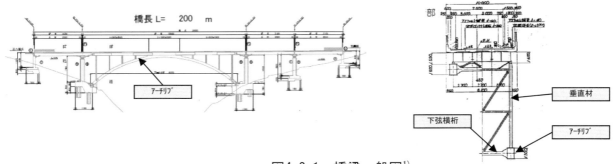

図4.2.1　橋梁一般図[1]

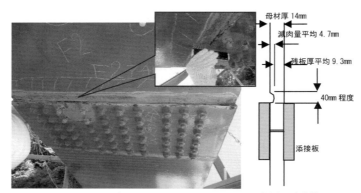

写真4.2.1　アーチリブ下フランジの腐食状況[1]から一部抜粋

4.2.1　腐食が生じた部材の耐力評価方法の紹介

耐力評価にあたっては，最初に考え得る崩壊状態を列挙し，その中で当該腐食の発生状況からして明らかに生じ得ないと判断できるものを除外した上で，残った事項について，評価方法を検討し必要に応じて対策を講じることとした．

考え得る崩壊状態は，次の4つであった．
① アーチリブの全体座屈
② アーチリブの垂直材・下弦横桁間の部材座屈
③ アーチリブ下フランジのダイヤフラム間の添接板を含めたパネル座屈
④ アーチリブ下フランジ腐食部の降伏

この内，①，②については，アーチリブの応力直角方向同一断面（上下フランジ，左右腹板）の内，下フランジのみにしか顕著な腐食が発生していないことから，アーチリブ部材としての座屈は起こり得ないと判断し，検討対象から除外することとした．したがって，耐力検討は，③，④のフランジの局部座屈（添接板を含むダイヤフラム間パネルの座屈）と腐食部の降伏応力の2つに着目することとした．

(1) ダイヤフラム間の添接板を含むパネル座屈耐力の評価

写真4.2.1に示すようなパネルの一部にしか減肉が生じていない場合の座屈耐力の評価式は，一般的には用意されていない．

たとえば，この減肉後の板厚で，H24道路橋示方書（以下，道示と呼ぶ）Ⅱ4.2.4に示される局部座屈の許容圧縮応力度 σ_{cal} を算定した場合には，図4.2.2に模式的に示すように，対象パネル全体に一様に当該腐食が発生している場合の座屈耐力を評価しているのに等しい状況となり，当然ながら極めて安全側の評価結果を与えてしまうことになる．

そこで本事例では，当該腐食部を添接板を含めてモデル化し，FEM弾塑性有限変位解析を実施することにより，その解析結果を元に設計耐力を評価することとした．以下にその解析概要を示す．

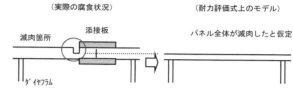

図4.2.2 道示Ⅱ4.2.4の座屈耐力式の概念図[1] を加筆修正

FEM解析モデルを図4.2.3に示す．解析モデルには腐食による減肉以外に添接板もモデル化した．添接板のモデル化は，高力ボルトによる摩擦接合まではモデル化せず，図中に示すように継手位置で母材は不連続とした上で，添接板と剛結合とした．なお，腐食のモデル化は，板厚の減肉のみを考慮し，片側（外面）減肉による偏心までは考慮していない．

また対象パネルにはL/1000（Lはダイヤフラム間隔）の初期不整をモデルの初期形状の座標値として考慮した．

材料の構成則は，図4.2.4に示すとおり，バイリニアモデルとした．

なお解析は，比較のために腐食有りと無しの2ケースについて行った．

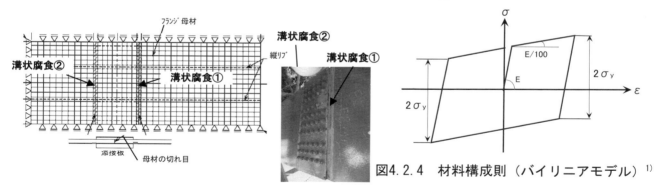

図4.2.3 腐食パネルの解析モデル[1]

図4.2.4 材料構成則（バイリニアモデル）[1]

解析の結果，図4.2.5に示すように腐食が有る場合は無い場合に比べ低い荷重ステップで不安定となったが，その低下率は腐食による断面欠損率に概ね比例していた．このことより，耐力は，当初想定した2つの崩壊状態の内，③の局部座屈耐力ではなく，次項で評価する④腐食部の降伏耐力で決まることが予想された．

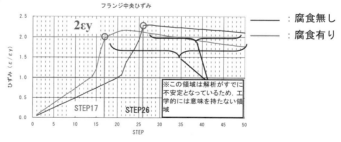

※ここにSTEPは，荷重増分法によるFEM解析の増分ステップを示す．
※ここに腐食有りのフランジ中央ひずみは，腐食部の中央ひずみを示す．

図4.2.5 アーチリブ下フランジ解析結果[1]

a) 耐力（設計許容応力度）の評価

本パネルの座屈耐力の評価では，腐食有りの時の最大ひずみ($2\varepsilon_y$)をもとに，H24 道示Ⅱ図-解4.2.4（**図4.2.6**参照）に示す基準耐荷力曲線に照合して，σ_{cal} を求めることとした．

ここに，σ_{cal} とは，設計レベルの（道示が定める所定の安全率を考慮した）局部座屈に対するフランジパネル許容圧縮応力度である．

座屈パラメータRR：

$RR = \sqrt{(\sigma_y/\sigma_r)} \equiv \sqrt{(\varepsilon_y/\varepsilon_{cr})} = \sqrt{(\varepsilon_y/2\varepsilon_y)}$
$= \sqrt{(0.5)} = 0.707 < 1.0$

∴ $\sigma_{cal} = (1.5-RR) \cdot \sigma_{ta} = 0.79\sigma_{ta}$

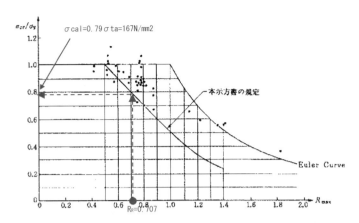

図4.2.6　H24道示Ⅱ図-解4.2.4　基準耐荷力曲線[1]

なお，上式中「≡：合同の記号」としたのは，今回の解析が弾性座屈解析ではなく，塑性域までを考慮した有限変位解析であることから，本来の道示式に示す σ_r（オイラーの理想座屈耐力），σ_y（降伏点）の代わりに，これらに相当するパラメータとして本解析により得られた最大ひずみ ε_{cr} と降伏ひずみ ε_y を使用したためである．

b) 応力照査

本パネル座屈の応力照査は，下式によることとした．

$\sigma_c \leqq \sigma_{cal}$

ここに，σ_c は，腐食減肉部での発生応力度ではなく，パネル一般部に発生している応力度

$\sigma_c = P_f / A_0$

P_f；フランジ作用力，A_0；腐食減肉を考慮しないフランジと同縦リブの断面積の合計とした．

これは，FEM解析により求められた耐力は，パネル全体の耐力であり，その照査を便宜的に応力度レベルの照査式で表現しているだけという考え方によるものである．

c) 耐力評価上の課題

本解析のように，初期不整までも考慮し，なおかつその耐力が材料の塑性領域に至る結果となった場合に，上述した設計レベルの局部座屈に対する許容圧縮応力度（道示が定める所定の安全率を考慮した設計上の許容値）をどのように評価すべきかについては，今後検討の余地が十分にあると考えている．

本事例では，上式に従い，FEM解析から求められた耐力（荷重ステップ）に対して許容圧縮応力を安全率とは別に解析の不確実性を考慮し低減して評価したが，もう一方の考え方としては，解析値そのものを真の耐力とみなし，その 1/1.7 を許容耐力とすることも考えられた．本事例では，初期不整の設定方法や残留応力の影響等，本解析方法だけでは評価しきれない不確定な要因が他にも存在することを考慮し，安全側の対応を採ったものである．

(2) 腐食部の降伏耐力の評価

ダイヤフラム間のパネル座屈に対する安全性が確認された場合は，残る崩壊の可能性は，腐食減肉部の局部的な降伏によるアーチリブ箱断面の平面保持の不成立である．

これについての照査は明解で，下式により行った．

$\sigma \leqq \sigma_a$

ここに，σは，腐食減肉部での局部的な発生応力度
σ ＝ P_f / A_0'
　P_f；フランジ作用力，A_0'；腐食減肉を考慮したフランジと同縦リブの断面積の合計

4.2.2 腐食が生じた部材の補修対策方法の紹介

本事例では，前節で耐力照査したアーチリブ下フランジの腐食部について，補修を行うとした場合の補修構造を併せて検討したので，その構造案について紹介する．

図4.2.7に補修前の現橋構造，図4.2.8に補修構造案を示す．

補修構造案の特徴を以下に整理する．

①減肉部の補修は，減肉による断面欠損に見合った補強板を追加する構造とした．
②補強板は，現行の添接板および添接ボルトを跨ぐ形で設置した．
③②により現行の添接板を跨ぐ範囲は，負担する圧縮応力により座屈する可能性があるので，補剛リブを設置した．
④補強板取り付けのためのボルト孔は，逐次削孔・逐次締め付けにより，削孔に伴う断面欠損を最小限に抑える対策とした．
④設置した補強板が将来において再腐食することを想定し，その際の取替えにおいて補強板を一度に取り外すと，今回の補修で新たに設けたボルト孔の断面欠損により死荷重応力が一気に増大してしまうため，補強板は5分割の構造とし，順番に部材交換ができる構造した．

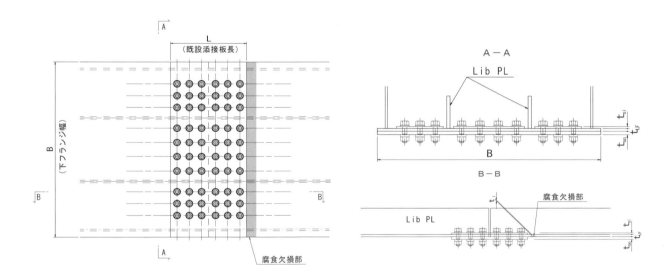

図4.2.7　現橋の現場継手構造

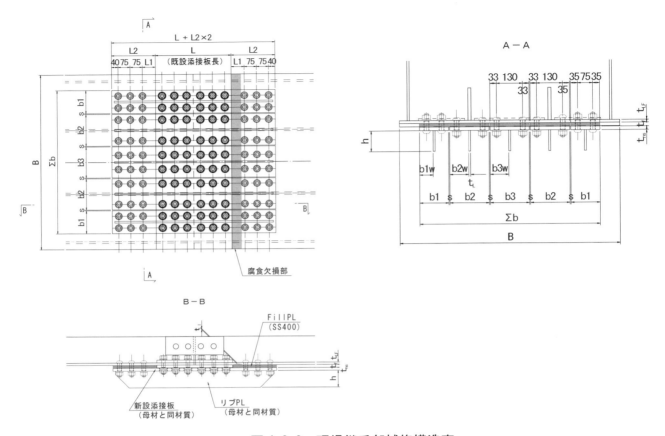

図 4.2.8 現場継手部補修構造案

4.2.3 局部的に腐食が生じた部材の耐力評価やその補修設計を適切に実施するための課題

(1) 本事例検討を通じて明らかとなった課題整理

本事例では，アーチリブの現場継手部添接板脇に発生した腐食を題材に，その耐力の評価方法や補修構造について，実際の検討成果をもとに報告した．

本文中（4.2.1c））でも示したように，局部的に腐食が発生している場合の座屈耐力評価（圧縮応力状態での耐力評価）は，個々の構造や腐食状況ごとに FEM 解析を用いた検討を実施せざるを得ない状況にあり，その際の解析モデルの作成方法について，解析に反映すべき事項についての整理が必要である．さらに，解析後の評価方法にも課題があり，特に道路橋示方書が求める安全率を解析結果を用いてどう確保するかについて，一定の方法を整理しておく必要があると考える．

補修設計手法として具体的な検討課題を次にまとめる．

①座屈耐力の上限値を求めるための FEM 解析の解析手法
②モデルへの初期不整および残留応力の与え方
③解析で求められた耐力に対し道示に定める座屈に対する所定の安全率を考慮する方法

(2) その他の課題

本事例では紹介しなかったが，本橋では同様の腐食が下横構や下弦横桁（**図 4.2.9** 参照）にも発生していた．

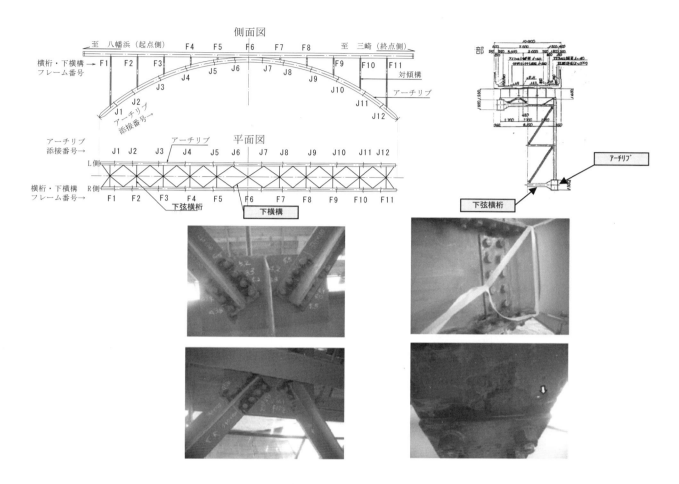

図 4.2.9 その他の局部腐食発生部材

これらの部材についても耐力評価は，アーチリブで実施した FEM 解析と同様の手法を用いて実施したが，安全性の照査や補修対策の点で，各々異なった対応が必要となった．

ここでは，その特徴を簡単に記した上で，検討上の課題として新たに浮かび上がった事項を記述しておく．

a)検討上の特徴

下横構：

安全性を照査する上で FEM 解析より求められた耐力と比較すべき作用力は，アーチリブと同様，設計計算より明らかとなっているが，常時（死荷重状態）では作用していないという点がアーチリブと大きく異なる．この違いにより，断面補修時には「部材取り外し」が可能となり，その結果，アーチリブのような当て板補修ではなく，「下横構全体の交換」という方法が選択できる．

下弦横桁：

本部材の主たる機能は，アーチリブを側方から支持しアーチリブの横方向座屈を防止する支持材としての機能である．そのため，安全性を照査する上で FEM 解析より求められた耐力と比較すべき作用力が明確ではないという特徴がある．（設計上は，アーチリブに発生する最大軸力の 1/100 の分力を考慮している．）

これに伴い，断面補修時には安易に取り外せないという制約が生じ，その結果，当該部材の補修は，「部材交換」ではなく「当て板等による補修」を選択する方が無難となる．

b) 検討上の課題

① 上記下弦横桁のように，他部材の座屈防止用の支持材としての機能を有している場合の「必要最低限の作用力」の評価方法について，検討の余地がある．

② 上記下弦横桁のように，作用力が比較的曖昧な場合で，なおかつ補修するには施工が大掛かりとなることが予想される場合には，現状の損傷を許容した上で，対応を将来に先延ばしすることも考えられる．その場合の安全管理の手法として，モニタリング手法を用いた変状検知が有効となる．

【参考文献】

1) 高橋節哉，相原博紀，中野正則，安波博道，落合盛人：局部腐食が生じた堀切大橋の構造安全性に関する調査検討，土木技術資料 54-8，pp.58-61，2012.8.

4.3 腐食した鋼トラス橋圧縮部材の残存耐荷力に関する検討[1]
4.3.1 検討概要

本事例では，厳しい塩害環境によって格点部等の損傷が進行し，撤去に至った鋼トラス橋の主構部材を対象として，切り出された弦材および斜材の計7体に対して実施した圧縮載荷試験結果について報告している．検討方法は，レーザー変位計を組み込んだ表面粗さ計測装置を用いて腐食形状を計測し，一部の試験体についてはより厳しい腐食条件を想定して模擬腐食を導入した上で載荷試験を実施している．その試験結果より，腐食が破壊挙動および部材耐荷力に与える影響の評価や，腐食状態と残存耐荷力の関係について分析した事例として以下に紹介する．

4.3.2 試験体
(1) 撤去部材からの試験体の切出し

対象橋梁は，図 4.3.1 に示す橋長 407m の鋼 5 径間カンチレバー下路トラス橋である[2]．本橋は，河口の海岸部に位置するため飛来塩分の影響下に長期間曝され，主構格点部や床組等に著しい腐食欠損が生じており，2009 年に撤去された．載荷試験の対象とした主構部材は，図 4.3.1(a)に示す斜材(D52u, D64d, D68d, D73u)の 4 部材および上弦材(U74d)の 1 部材である．いずれも圧縮力を受ける箱型断面部材であり，鋼種は SS400 である．

斜材からは全体座屈試験用の試験体 A0～A3 の 4 体を切り出した．図 4.3.1(d)のように，切り出した部材から，さらに材料試験片を切り出すため，試験体長さ L は実橋での部材長よりも短い 5～6m 程度となっている．また，上弦材からは局部座屈試験用の試験体 B1～B3 の 3 体を切り出した．以下では，それぞれの試験をケース A，B と呼ぶ．

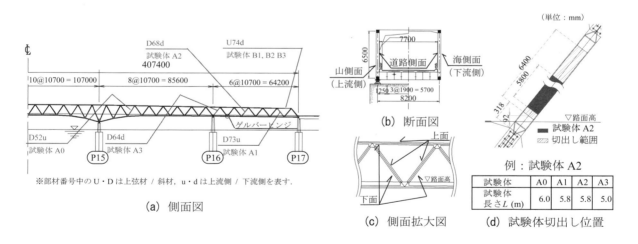

図 4.3.1　鋼トラス橋および対象部材位置[1]

(2) 試験体への模擬腐食の導入

対象部材には，扁平な円錐状の局部的な断面欠損（以下，局部腐食）が多数点在していたが，部材断面としての減少量は著しいものではなかった（腐食深さについては，4.3.3 節に詳述する．）．そこで，部材の断面欠損の圧縮耐荷力への影響を把握するため，一部の試験体（A2, A3, B2, B3）には

機械切削加工により模擬腐食を導入している．

図4.3.2に部材毎の模擬腐食の寸法形状および導入位置（赤色の領域）を示す．試験体A2, A3については，格点部近傍に著しい腐食が生じた状態を想定し，端部付近に面の幅全体に模擬腐食を導入した．導入に際して，載荷時に端部境界条件の影響を受けないように，端部から500mm離れた位置を中心とし，模擬腐食部分のアスペクト比が1程度となるように長さが300mmで，深さがそれぞれ3.6mm, 4.8mmの均一深さの腐食とした．以上の模擬腐食は部材面の一定範囲を均一に切削したものであり，当然ながら実際の腐食とは性状は異なるものの，安全側の強度推定につなげられるように実橋部材での腐食の進行を想定し，より厳しい腐食条件下で試験を行うことを意図したものである．局部座屈を対象とした試験体B3についても，試験体A2, A3と同様な形状で深さ3.7mmの均一深さの模擬腐食を導入した．

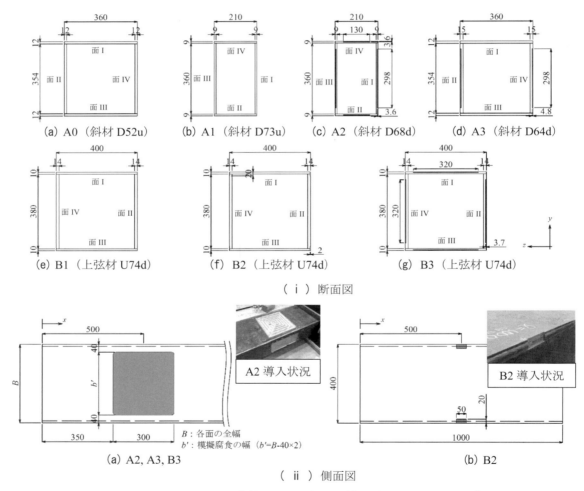

図4.3.2 試験体の寸法諸元と模擬腐食の導入位置[1]

なお，各面の腐食を考えた場合に，局部座屈や柱としての全体座屈のほか，角部の溶接断面の減肉による破断の可能性も考えられる．本事例では，試験体数の制約から，試験体A2, A3, B2及びB3では，角部が健全な状態を前提とした均一深さの模擬腐食を導入し，座屈による耐荷力低下を対象としていることから，角部の腐食を対象とした試験体B2のケースを加えている．試験体B2については，

試験体の角部の腐食状況を参考に，図4.3.3に示すように長さ50mmで深さ2mmの切削加工（赤色の領域）を行った．限定された1ケースであるため，腐食状況や耐荷力への影響については，今後，腐食状況のデータ蓄積や解析により検討していく必要があると考えている．

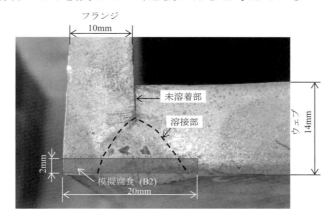

図4.3.3　角部の溶接状況と切削範囲（試験体 B2）[1]

(3)　模擬腐食の評価指標

耐荷力への影響を評価するための腐食程度の指標として，著者らによる過年度の研究[2)~5)]において，次式で表される最大断面欠損率R_Aと圧縮強度の相関性を明らかにしており，箱断面圧縮部材においては部材の最小断面積が終局強度に影響することを確認している．残存強度には各種パラメータが関係するが，4.3.2 (2)に述べたように安全側の強度推定を前提とすれば，実用性の観点から，できるだけ簡易な指標を用いて推定できることが望ましいと考えられることから，本事例では耐荷力の推定に際して，式(4.3.1)の指標を用いている．

$$R_A = \frac{A_0 - A_{\min}}{A_0} \times 100 \qquad (4.3.1)$$

ここに，
R_A：最大断面欠損率（%）
A_0：健全部材の断面積（mm^2）
$A_{\min}$：最小断面積（mm^2）

表4.3.1に各試験体の模擬腐食の条件をまとめる．試験体A2では4面を3.6mm切削，試験体A3では2面を4.8mm切削，試験体B3では4面を3.7mm切削し，最大断面欠損率R_Aをそれぞれ30, 15, 25%に調整した．試験体B2は，断面としての欠損量が少ないため，R_Aを算出すると0.9%であった．なお，箱断面の内面には，赤さびが発生しているものの断面欠損はみられなかったことから，健全部の板厚から外面の腐食深さを差し引くことにより残存板厚を算出している．

表 4.3.1 試験体の模擬腐食の条件[1]

試験体	断面寸法 (mm)	模擬腐食条件		
		対象部位	欠損深さ (mm)	断面欠損率 (%)
A0	378×360×12×12	−		0.0
A1	378×210×9×9	−		0.0
A2		4面	3.6	30.0
A3	378×360×15×12	2面	4.8	15.0
B1	400×400×14×10	−		0.0
B2		4面	2.0	0.9
B3		4面	3.7	25.0

4.3.3 腐食形状計測と腐食状況

(1) 腐食形状の計測方法

試験体の腐食形状の計測のために，まず手工具（ハンマー，スクレーパーなど）で表面の浮いた塗膜と錆を除去した．その後，手工具で除去できない部分に電動工具（ジェットタガネ及びカップワイヤホイル）を，さらに工具では除去できない部分にウォータージェットを使用した．塗膜と錆を除去した試験体の腐食形状計測には，図 4.3.4 に示すレーザー変位計（Keyence 社製：LK-G150, スポット径：120μm, 分解能：0.5μm）を組み込んだタワー型の表面粗さ計測装置を用いた．本装置の計測範囲は縦 2m×横 2m であり，ケース A の試験体 1 面全体を一括で計測することはできないため，1面に対し 3 回の盛換え計測を行った．なお，盛換え時に直前の計測範囲と重なる部分を 30〜50mm 確保し，計測範囲に連続性を持たせた．計測間隔は，既往の計測例を参考に 3mm ピッチとした．

(2) 計測結果と腐食傾向の考察

図 4.3.5 に各試験体の各面の腐食状況コンター図と，各面の断面平均腐食深さ d_A の最大値を有する面について，部材軸方向の腐食深さ分布を示す．図中の d_{Amin} は，最小断面積位置における全面の断面平均腐食深さである．また，図 4.3.6 に，角部から板幅方向に 30mm の範囲を除く各面の腐食深さについて，各面の腐食深さの最大値，各面の断面平均腐食深さの最大値，及び最小断面積位置における全面の断面平均腐食深さを示す．図中の値は模擬腐食部を除く実腐食部の統計量を示している．

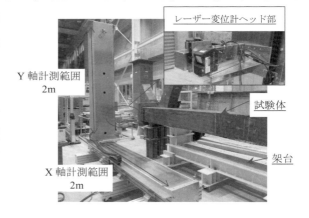

図 4.3.4 表面粗さ計測装置[1]

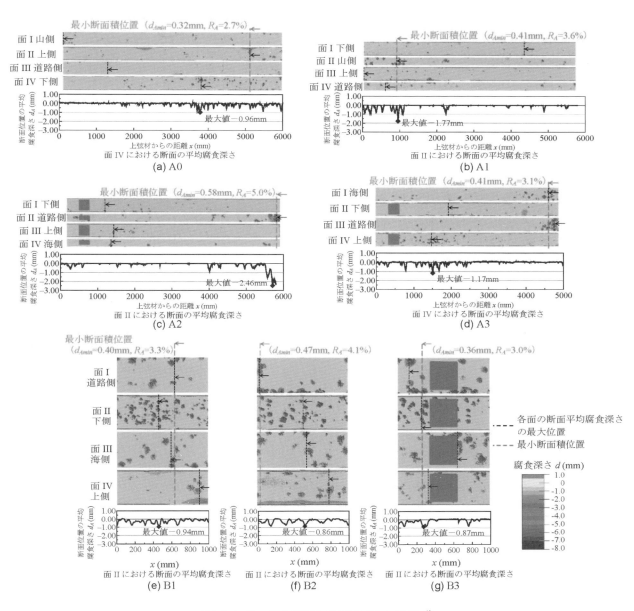

図4.3.5 各試験体の腐食深さ分布[1)]

図 4.3.6 より各試験体の腐食深さの最大値は 4.7〜7.8mm（元板厚の 47〜65%）であるものの，図 4.3.6 のコンター図に示すとおり全体的に局部腐食が散在しており各最大断面欠損率 R_A は 2.7〜5.0%（最小断面平均深さは 0.3〜0.6mm）と小さい．著者らは，文献 6)において，対象としたトラス橋（図 4.3.1）の格点部の腐食状況を報告しているが，弦材および斜材の腐食状況は，腐食が広がりをもって重度に進行している格点部と比較してそれほど厳しいものではない．著者らによる過年度の試験結果[5]によれば，この程度の腐食深さでは，耐荷力への影響は小さいと考えられる．

腐食位置に関して，各試験体の図 4.3.1 に示す部材の設置状況に着目して発生の傾向を以下にまとめる．図 4.3.1(d)には試験体 A2 を例に，路面高および格点部境界からの概略の位置関係を示している．ケース A（斜材）についてはほぼ同様の腐食環境にあると考えられるが，面や部位別の腐食の特徴は必ずしも明確でなく，降雨による洗い流しの効果によるものと考えられる．それでも，図 4.3.5(a)〜(d)より部材の中央部よりも弦材との接合部に近い上下端に局部腐食が若干多い傾向がみられる．特に試験体 A2 では，図 4.3.5(c)より下端の道路側の部材面の腐食が顕著である．これは本橋が下路形式のため，試験体の下端部が路面高に位置し，道路地覆に近接していることから，通行車両による雨水等の跳ね返りの影響により腐食環境が厳しかったためと考えられる．

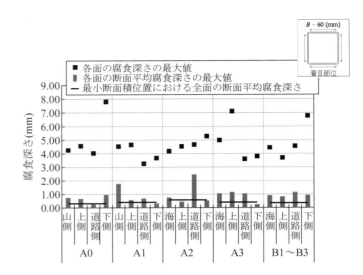

図 4.3.6 試験体の面毎の腐食深さ[1]

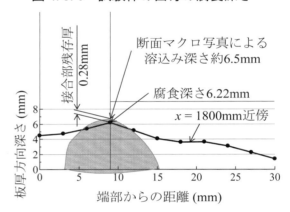

図 4.3.7 角部の腐食欠損の例（試験体 A1）[1]

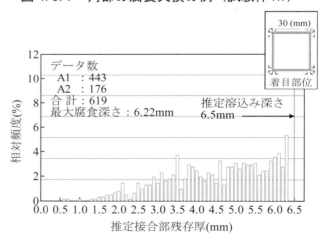

図 4.3.8 接合部腐食箇所の推定残存厚（試験体 A1, A2）[1]

一方，ケース B（上弦材）では，図 4.3.5(e)〜(f)より，下側の面 II の腐食状況が相対的に厳しい傾向がみられるが，下面側では降雨により洗い流され難いためと考えられる．

角部の腐食欠損について，最も腐食の大きい試験体 A1 の例を図 4.3.7 に示す．角溶接の接合位置

では，約6mm腐食しており，部分溶込み溶接の状況から接合部の残存厚がほとんど残っていない状況であった．図4.3.8に，断面諸元が同一の試験体A1, A2における，腐食がみられた接合部（図4.3.7の横軸の9mm位置）の推定残存厚の頻度分布を示す．断面のマクロ写真より，溶込み深さを約6.5mmと仮定した場合，溶込み深さの半分以上の減厚箇所は全体の約30%であった．角部は，塗膜厚が薄くなることから防食上の弱点となりやすい．また，実質接合部の断面溶接溶込み量に依存することから，局所的に内面まで貫通し，内部への水の侵入や耐荷力低下につながるおそれがあり，箱断面部材を有する既設橋の維持管理においては留意する必要があると考えられる．

4.3.4 圧縮載荷試験

(1) 載荷方法

載荷試験は土木研究所所有の 30MN 大型構造物万能試験機により実施した．図4.3.9にケース A, B の試験体の境界条件，ひずみ・変位の計測位置を示す．全体座屈試験用のケース A では，凸部と凹部からなる球座を設置した載荷板を，試験機側（凸側）では耐圧盤に取り付け，試験体側（凹側）では部材両端に取り付け，これらを組み合わせて両端ピン支持となるようにした．また，局部座屈試験用のケース B では，試験体断面より大きい載荷板(500mm×500mm×50mm)を試験体両端面にメタルタッチさせ，試験機の上下耐圧盤の間に挟み込み，両端固定支持となるようにした．荷重は載荷速度 0.01mm/sec で載荷を行い，載荷初期では荷重制御とし，非線形性がみられ始めた段階で変位制御に切替えた．

(2) 材料試験および残留応力計測

載荷試験に先立ち，各撤去部材の端部において，JIS Z 2241 に準じてフランジと腹板から3体ずつ計6体の引張試験片を採取し，材料引張試験を行った．試験結果の平均値を表4.3.2に示す．各試験体の降伏強度（下降伏点）は，鋼種 SS400 の JIS 規格値を満たしていた．また，フランジとウェブの降伏強度の差が大きいものではなかったため，以降の載荷試験結果の整理，分析では，表中の各試験体の平均値を用いた．

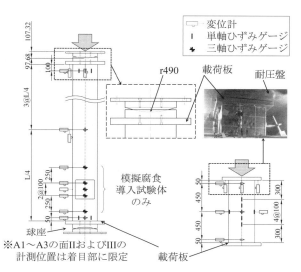

図4.3.9 試験体の境界条件，計測位置[1]

表4.3.2 材料引張試験結果[1]

試験体		降伏強度 (N/mm^2)	降伏ひずみ (μ)	引張強度 (N/mm^2)	弾性係数 (kN/mm^2)	伸び (%)
A0	Flg	262	1327	438	207	33
	Web	269	1339	440	204	34
	平均値	265	1333	439	205	34
A1	Flg	282	1451	466	202	33
	Web	286	1446	457	208	37
	平均値	284	1449	462	205	35
A2	Flg	281	1413	451	206	24
	Web	292	1453	452	211	24
	平均値	286	1433	452	208	24
A3	Flg	255	1316	428	203	25
	Web	266	1380	439	207	27
	平均値	261	1348	434	205	26
B1〜B3	Flg	267	1391	418	205	27
	Web	258	1336	432	206	27
	平均値	262	1363	425	205	27

また，試験体 A0 では，撤去部材の切断端部（ガセット接合部近傍）から 540mm の位置で一旦切断し，その状態で 400mm の位置において，部材表面に断面方向に 10mm 間隔でひずみゲージを貼付し，応力解放法により残留応力を計測した．ウェブ面で最大 $0.3\sigma_y$，フランジ面で最大 $0.1\sigma_y$ の圧縮の残留応力がみられたが，角部の引張域を除き，圧縮域を平均すると $0.1\sigma_y$ 以下であった．これは，既往の計測結果（板厚 9mm 以上の場合の最大値 $0.25\sigma_y$）[7]と比較して小さい値であるが，計測前の，540mm 位置での切断時に若干応力が解放された可能性がある．

(3) 初期たわみ計測

ケース A では，部材の初期たわみが耐荷力特性に影響を与える可能性があるため，試験前に柱部材としての初期たわみの計測を行った．試験体 A1 を除き最大たわみは 1mm 程度以下でありほとんどみられなかった．試験体 A1 でも，最大たわみは 2mm 程度であり，道路橋示方書[8]（以下，道示）において圧縮部材の基準耐荷力曲線の前提条件とされている部材長の 1/1000 と比較して半分以下と小さい値であった．また，腐食形状計測を基に各面の変形量の推定を行ったところ，**図 4.3.10** に示すように，試験体 A1 の面 I において，端部から約 700mm の位置に深さ 2mm 弱程度の局所的なへこみがみられた．へこみの理由は不明だが，供用中もしくは撤去時に生じたものと考えられる．なお，腐食欠損ではないため，4.3.3 節ではこの変形を考慮せずに腐食深さを整理している．

表 4.3.3 試験体の構造パラメータと道示に基づく強度計算値[1]

構造パラメータ		試験体	ケースA				ケースB		
			A0	A1	A2	A3	B1	B2	B3
断面諸元(mm)			378×360×12×12	378×210×9×9		378×360×15×12	400×400×14×10		
柱部材	有効座屈長(mm)	L_e	6195	5995		5195	500		
	断面積（健全部）(mm²)	A_0	17136	10260		19260	18640		
	断面2次モーメント（健全部）(mm⁴)	I_y	350638848	79384860		409522500	503169813		
		I_z	378172368	198681660		400353300	432301333		
	断面2次半径(mm)	r_y	143.05	87.96		145.82	164.30		
		r_z	148.56	139.16		144.18	152.29		
	細長比	L_e/r_y	43.31	68.16		35.63	3.04		
		L_e/r_z	41.70	43.08		36.03	3.28		
	細長比パラメータ[注1]	λ_y	0.50	0.81	0.80	0.40	0.03		
		λ_z	0.48	0.51	0.51	0.41	0.04		
	全体座屈強度	σ_{crg}/σ_y	0.88	0.73	0.73	0.92	1.00		
	耐荷力(kN)	P_{crg}	3996	2127	2135	4625	4884		
両縁支持板	板幅（模擬腐食部）(mm)	b'_f	336	192	130	330	372	372	320
		b'_w	354	360	298	298	380	380	320
	板厚（模擬腐食部）(mm)	t'_f	12.0	9.0	5.4	12.0	10.0	10.0	6.3
		t'_w	12.0	9.0	5.4	10.2	14.0	14.0	10.3
	幅厚比[注2]	(b'_f/t'_f)	28.00	21.33	24.07	27.50	37.20	37.20	50.79
		(b'_w/t'_w)	29.50	40.00	55.19	29.22	27.14	27.14	31.07
	幅厚比パラメータ[注2]	R_f	0.53	0.42	0.47	0.52	0.70	0.70	0.95
		R_w	0.56	0.78	1.07	0.55	0.51	0.51	0.58
	局部座屈強度	σ_{crl}/σ_y	1.00	0.82	0.44	1.00	1.00	1.00	0.55
	耐荷力(kN)	P_{crl}	4541	2389	1287	5027	4884	4884	2686
	連成座屈強度	σ_{cr}/σ_y	0.88	0.60	0.32	0.92	1.00	1.00	0.55

注1) 細長比パラメータ：実腐食及び模擬腐食を考慮せず，健全断面の柱として試験の支持条件を考慮し計算した値．
注2) 幅厚比，幅厚比パラメータ：実腐食を考慮せず，各辺の内側寸法を幅として計算した値．ただし，試験体A2, A3, B3の模擬腐食の場合には，模擬腐食部の幅と板厚を適用．

(4) 試験体の構造パラメータ

各試験体の柱部材としての全体座屈強度 σ_{crg} と，各辺の両縁支持板としての局部座屈強度 σ_{crl} を，道示の許容応力度の根拠となる各基準耐荷力曲線（式(4.3.2)，(4.3.3)）より算出し，各部材の構造パラメータと併せて**表4.3.3**に示す．ここで，有効座屈長 L_e については試験時の境界条件を考慮して，ケース A では球座中心間の距離とし，ケース B では両端固定として試験体長さ L の1/2としている．なお，表中の構造パラメータの数値には，4.3.3節に示した実腐食による板厚減少分は考慮していない．

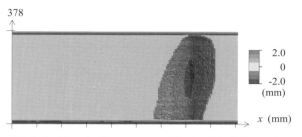

図4.3.10 初期のへこみ箇所（試験体A1面I）[1]

$$\frac{\sigma_{crg}}{\sigma_y} = \begin{cases} 1.0 & (\lambda \leq 0.2) \\ 1.059 - 0.258\lambda - 0.190\lambda^2 & (0.2 < \lambda \leq 1.0) \\ 1.427 - 1.039\lambda + 0.223\lambda^2 & (1.0 < \lambda) \end{cases} \quad (4.3.2)$$

$$\frac{\sigma_{crl}}{\sigma_y} = \begin{cases} 1.0 & (R \leq 0.7) \\ \dfrac{0.5}{R^2} & (0.7 < R) \end{cases} \quad (4.3.3)$$

ここに，

$$\lambda = \frac{1}{\pi}\sqrt{\frac{\sigma_y}{E}}\frac{L_e}{r} \quad (4.3.4)$$

$$R = \frac{b}{t}\sqrt{\frac{\sigma_y}{E}\frac{12(1-\nu^2)}{\pi^2 k}} \quad (4.3.5)$$

ここに，b：板幅，t：板厚，σ_y：降伏強度，E：弾性係数，ν：ポアソン比，および k：座屈係数（= 4）である．

試験体は，柱部材としての細長比パラメータ λ が0.04の短柱領域（ケース B）と0.41〜0.81の中間柱領域（ケース A）にあり，模擬腐食を考慮した両縁支持板としての幅厚比パラメータ R が0.55〜1.07の領域にある．なお，腐食を考慮しない場合の幅厚比パラメータは0.52〜0.78であり，局部座屈強度 σ_{crl}/σ_y としては0.82〜1.00を有する断面である．ケース A では試験体A2を除き全体座屈が支配的な断面となっている．

表 4.3.4 各試験体の試験結果 [1]

試験体		ケースA				ケースB		
		A0	A1	A2	A3	B1	B2	B3
耐荷力	P_u (kN)	4461	2421	1666	4232	4672	4560	3173
終局強度	σ_{u0} ($=P_u/A_0$) 注1) (N/mm²)	260	236	162	220	251	245	170
	σ_{ue} ($=P_u/A_{min}$) 注2) (N/mm²)	268	244	234	256	259	257	225
σ_{u0}/σ_y 注3)		0.98	0.83	0.57	0.84	0.96	0.94	0.65
σ_{ue}/σ_y 注3)		1.01	0.86	0.82	0.98	0.99	0.98	0.86
模擬腐食の有無		無し	無し	有り	有り	無し	有り(角部)	有り
実腐食と模擬腐食を考慮したR_A (%)		2.7	3.6	30.3	13.9	3.3	4.9	24.7
座屈性状		全体座屈	初期のへこみ部からの局部座屈，全体座屈の連成	模擬腐食部からの局部座屈	模擬腐食部からの局部座屈	試験体中央付近からの局部座屈	試験体中央付近からの局部座屈	試験体中央(模擬腐食)付近からの局部座屈

注1) A_0：健全部の断面積. 注2) A_{min}：実腐食及び模擬腐食を考慮した最小断面積. $A_{min} = (1-R_A/100) \times A_0$
注3) σ_y：材料試験による降伏強度（ウェブ・フランジの平均値）.

4.3.5 試験結果と考察

(1) ケースAの載荷試験結果

表 4.3.4 に各試験体の耐荷力試験値と座屈性状をまとめるとともに，図 4.3.11 にケースAの各試験体の試験後の変形状況を示す．図 4.3.12 に試験体の載荷荷重と軸方向変位の関係を示す．また，図 4.3.13 に各面の最大荷重時の各面の面外方向変位を，図 4.3.14 に載荷荷重（最大荷重時まで）と代表部位の軸方向ひずみおよび面外方向変位の関係を示す．ここで，図中の面外変位 v, w は図 4.3.9 に示す変位計（各面幅方向中央に設置）により計測した水平方向変位である．また，変位 u, v, w の正負の符号は，図 4.3.2 中の x, y, z 軸方向と対応している．

最大荷重時の状況として，試験体 A0, A1 では全体座屈が発生したが，試験体 A2, A3 では全体座屈は発生せず，模擬腐食部からの局部座屈の発生により最大荷重を迎えた．以下に各試験体の状態について説明する．

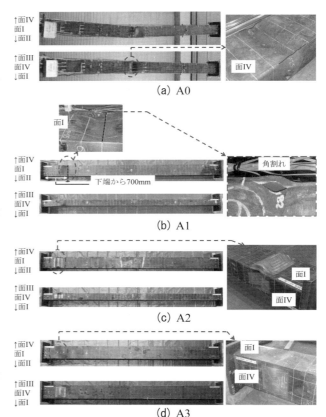

図 4.3.11 ケースAの試験後の変形状況 [1]

a) 試験体 A0（模擬腐食なし）

A0 では，荷重 3500kN 付近まで概ね線形性がみられ，その後塑性化が進み始め勾配が緩やかになり最大荷重 4461kN に至った．軸方向のひずみについては，図 4.3.14 (a) より荷重 3000kN 付近で上端にあたる 5950mm の位置で降伏ひずみに達しており，荷重 3500kN 付近では下端部にあたる 50mm

と 1500mm の位置で同様に降伏ひずみに達していることから，図 4.3.12 の荷重－軸方向変位曲線の非線形挙動の傾向と対応している．また，最大荷重時には中央部付近で 5.5mm の面外変位が生じており，全体として正弦半波の形状となった（図 4.3.11(a)，図 4.3.13(a)）．局部座屈は発生せずに，弱軸周りで平均腐食深さの相対的に若干大きい面 IV が圧縮側となり，全体座屈により最大荷重を迎えた．

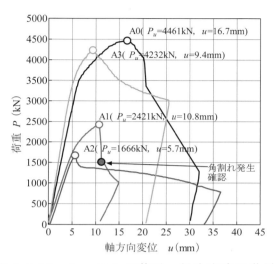

図 4.3.12　ケース A の荷重－軸方向変位曲線[1]

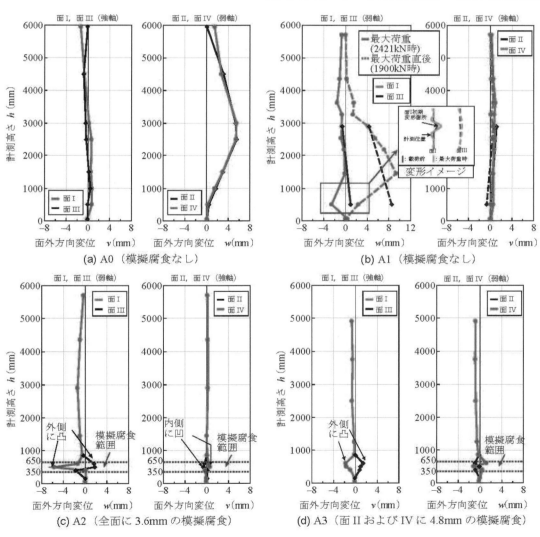

図 4.3.13　ケース A の最大荷重時の面外方向変位[1]

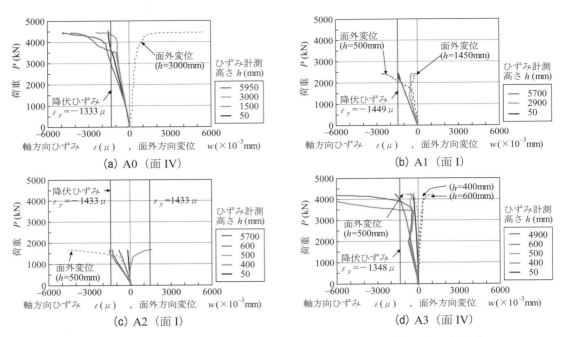

図4.3.14 ケース A の荷重－面外方向変位およびひずみ曲線 [1]

b) 試験体 A1（模擬腐食なし）

長方形断面の A1 では，荷重 1700kN 付近まで概ね線形性がみられ，その後，塑性化が進み始めた．面外変形としては，面 I に 2mm 弱程度の局所的なへこみのみられた箇所（図4.3.10）から，局部変形が進行していった．最大荷重 2421kN に達した後，荷重が急激に低下するとともに，同箇所を中心に，柱としての部材全体が折れ曲がるように変形が発生した（図4.3.13(b) 最大荷重直後）．また，同時にへこみ変形部近傍の角部の溶接部からの角割れ（図4.3.11(b)）も観測された．初期の変形箇所から面 I の局部座屈が発生し，全体剛性が低下し始め，その影響により同部位を起点とした全体座屈が発生したものと推測される．なお，最大荷重時に面 I がはらみ出す（負側）ような変形（図4.3.13(b) 青四角枠内）がみられるが，これは初期の変形箇所と計測点が若干ずれていたことによるものである．

c) 試験体 A2（全面に模擬腐食あり）

A2 においても，載荷初期には同一断面の A1 と同様に弱軸周りに正弦半波の面外変形が発生したが，荷重 1400kN 付近より模擬腐食部の面外変形が発生，進行し，1666kN で最大荷重（A1 に対して約 30%減少）を迎えた．軸方向のひずみについては，図4.3.14(c)より荷重 1500kN 付近で，400mm，600mm 位置（模擬腐食部）で概ね降伏ひずみに達しており，図4.3.12 の荷重－軸方向変位曲線の非線形性のみられ始めた荷重と対応している．模擬腐食部では，面 I および III は，はらみ出し，面 II および IV は，へこむように局部変形が発生した（図4.3.11(c)，図4.3.13(c)）．

d) 試験体 A3（2 面に模擬腐食あり）

A3 では，荷重 3000kN 付近まで概ね線形性がみられ，その後模擬腐食部の面外変形が進行し，局部座屈が発生し最大荷重 4232kN を迎えた．最大荷重時には，面 II および IV の模擬腐食部では面外

方向にはらみ出すように変形が発生した（図 4.3.11(d)，図 4.3.13(d)）．軸方向のひずみについては，図 4.3.13(d) より荷重 3500kN 付近において，400mm 位置（模擬腐食部）で降伏ひずみに達しており，図 4.3.12 の荷重－軸方向変位曲線の非線形性のみられ始めた荷重と対応している．

(2) ケース B の載荷試験結果

ケース B の試験体について，図 4.3.15 に載荷荷重と軸方向変位の関係を，図 4.3.16 に試験後の変形状況を示す．

3 試験体ともにフランジ・ウェブ面の局部座屈により最大荷重を迎えた後，荷重の大幅な低下がみられた．その後，面外変形の増加とともに徐々に荷重が低下していった．

角部の 4 箇所に模擬腐食を導入した B2 では，B1 と比較して最大荷重が若干小さいものの，ほぼ同様の挙動を示している．試験体 B3 については，模擬腐食を導入した部分の局部座屈の影響により，試験体 B1 に比べて最大荷重は約 30%低下

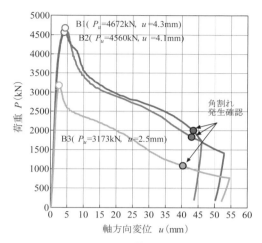

図 4.3.15 ケース B の荷重－軸方向変位曲線 [1]

図 4.3.16 ケース B の試験後の変形状況 [1]

している．面 II 側の変形は B1，B3 のような正弦半波や B2 のような正弦一波で現れているが，波長の大きさや発生箇所に相違がみられている．

角割れに関して，3 試験体ともに，荷重が 60%程度低下した時点で，金属音が発生したため，試験体を観察したところ，中央付近の角部の溶接線に沿った割れが確認できた．試験体 B1 および B3 の角割れの発生位置は局部座屈による変形の大きい部位であったが，腐食の厳しい部位というわけではなかった．また，角部に模擬腐食を導入した試験体 B2 では，角部 4 箇所のうち 3 箇所で割れが発生したが，うち 2 箇所は模擬腐食部が角割れの起点となっていた．ただし，いずれの角割れも面外変形が相当程度進行した時点で発生しており，耐荷力への影響は小さかったものと考えられる．

4.3.6 残存耐荷力の評価法に関する検討

ケース A，B の試験結果を踏まえて，模擬腐食の状況と残存耐荷力の関係について以下に考察する．ここで，今回の試験結果に加えて，著者らが過年度に実施した実橋の箱断面斜材（今回の試験と同様に模擬腐食を導入）を用いた圧縮載荷試験の結果[5]と，本橋の格点部に取り付く箱断面斜材を用いた圧縮載荷試験の結果（いずれも局部座屈で破壊）[9]も併せて比較した．また，耐荷力のばらつきを論じるほどの十分なデータが得られているわけではないことから，併せて既往の座屈試験の統計データ[10),11)]との比較を行い考察した．

(1) 既存の耐荷力曲線による算定値との比較
a) 細長比パラメータと耐荷力の関係

図 4.3.17 に，ケース A の試験体について，降伏強度（材料引張試験値より算出）により無次元化した耐荷力 σ_{u0}/σ_y（健全断面により算出）と細長比パラメータの関係を示す．図中には過年度に実施した箱断面柱の試験結果[5]についても断面欠損率に応じて色分けして併せてプロットしている．また，箱断面柱について，道示の耐荷力曲線（道示式（式(4.3.2)））と土木学会の鋼・合成構造標準示方書[12]中の耐荷力曲線の根拠とされる既往の座屈試験データの平均値（式(4.3.6)）と下限値（平均値－2×標準偏差）に相当する耐荷力曲線[10]を併せて示す．

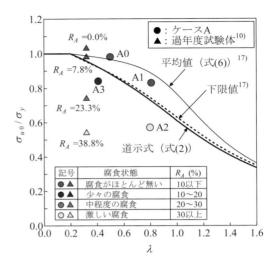

図 4.3.17　柱の細長比パラメータと耐荷力の関係[1]

$$\frac{\sigma_{crg}}{\sigma_y} = \begin{cases} 1.0 & (\lambda \leq 0.2) \\ \frac{1}{2\lambda^2}\left(S - \sqrt{S^2 - 4\lambda^2}\right) & (0.2 < \lambda) \end{cases} \quad (4.3.6)$$

$$S = 1 + \alpha(\lambda - 0.2) + \lambda^2 \quad (4.3.7)$$

ここで，式(4.3.6)および式(4.3.7)中の細長比パラメータλは式(4.3.4)による．係数αは，断面形状による係数で箱断面の場合 0.089 である[18]．R_A＜10%の試験体では全体座屈で終局に至っており，また，耐荷力は道示式を上回り，既存の試験結果のばらつきの範囲におさまっている．一方，R_A＞20%の試験体では模擬腐食部の局部座屈の影響により，耐荷力は道示式に対して 22〜44% 下回っている．

b) 模擬腐食を考慮した幅厚比パラメータと耐荷力の関係

図 4.3.18 に，ケース B の局部座屈用の試験体と，ケース A で模擬腐食部の局部座屈で終局に至った試験体 A2，A3 について，無次元化した耐荷力 σ_{ue}/σ_y（実腐食及び模擬腐食による欠損を考慮して算出）と幅厚比パラメータの関係を示す．図中には過年度の著者らの試験結果[5,9]のうち，模擬腐食部の局部座屈で終局に至った結果についてもプロットしている．また，道示の両縁支持板の耐荷力曲線（道示式（式(4.3.3)））と，鋼・合成標準示方書の耐荷力曲線の根拠に用いられた既往の座屈試験データの平均値（式(4.3.8)）

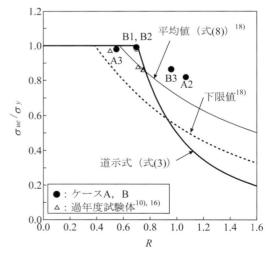

図 4.3.18　両縁支持板としての幅厚比パラメータと耐荷力の関係[1]

と下限値（平均値－2×標準偏差）に相当する耐荷力曲線[11]も示す．

$$\frac{\sigma_{crl}}{\sigma_y} = \begin{cases} 1.0 & (R \leq 0.571) \\ \dfrac{0.968}{R} - \dfrac{0.286}{R^2} + \dfrac{0.0338}{R^3} & (0.571 < R) \end{cases} \quad (4.3.8)$$

ここで，幅厚比パラメータ R は式(4.3.5)による．各試験体ともに，模擬腐食部の幅を用いて算出した座屈パラメータによりプロットしているが，平均値と下限値に対して概ねばらつきの範囲内におさまっている．一方，道示式に対しては，幅厚比パラメータ R の大きい領域では試験値は大きく上回っている．道示式では幅厚比パラメータ R の大きい領域において，終局強度以降のねばり強さを考慮して安全余裕を大きく設定しており，これが試験結果との乖離がみられる主な理由と考えられる．

c) 模擬腐食を考慮した連成座屈強度と耐荷力の関係

連成座屈強度に関して，道示では柱の耐荷力を降伏強度に対する板の局部座屈強度の割合で低減する，いわゆる次式(4.3.9)で表される積公式を採用している．

$$\sigma_{cr} = \sigma_{crg} \times \frac{\sigma_{crl}}{\sigma_y} \quad (4.3.9)$$

式(4.3.9)中の σ_{crg} は柱の全体座屈強度，σ_{crl} は両縁支持板の終局強度である．ここで，σ_{crg} および σ_{crl} には式(4.3.6)および式(4.3.8)による計算値を用いた．図4.3.19に，式(4.3.9)により全体座屈と局部座屈の連成を考慮した場合の計算値と試験値を比較して示す．ここで，σ_{crg} は健全断面の細長比パラメータより，σ_{crl} は模擬腐食断面の幅厚比パラメータより算出し，耐荷力の算出には実腐食と模擬腐食を考慮した最小断面積 $A_{\min}$ を用いた．試験データは少ないが，計算値は試験値と比較的良く一致しており，計算値は試験値より低めの安全側の値を示した．

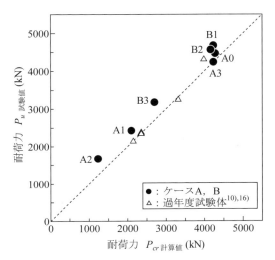

図4.3.19 載荷試験結果と積公式による計算値の比較 [1]

(2) 最大断面欠損率 R_A による局部座屈強度の評価

前節までの結果を踏まえ，実腐食部材の場合を想定し，最大断面欠損率 R_A から局部座屈強度を推定する方法について検討を行う．腐食深さを計測した場合の，局部座屈強度を推定するための有効残存板厚および幅厚比パラメータの設定方法として，図 4.3.20 に示す方法を考えることとした．図 4.3.20(a)は，模擬腐食の場合には適用できるが，当然ながら実腐食には適用できない．そこで，図 4.3.20(b)に示すとおり，各面の R_A から算出される最小断面平均板厚 t'' より幅厚比パラメータを設定する方法が考えられる．なお，図 4.3.20(c)に示すとおり，R_A の計測が難しい場合や計測情報の多寡の信頼性によっては，最小板厚を基本に幅厚比パラメータを設定する方法が考えられる．

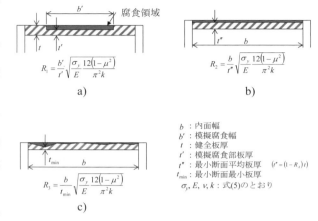

図 4.3.20 幅厚比パラメータの設定例[1]

図 4.3.21 に各方法で計算した局部座屈強度 σ_{crl} により無次元化した終局強度の比較結果を示す．幅厚比パラメータ R_3 では，当然ながら，最小断面位置に深さが大きい局部腐食が存在するような場合にばらつきが大きくなる．R_A から求まる幅厚比パラメータ R_2 の場合，R_1 と比較してばらつきは安全側に多少大きくなるが，残存強度の実用的な評価は可能と考えられる．

図 4.3.22 に，無次元終局強度と最大断面欠損率 R_A の関係を示す．終局強度 σ_{crl} として，

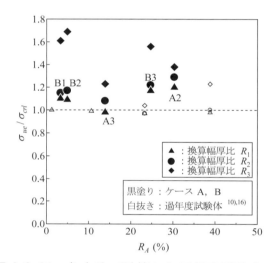

図 4.3.21 各方法で計算した局部座屈強度により無次元した終局強度の比較[1]

図 4.3.22(a)は各面の R_A を考慮した幅厚比パラメータ R_2 により終局強度を算出した場合であり，図 4.3.22(b)は健全断面と仮定して終局強度を算出した場合（図中の直線は試験結果の一次回帰式）である．図中には，著者らによる，箱断面斜材の構造諸元（細長比パラメータ $\lambda=0.29$）に対して模擬腐食の位置や範囲をパラメータとした解析結果[13]についてもプロットしている．解析結果は，応力-ひずみ関係を折れ線近似し，初期たわみ（正弦半波形状で，部材長の 1/10000 と仮定）および残留応力（圧縮側で $0.2\sigma_y$）を考慮し，ソリッド要素を用いた弾塑性有限変位解析によるものである．模擬腐食については，幅は部材幅とし，腐食面数，欠損位置（部材の端部，1/4 部，1/2 部），欠損長（50～300mm），及び R_A（10～50%）をパラメータとしている．

図 4.3.22(a)，(b)より，模擬腐食を想定した場合においても，同一の R_A に対して断面内の腐食条

件や部材中の腐食位置・範囲が異なれば終局強度は大きく異なることがわかる．ただし，図4.3.22 (a) に示すように，解析値は R_A の増加とともにばらつきは大きくなるが，概ね1を上まわっており，幅厚比パラメータ R_2 に基づき終局強度を安全側には評価できるものと考えられる．図4.3.22 (b) は，実務的な評価を意図した整理であるが，今回の試験結果は R_A に対して線形的に低下する傾向が伺える．また，図4.3.22 (a) と同様に，解析値は R_A の増加とともにばらつきは大きくなるが，今回の試験結果に基づく一次回帰式が概ね下限値となっており，同回帰式による終局強度の概略評価は可能と考えられる．

なお，これらの幅厚比パラメータ R_2 や R_A による一次回帰式による概略評価は実務的には有用と考えるが，過度に安全側評価となる可能性があることは否めない．実腐食に対して高い精度でより合理的に耐荷力を推定するには，R_A 等の腐食評価指標と耐荷力との関連付けについて，より詳細な実験的・解析的検討による知見の蓄積が必要である．一方で，耐荷力に影響する様々な不確実な要因がある中で，耐荷力評価法を考える上で実務的な観点から，現場での腐食状況調査の程度と求められる評価の精度・信頼性の関係性についても併せて検討していくことが重要と考えられる．

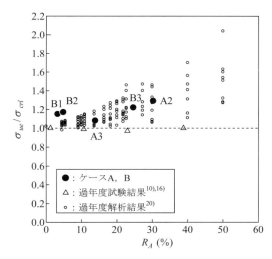

(a) R_A を考慮して σ_{crl} を算出した場合

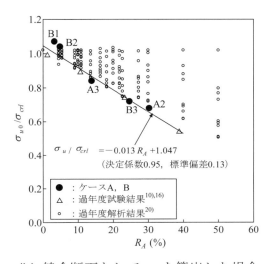

(b) 健全断面として σ_{crl} を算出した場合

図4.3.22 無次元終局強度と最大断面欠損率 R_A の関係[1]

以上の結果を踏まえ，箱断面圧縮部材の残存強度を推定するには，腐食深さの統計データを用いて，以下の手順が考えられる．まず，最も腐食の厳しい部位を探して最小断面を特定し，その断面の残存板厚を計測することにより，統計量（R_A 等）を求める．各面の R_A を基に，両縁支持板としての局部座屈強度を推定し，柱としての全体座屈強度との連成座屈強度により耐荷力を評価する．なお，本論文の検討では平均値曲線を適用しているが，実務では設計基準に基づく耐荷力曲線を用いる必要がある．少なくとも，このような方法によれば，実用的かつ安全側の圧縮強度の評価が可能と考えられる．

4.3.7 結論

撤去された鋼トラス橋から切り出した箱断面部材を対象として，表面形状計測により腐食性状を調査するとともに，一部模擬腐食を導入して圧縮載荷試験を行い，断面欠損の破壊性状や耐荷力への影響について分析を行った．得られた主な結果を以下にまとめる．

(1) 弦材および斜材ともに，全体的に局部腐食が散在し，腐食深さは最大で5～8mmであったものの，最大断面欠損率 R_A は 2.7～5.0%と小さいものであった．これらの箱断面部材の腐食状況は，同一橋において，断面欠損の著しいトラス格点部と比較して，厳しいものではなかった．ただし，箱断面部材の角部では，局所的な減肉により溶接接合部がほとんど残っていない部位もみられた．同形式の既設橋の箱断面部材においても同様の損傷が生じている可能性があることから，維持管理において角部の腐食貫通による内部への水の侵入や耐荷力低下に注意する必要がある．

(2) 今回の試験体の模擬腐食のように均一な減肉部を有する場合，最大断面欠損率 R_A が大きいほど耐荷力低下が大きくなること，当該部から面外変形が進行し，局部座屈が生じることにより耐荷力の低下に至る可能性が高いことを確認した．

また，箱断面を構成する面内に局所的なへこみ変形を有する試験体では，当該部から変形が進行し終局に至っており，このような局所的な板の変形が破壊性状に影響を及ぼすおそれがある点に注意する必要がある．

(3) 局部座屈で終局に至った試験体については，試験結果を模擬腐食部の幅厚比パラメータを用いて整理することにより，既往の局部座屈の耐荷力曲線のばらつきの範囲におさまることを確認した．また，耐荷力の試験値は，柱としての全体座屈強度と両縁支持板としての局部座屈強度のそれぞれの平均値式を用いた，連成座屈強度式により概略推定できることを確認した．

さらに，部材の各面の最大断面欠損率から最小断面平均板厚を算出し，同板厚による幅厚比パラメータを用いることにより，実腐食においても圧縮強度を安全側に評価できることを確認した．

本事例では，圧縮箱断面部材を対象として，角部が健全で，フランジ・ウェブ面に均一な模擬腐食を有するという条件の下，最大断面欠損率 R_A を用いて残存耐荷力を概略評価する方法について検討している．実腐食に対して，高い精度でより合理的に耐荷力を推定するには，実腐食部材に対する多数の載荷試験データの蓄積やパラメトリックな解析結果を基に，R_A 等の腐食の各種評価指標と耐荷力との関連付けについて詳細な検討が必要と考えられる．また，箱断面の角部の局所的な腐食による耐荷力への影響については今後の課題である．

【参考文献】

1) 小峰翔一，村越潤，高橋実，野上那栄，栗原雅和，田代大樹，岸祐介，依田照彦，笠野英行：断面欠損を有する鋼トラス橋圧縮部材の残存耐荷力に関する実験的検討，土木学会論文集 A1, Vol. 73, No.1, pp. 69-83, 2017.

2) 土木研究所，首都大学東京，早稲田大学：腐食劣化の生じた橋梁部材の耐荷性能評価手法に関する共同研究－腐食劣化の生じた鋼トラス橋を活用した臨床研究－，土木研究所，共同研究報告書，第456号，2013.6.

3) 藤井堅，近藤恒樹，田村功，渡邊英一，伊藤義人，野上邦栄，杉浦邦征，永田和寿：海洋環境において腐食した円形鋼管の残存圧縮耐力，構造工学論文集，Vol. 52A, pp. 721-730, 2006.3.
4) 山沢哲也，野上邦栄，園部裕也，片倉健太郎：厳しい塩害腐食環境下にあった鋼圧縮部材の残存耐荷力実験，構造工学論文集，Vol. 55A, pp. 52-60, 2009.3.
5) 山沢哲也，野上邦栄，小峰翔一，依田照彦，笠野英行，村越潤，遠山直樹，澤田守，有村健太郎，郭路：模擬腐食を導入した鋼トラス橋斜材の残存圧縮耐荷力，構造工学論文集，Vol. 59A, pp. 143-155, 2013.3.
6) 野上邦栄，山本憲，山沢哲也，依田照彦，笠野英行，村越潤，遠山直樹，澤田守，有村健太郎，郭路：鋼トラス橋の上弦材側格点部の腐食計測とその腐食形態の特徴，構造工学論文集，Vol. 58A, pp. 679-691, 2012.3.
7) 日本鋼構造協会：鋼橋の強度設計の合理化，JSSCテクニカルレポート，No. 98, 2013.3.
8) 日本道路協会：道路橋示方書・同解説，I共通編・II鋼橋編，2012.3.
9) 遠山直樹，澤田守，村越潤，依田照彦，笠野英行，野上邦栄：腐食した鋼トラス橋格点部の残存耐荷力に関する載荷試験，土木学会年次学術講演会概要集，第68回，I-357, pp. 713-714, 2013.9.
10) 西村宣男，青木徹彦，西井学，福本唀士：鋼柱部材の基本強度の統一評価，土木学会論文集，第410号/I-12, pp. 325-333, 1989.10.
11) Fukumoto, Y. and Itoh, Y. : Basic compressive strength of steel plates from data base, *Proc. JSCE, Structural Eng. /Earthquake Eng.*, No. 344, pp. 129-139, 1984.4.
12) 土木学会：2007年制定 鋼・合成構造標準示方書総則編・構造計画編・設計編，2007.3.
13) 小峰翔一，野上邦栄，山沢哲也，依田照彦，笠野英行，村越潤，遠山直樹，澤田守，有村健太郎，郭路：模擬腐食を導入したトラス橋斜材の残存耐荷力，土木学会年次学術講演会概要集，第66回，I-531, pp. 1061-1062, 2011.9.

4.4 腐食損傷したリベット桁端部の残存耐荷力評価に関する検討
4.4.1 検討概要

ここでは，松本ら[1]によって検討された腐食損傷を有する鋼桁端部の残存性能評価事例について取り上げる．本事例で対象とされているリベット桁は，1913年に架設された鉄道橋である．形式は単径間，2主桁の上路式鋼鈑桁橋であり，設計荷重は機関車荷重であるCooper's E45である．主桁は腹板を計4体のアングル材でリベットによって挟み込んで組み立てられた組み立て部材のI形桁となっている．また図4.4.1に示すように，桁端が垂直補剛材を構成するアングル材で綴じ合わされており，橋軸方向で1本支間中央側にある垂直補剛材までの1パネルが，桁端設計における柱部材としての設計対象として扱われる．

鋼材に関しては，化学成分分析及び引張試験が実施されており，SM400材相当の鋼材を使用していたことが確認された．また，対象橋梁の撤去理由は駅の新設に伴う路線変更が主因であり，橋梁自体の耐荷力の低下ではなかったことを記しておく．撤去後，橋梁から切り出した試験体は横倒しした状態の暴露環境下で数年間放置されていたため，実際の供用環境とは異なる環境で腐食が進行している．対象橋梁の撤去時の様子を図4.4.2に，概要を表4.4.1に示す．

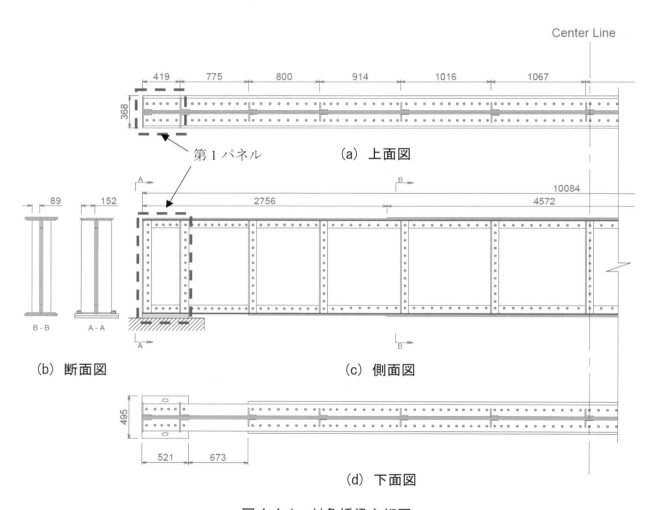

図 4.4.1　対象橋梁主桁図

図4.4.2 対象橋梁桁部外観（撤去時）

表4.4.1 対象橋梁概要

橋梁区分	鉄道橋
橋梁形式	上路式2主桁プレートガーダ橋
橋長（支間長）	9.4m （8.5m）
供用期間	大正2年(1913) - 平成14年(2002)
設計荷重	Cooper's E45 （最大軸重 204 t）
設計単位系	ヤード・ポンド法
接合方法	リベット接合
鋼材	ドイツ製輸入鋼材（SM400材相当）

4.4.2 腐食損傷状況について

対象の表面形状計測には，大型の3次元表面形状計測装置を用いている．これは縦横に直線で移動するリニアスケールと，そこから伸びるアーム先端にレーザ変位計が取り付けられたものであり，基準面からの凹凸を2次元データとして整理することで表面形状を調査し，腐食損傷状況を分析している（装置の詳細は4.3節の3項および図4.3.4を参照されたい）．この検討では，実験室レベルで対象を直接計測することが可能であったが，狭隘部の計測においては，レプリカ法を用いて型取りした石膏を対象に計測を行っている．図4.4.3に表面形状計測範囲を示す．

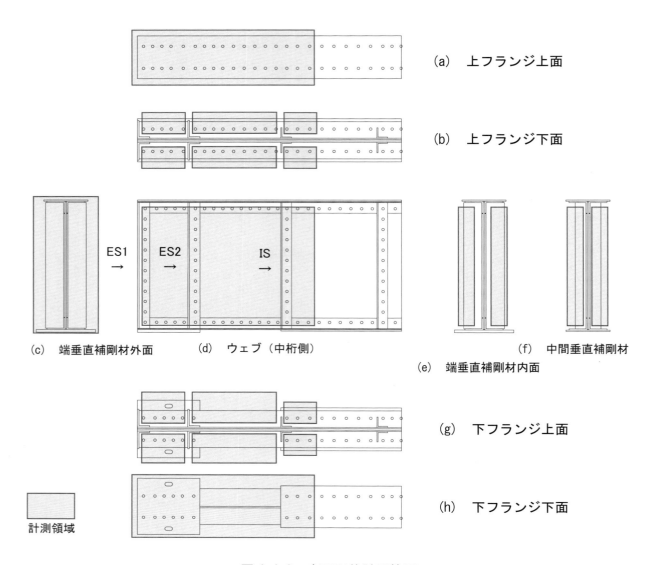

図 4.4.3 表面形状計測範囲

次に，表面形状計測の結果として得られた腐食深さコンター図を図 4.4.4～図 4.4.6 に示す．以下で計測より得られた計測部位ごとの腐食状況に関して述べる．

（a）ウェブ

図 4.4.4 を見るとウェブに関しては，中桁側と外桁側で計測値が反転したような表面形状となることが確認されており，ウェブの平面度に不整があると考えられる．板の平面度の不整量としては最大で 4mm 程度であり，鉄道構造物等設計標準[2]に規定されている部材精度（板の平面度：h/250, h：腹板高さ）の制限値とほぼ同程度の不整量が確認された．初期不整を除いた腐食量に関しては，ウェブプレート全面でほぼ存在していない．しかし，ウェブの下フランジアングル材との境界部付近には腐食が進行している様子が確認されており，特に外桁側の第一パネルでは当該領域に孔食が集中して確認されている．

（b）上フランジ

図 4.4.5(a)を見ると上フランジ上面では，供用中に枕木が設置されていたと考えられる領域を中心

に著しい腐食の進行領域が確認された．このような領域は長期間にわたり湿潤状態となりやすく，そのために腐食が著しく進行したものと考えられる．また，枕木が存在していたと考えられる範囲以外の部分においても全面的に腐食による断面の減少が確認でき，枕木が上フランジ上面において厳しい腐食環境を作り出していたと考えられる．さらに，カバープレート端部は健全時の端部形状を読み取るのが困難なほど断面が欠損しているか変形している．

図4.4.5(b)を見ると上フランジ下面に関してはカバープレートの変形，欠損が外面と同様に確認された．それに伴いアングル材端部にも腐食がみられ，これはカバープレートの欠損領域が水の通り道となることで水が内面に伝い，局所的に腐食を進行させたものと考えられる．また傾向として，桁外面と比較して桁内面のアングル材表面の形状が粗く，全面腐食が進行している．

（c）下フランジ

図4.4.5(c)を見ると下フランジ下面では，ソールプレートからアングル材にかけての断面変化部において，顕著な腐食している．これは，断面急変部であったことから雨水等の水の通り道となり，湿潤状態になりやすい領域であったためと考えられる．また，ソールプレートに関してもその端部から内面方向に向かって全面的に腐食が進行している様子が確認された．これは，ソールプレートが設置されていた橋台上の周辺領域で塵埃が蓄積した結果ソールプレートの周囲から腐食が内側方向に進行していったものと考えられる．その他，アングル材，カバープレートに関しては端部に局所的に腐食が生じている．

図4.4.5(d)を見ると下フランジ上面に関しては，局所的に孔食が進行している他，桁端部に近づくほどに腐食が進行する様子が確認された．

（d）端垂直補剛材

図4.4.6(a)(d)を見ると端垂直補剛材（ES1）においては，下フランジとの接地位置周辺で局所的に著しい腐食が進行している領域が存在しており，位置によっては不接地状態となっている箇所も存在した．しかし，それ以外の領域に関しては腐食がほぼ確認されず，健全な様子が確認できた．

図4.4.6(b)(e)を見ると端垂直補剛材（ES2）に関しては，桁外面と比較して桁内面で腐食が進行している様子が確認できた．また，表面の状態も桁内面で粗く，全面腐食が進行しているものと考えられる．

（e）中間垂直補剛材

図4.4.6(c)(f)を見ると中間垂直補剛材に関しては表裏で計測値が反転したような表面形状を確認されたため，板の平面度に不整があると考えられ，不整量は最大で3mm程度である．また，桁外面と比較して桁内面で部材表面の形状が粗く，全面腐食している様子も確認された．

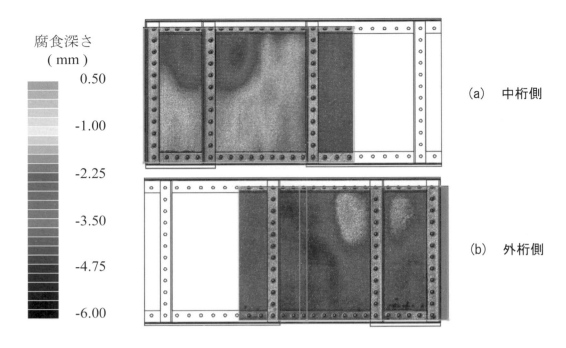

図 4.4.4 桁端部側面の腐食分布状況

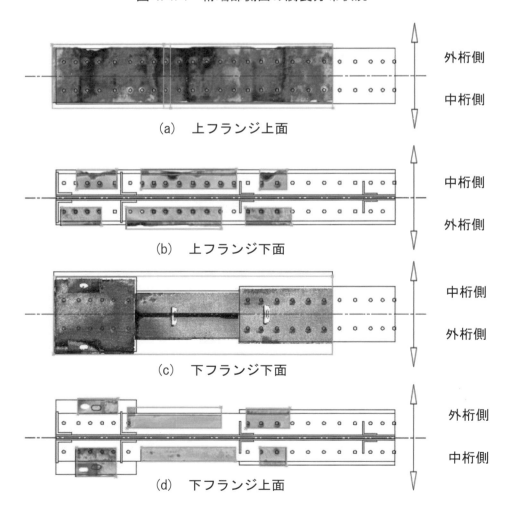

図 4.4.5 上下フランジの腐食分布状況

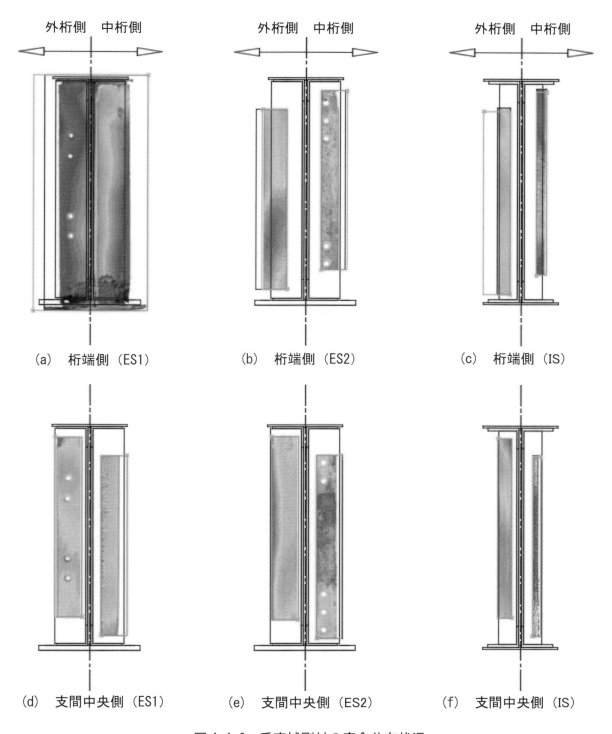

図 4.4.6 垂直補剛材の腐食分布状況

4.4.3 静的圧縮載荷試験による残存耐荷力の確認

松本ら[1]は，桁端供試体について，桁端支点部における柱としての残存耐荷性能を評価することを目的として，桁端垂直補剛材間に静的な圧縮力を載荷して崩壊挙動を観察している．以下に境界条件および載荷条件について示す．

静的圧縮載荷試験では，支点部に該当する桁端垂直補剛材間を柱に見立て，その上下の境界部に球座を設けてピン支持とし，対象領域に純圧縮力を一様に載荷している．供試体には桁端垂直補剛材間の上下フランジ表面に載荷板及び支持板を設置したうえ，球座を設けることで桁端部の柱構造に対して上下両端ピン支持の試験条件を再現している．また試験時に供試体を安定させることを目的に中間補剛材直下をローラー支持としている．

当該橋梁の供用中の境界条件は，桁端支持部が橋台に直接設置されており，固定条件に近かったのに対し，この検討では図4.4.7に示すような上下端ピン支持という異なる境界条件の下で載荷試験を実施している．これは，支点部の柱構造としての耐荷力特性に着目しているためである．

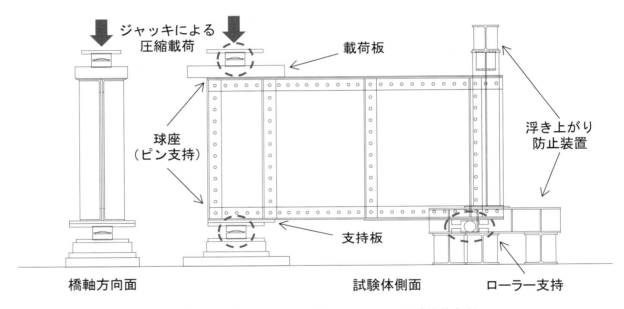

図4.4.7 圧縮載荷試験の境界条件および載荷条件

図4.4.8は載荷試験結果の荷重－変位曲線を表したものである．また，鉄道構造物等設計標準[2]，鉄道構造等維持管理標準[3]および道路橋示方書[4]に基づく桁端部の柱としての圧縮耐力の値を示している．このとき，座屈係数は0.5として各基準における値を算出している．

初期剛性は約800kN/mmで，支持側のソールプレートには曲げ変形が生じたことが確認された．2000kN付近から剛性が軟化し始め，3000kNを超えると荷重の増加はほぼなく，変形のみが進行している．最大荷重としては，3448kNを記録した．

実験結果を各基準の結果と比較すると，鉄道構造物等設計標準，道路橋示方書の許容応力度に基づいて求まる設計値に対しては，3～4%ほど実験結果が上回る．一方，道構造等維持管理標準に基づく保守限耐力と比較すると，実験結果の方が5%ほど低い値となり基準を満足しない結果となる．

第2編　耐荷力の推定と性能照査型維持管理およびモニタリング　　　129

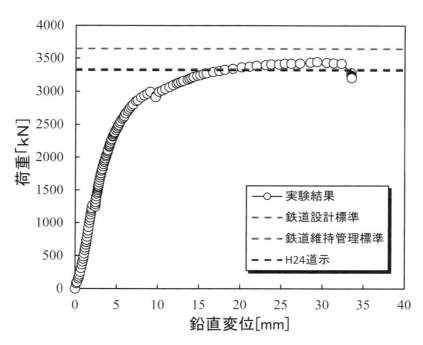

図 4.4.8　圧縮載荷試験結果：荷重－変位曲線

4.4.4　数値解析による検討

　有限要素解析によって前項で示した静的圧縮載荷試験の再現を行い，挙動の再現性を確認するとともに荷重を受けた際のより詳細な耐荷特性について検討が行われている．数値解析では，対象試験体の終局時挙動まで求めるため，材料非線形性と幾何学的非線形性を考慮した弾塑性有限変位解析が行われている．

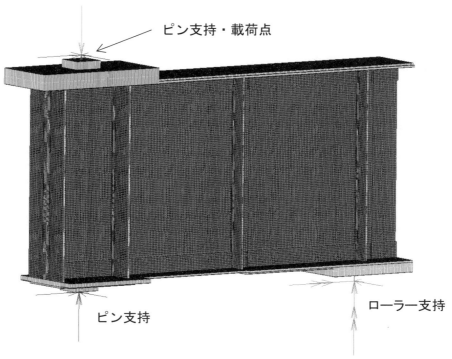

図 4.4.9　FEM モデル

有限要素解析においては，モデル全体をシェル要素で離散化し，載荷試験における境界条件の再現を目的として，載荷部および支持部では各球座の配置領域を剛体として，桁端部における上下の球座の接触点までを剛棒としてモデル化した（**図 4.4.9**を参照）．対象構造物がリベットによる組み合わせ部材であることに起因するアングル材等の重なり部は一体断面として，設置された載荷板および支持版は上下フランジにおける対象領域において共有節点としてモデル化されている．さらに，接触状態にある垂直補剛材と上下フランジの接地部に関しても共有節点としてモデル化されている．

材料特性については，材料試験の結果に基づき弾性係数の平均値を初期剛性としている（**表 4.4.2**を参照）．また，二次剛性については，材料試験の応力-ひずみ関係において降伏強度と応力の最大値を結ぶ形でバイリニア型の構成則として定義している．

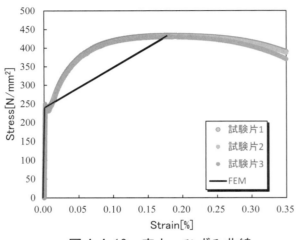

図 4.4.10 応力-ひずみ曲線

表 4.4.2　FEM 材料特性

初期剛性[N/mm^2]	124544
降伏応力[N/mm^2]	240.7
二次剛性[N/mm^2]	1084
ポアソン比	0.3

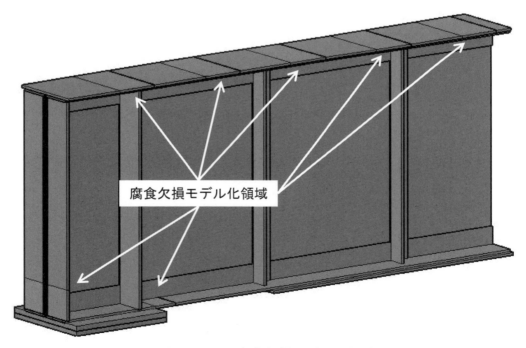

図 4.4.11 腐食欠損モデル化領域

腐食損傷の考慮については，表面形状計測の結果に基づいて腐食劣化が進行している領域に対して，それぞれの領域における平均腐食量をシェル要素の板厚からの減肉量として定義している．また，欠

損が確認された領域については，シェル要素による離散化は行わずメッシュそのものを除いている．代表的な腐食欠損の着目領域を図4.4.11に示す．
（a）端垂直補剛材（ES1）
　下フランジ近傍における局部腐食および欠損
（b）上フランジ
　枕木の設置領域における腐食損傷
（c）下フランジ
　ソールプレート－下フランジアングル材間の断面変化部における局部腐食および欠損

図4.4.12に圧縮載荷試験および数値解析によって得られた荷重－変位曲線を示す．全体的な傾向としては，初期剛性，初期降伏，最大荷重および最大荷重の変位は大きく異なっている．荷重のピーク値は，実験結果よりも21%大きい値となった．この要因として考えられるのは，表面形状計測の結果としてウェブにはほとんど腐食が見られなかったため，腐食損傷のモデル化を行わずに設計板厚で計算したことが考えられる．また，垂直補剛材と上下フランジとの間は，実際の試験体では接触している程度の状態であるのに対し，有限要素解析では節点を共有してモデル化しているなど，数値解析において修正の余地があり，これらを見直すことでより良い精度で残存耐荷力を推定可能であると考えられる．

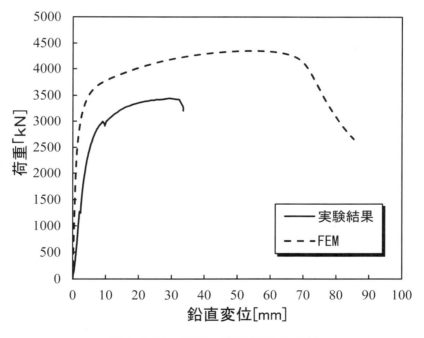

図4.4.12　荷重－変位関係の比較

4.4.5　実橋梁を対象とする場合の課題

上記検討では対象が撤去済みの橋桁であるため，腐食損傷の詳細な計測が可能であった．また，材料試験片の入手なども，供用下にない状態であることから可能であった．一方，供用中の実橋梁に対して詳細な腐食分布を計測することが非常に困難であるのは自明である．そのため，腐食分布の計測には別の方法による板厚計測の実施が必要である．

村越ら[5]は，腐食欠損を有する鋼部材に対して，非破壊検査技術を適用することにより計測精度およびその適用性についての検討を行っている．パルス渦流試験法，超音波法および電磁超音波共鳴法の3手法について検討した結果，錆層が激しい場合でなければパルス渦流試験法でコイル部に対応する範囲の計測平均値は，レーザ変位計の計測値とある程度の相関性が得られるとしている．また，簡易計測手法の提案も行っており，同検討内で取り上げている電気抵抗検知式厚さ計を用いれば，高い精度での計測結果が得られる，としている．

また，腐食損傷による板厚の減少が，対象部位の性能低下にどの程度の寄与するのかについては，検討の余地が多く残っている．Voら[6]の検討や4.3節で取り上げたような残存あるいは欠損した断面の割合と耐力の関係性については，対象に作用する断面力ごとやその組み合わせに対しても整理されることが必要である．これに合わせて，腐食・欠損領域の面的な分布性状の影響についても整理が望まれる．これは，例えば山口ら[7]の行っているような，対象部材における欠損の組み合わせや，齋藤ら[8]が行っている荷重作用方向への欠損領域に関する影響などが挙げられる．

これらを踏まえた上で，着目部位の荷重抵抗強度の低下が橋梁全体系に対してどの程度の影響を与えるのか[例えば9]，といった検討が必要と考えられる．腐食損傷による断面の減肉，欠損などの影響については主部材での検討が主であるが，一方で桁全体での抵抗強度に2次部材の影響を考慮するなど，橋梁全体系に対する評価手法については検討の余地が多く残っており，これらについての検討を進めることによって既設橋の維持管理における，より適切な性能照査型の評価が可能になると考えられる．

【参考文献】

1) 松本祥吾，中田祐利花，村越潤，野上邦栄，他：約90年間供用されたリベット鉄道桁の端支点部における腐食性状と残存耐荷特性，平成29年度土木学会全国大会第72回年次学術講演会講演概要集，土木学会，pp.73-74，2019年9月．
2) 国土交通省鉄道局 監修／鉄道総合技術研究所 編：鉄道構造物等設計標準・同解説（鋼・合成構造物），丸善出版，2009年1月．
3) 国土交通省鉄道局 監修／鉄道総合技術研究所 編：鉄道構造物等維持管理標準・同解説（構造物編）鋼・合成構造物，丸善出版，2007年1月．
4) 日本道路協会：道路橋示方書・同解説Ⅱ鋼橋編，丸善出版，2012年4月．
5) 村越潤，高橋実，飯塚拓英，小野秀一：腐食鋼部材の残存板厚計測への各種計測技術の適用性の検討，構造工学論文集，土木学会，Vol.59A，pp.711-724，2013年3月．
6) Vo Thanh Hung，永澤洋，佐々木栄一，市川篤司，名取暢：腐食が原因で取り替えられた実鋼橋支点部の載荷実験および解析，土木学会論文集，No.710／I-60，pp.141-151，2002年7月．
7) 山口栄輝，赤木利彰：腐食した鋼I桁の支点部耐力に関する考察，構造工学論文集，土木学会，Vol.59A，pp.80-90，2013年3月．
8) 齋藤康平，野阪克義：断面欠損を有する鋼板の圧縮耐荷力特性に関する一考察，鋼構造年次論文報告集，日本鋼構造協会，第25巻，pp.434-441，2017年11月．
9) 土木学会 鋼構造委員会：鋼構造物のリダンダンシーに関する検討小委員会報告書，2014年6月．

4.5 まとめと課題

本章では，鋼アーチリブ，鋼トラス圧縮部材および鋼リベット桁端部の腐食損傷を対象に，残存性能評価方法あるいは性能回復のための補修・補強方法に関する検討事例について示した．

鋼アーチリブの事例に見るように，腐食部位の最少板厚に基づいて部材を構成する板パネルの圧縮耐荷力を一律に評価するのではなく，数値解析による検討結果を踏まえてパネル座屈の有無を判断することは，対象部材の残存性能を評価する一手法として有用と考えられる．一方，鋼トラス橋の圧縮部材の事例では，腐食損傷部位（最少板厚位置）における断面欠損率と耐荷性能との関係性について，複数の実験結果および解析結果に基づく終局強度の評価基準が示されている．後者については，4.2節の文中でも言及されているように概略評価で下限値を推定するものであり，過度に安全側の評価となる可能性も示唆されている．

鋼リベット桁端部の検討事例については，詳細な表面形状の計測結果に基づいて載荷試験結果の数値解析による再現を試みているが，腐食損傷の少ない部位の影響やリベット桁特有の構造についてのモデル化が，数値解析による推定精度に影響を与える可能性について示されている．ただし，実務においては腐食損傷を詳細に計測することが困難であることから，残存性能に与える影響の大きい部位の特定や，特定部位の腐食損傷状態と残存性能に関する定量的な評価の確立が望まれる．

腐食損傷については，発生部位によって劣化速度に違いがあることも明らかにされつつあり，例えば道路橋に関しては国が直轄管理のものを対象に行った定期点検データに基づいて分析を行っている[1]．架橋条件による不確実性を有するものの鋼桁の端部では，早期に腐食損傷を生じる可能性が示されており，現在行われている間歇的な点検[2]に加えて短期的な板厚変状のモニタリングが維持管理において有効であると考えられる．

将来的な維持管理体系の形成に向けて，特定の腐食損傷発生部位における板厚減少のモニタリングや劣化速度の予測が果たす役割は大きいと考えられる．また，性能照査としての残存性能評価を合理化するためには，腐食量のデータを蓄積するとともに破壊性状についても考慮した検討が重要であると考えられる．

【参考文献】

1) 白戸真大，星隈順一，玉越隆史，河野晴彦，横井芳輝，松村裕樹：定期点検データを用いた道路橋の劣化特性に関する分析，国土技術政策総合研究所資料，第985号，2017年9月．
2) 国土交通省 道路局 国道・防災課：橋梁定期点検要領，2013年6月．

5 おわりに

本編では，部材および要素の耐荷力，すなわち抵抗側，に着目し，腐食のこれら耐荷力への影響を調査・検討した．性能照査型設計法においては，断面欠損が直ちに耐荷力の低下へとつながらないと判断できるケースもあり，性能照査型設計を用いることにより，腐食を有する部材の補修・補強時期や工法選定に影響を与えるものと思われる．これにより，より合理的な補修・補強，ひいては橋梁の長寿命化につながればと考えている．

モニタリングとの関連を考えた場合，耐荷力に影響を与える要因をモニタリングし，その結果を残存耐荷力の評価に用いることが考えられる．本編においては腐食損傷について検討したが，残存板厚およびその分布が残存耐荷力に大きな影響を与えることが再確認できた．また，現時点で適用可能な板厚計測の手法についても調査した．しかしながら，本編で提示した板厚計測手法は継続的，面的な板厚計測手法ではないため，点検の際に適用できる手法であるとも言える．今後は面的にも板厚が推定できる手法を検討する必要がある．

以上のことを踏まえて，性能照査型維持管理について調査・検討したが，腐食損傷はすでに多くの橋梁で発見されており，すでに多くの対策がとられてきている現状がある．その際には，残存耐荷力の評価およびその対策について検討されており，これらの対策は性能照査型維持管理とは異なるのか？という疑問が出てくる．そこで，本編ではいくつかの事例について調査し，今後の性能照査型維持管理の際に参考にすることとした．現状では，性能照査型維持管理が確立されていないため，個々のケースにおいて「性能」が評価され，補修・補強工法が選定されている状況であると思われる．新設橋梁ではない既設橋梁の維持管理において，性能照査についてより一般的な照査方法が提案されれば，維持管理コストの縮減にもつながるものと思われる．

本編では，鋼橋の重要な劣化現象である腐食損傷に着目し，残存耐荷力の推定方法や，板厚計測手法について検討した．モニタリング技術の発展は近年目覚ましいものがあるが，どのような変状（数値）をモニタリングすれば良いか，についての提案は少ないように思われる．橋梁構造物をモニタリングする際に，特に腐食損傷の耐荷力への影響を把握したい際に，本編の内容が参考になれば幸いである．

付録　文献要約

腐食鋼板の圧縮強度の簡易評価法に関する検討	No. 1

1．目的
圧縮応力下における腐食鋼板の簡易耐力評価法，すなわち実用的な性能評価法の構築．

2．検討対象
正方形板（200mm×200mm）を対象とし，基準耐力評価の基本として周辺単純支持条件を用いた．分割数は縦横ともに100分割で11層のシェル要素．板幅の1/200のsin半波長の初期不正を考慮したが残留応力は考慮していない．応力ひずみ曲線はひずみ硬化を含む曲線．

板厚分布を正弦波で単純モデル化し21パターン．幅厚比パラメータは0.5，1.0，1.5の3種類で，それぞれ板厚変化率が±10，30，50，80%の4種類．

3．結果（提案式・適用範囲）
・推定板厚を利用→過度に安全側評価の可能性あり
・最小断面平均板厚での評価も有効
　→推定板厚による補正も効果的
・板厚中心の偏心の影響は小さい

結論
・腐食鋼板の強度は断面積の減少の影響大
・応力伝達方向のみならず，その直行方向
　の板厚分布の影響も大きい
・板厚中心が偏心した場合，最大で10%程
　度の変化

課題
・アスペクト比・初期不整などの影響を明らかにし，精度向上が必要

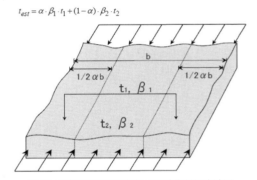

図-10　幅方向板厚分布を考慮した強度推定法の概念図

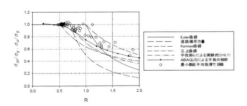

(a)　最小断面平均板厚で評価した場合の推定精度

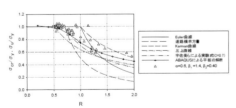

(b)　補正後の推定精度（$\alpha=0.6, \beta_1=1.4, \beta_2=0.40$）
図-15　腐食を有する鋼板の強度推定結果

出　典	杉浦邦征，田村功，渡邊英一，伊藤義人，藤井堅，野上邦栄：土木学会論文集，Vol. 63，No. 1，pp.43-55，2007
キーワード	腐食鋼板，圧縮力，残存耐荷力，有効板厚

| 腐食鋼板の引張・降伏耐力評価法の検討 | No. 2 |

1．目的
腐食鋼板の引張・降伏耐力を整理するためのパラメータを明らかにし，そのパラメータを用いて腐食鋼板の耐力を簡易に評価する手法を提示する

2．検討対象
供用開始後約40年が経過し著しい腐食が生じたため取り換えられたトラス部材から採取した試験片を用いている．部分腐食（7体），複数部分腐食（10体），全面腐食の供試体（5体）および腐食のない供試体（3体）の計25体．

3．結果（提案式・適用範囲）
- 腐食表面形状と板厚の測定
  レーザー変位計を使用
  腐食深さはほぼ正規分布に従う
- 修正腐食断面欠損率＝板長手方向長さを板幅のx倍の範囲で平均腐食断面欠損率を順次計算したものの中の最大値
- 引張試験の実施
  腐食の著しい部分で破断

結論
- 降伏耐力・引張耐力ともに，板長手方向長さを板幅の0.5倍とした領域での平均腐食断面欠損率の最大値を基に計算した有効板厚で評価できる．

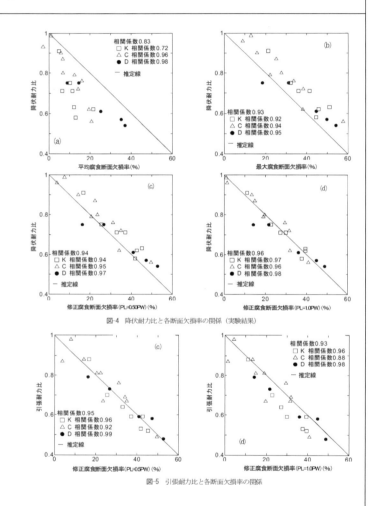

図-4 降伏耐力比と各断面欠損率の関係（実験結果）

図-5 引張耐力比と各断面欠損率の関係

| 出典 | 森猛，橘敦志，野上邦栄，山沢哲也：土木学会論文集，Vol. 64, No. 1, pp.38-47, 2008 |
| キーワード | 腐食鋼板，引張強度，降伏強度，評価法 |

橋梁の応急的な補修を想定した万力摩擦接合に関する基礎的実験	No. 3

1．目的

万力による摩擦接合継手のすべり耐力を，実際の使用条件に近い実験供試体を製作し，載荷実験により確認する．また，その実験結果から実際の補修時に適用可能かどうかの検討を行なう

2．検討対象

万力本体の材質はS45C，締め付け用ボルトの材質は，F10T高力ボルトに相当する強度を有している．締め付け用ボルトの先端は凹凸加工が施され，軸力導入後にはボルトと被締結材との間ですべりが発生しにくい構造となっている．

通常の高力ボルト摩擦接合の試験と同様に，軸力導入後，引張試験機にて，供試体にすべりが生じるまで，引張荷重を載荷する．

表－1 実験供試体の内訳

実験供試体		接合面		万力	高力ボルト			載荷方法	設計すべり耐力* (kN)	すべり耐力/降伏耐力比*
供試体名	数	数	処理方法	数(片側)	数(片側)	材質	径			
V1	3	1	黒皮	2	0	—	—	単調	—	—
V2	3	2	黒皮	2	0	—	—	単調	—	—
HB2	3	2	黒皮	0	2	F10T	M22	単調	205	0.413
V1-r	1	1	黒皮	2	0	—	—	繰返し	—	—
V2-r	1	2	黒皮	2	0	—	—	繰返し	—	—

*すべり係数0.25として算定．

3．結果（提案式・適用範囲）

・黒皮付きの接合面を有する万力摩擦接合（2面）は高力ボルト摩擦接合（2面）の場合と同様のすべり係数が得られることがわかった．

・万力摩擦接合において，すべり発生後，荷重が増加している理由として，1面摩擦の場合，万力が母材および連結板に，2面摩擦の場合，万力が連結板にあたり，継手に万力自体の剛性が付加されたことが原因と考えられる．

・万力の管理トルク値300N・mことを明らかにした．

・繰返し載荷を行なったが，すべり荷重の半分程度の荷重であれば，すべりは発生せず，使用上問題ないことを確認した．

表－2 実験結果

シリーズ名	供試体名	導入軸力1	導入軸力2	すべり係数	すべり荷重	標準偏差	変動係数
V1	V1-1	79.37	73.07	0.434	66.43	0.038	0.099
	V1-2	72.40	74.65	0.349	71.61		
	V1-3	71.02	65.39	0.360	68.81		
	Avg	74.26	71.04	0.38	68.95		
V2	V2-1	62.78	88.97	0.414	68.27	0.046	0.131
	V2-2	68.96	89.11	0.322	73.52		
	V2-3	61.99	87.85	0.313	70.91		
	Avg	64.58	88.64	0.35	70.90		
HB2	HB2-1	232.22	231.63	0.274	254.3	0.050	0.146
	HB2-2	238.26	231.45	0.374	351.5		
	HB2-3	234.08	223.25	0.386	353.2		
	Avg	234.85	228.78	0.34	319.67		
V1-r	V1-r	45.21	49.33	38.6	0.408	—	—
V2-r	V2-r	48.11	49.03	70.9	0.365	—	—

出典	橋本国太郎, 山口隆司, 北田俊行, 鈴木康夫, 山本剛: 構造工学論文集, Vol. 54A, pp.575-581, 2008
キーワード	万力，摩擦接合，応急補修

腐食した圧縮鋼板の終局強度評価法	No. 4

1．目的
腐食位置をパラメータとして変化させた数値計算により，腐食位置が終局強度に及ぼす影響を定量的に明らかにし，実際的かつ精度の高い残存強度評価法を提案することを目的としている．

2．検討対象
　残留応力および初期たわみが下限値レベルの周辺単純支持板を対象に，腐食形態を6パターン想定し，それぞれの板の圧縮強度特性を有限要素解析により検証している．なお，板の形状は，縦横比を1，幅厚比パラメータを0.4, 0.5, 0.6, 0.7 および 0.8 に変化させて決定している．また，腐食率は健全状態の板厚の10%, 20%および30%という損傷板厚を想定し，数値計算を実施している．

3．結果（提案式・適用範囲）
　式(1)の等価板厚 t_{eq} を算出する際の重み関数 w_i は，式(2)のとおりである．

$$t_{eq} = \frac{\sum_{i=1}^{n} t_i \cdot w_i(x_i, y_i)}{n} \quad (1)$$

$$w_i = 12.48 \left(\frac{x}{A}\right)^2 \left(\frac{y}{B}\right)^2 + 1.24 \left(\frac{x}{A}\right)^2 + 0.12 \left(\frac{y}{B}\right)^2 + 0.80 \quad (2)$$

ここで，n は板厚測定点の総数，x_i および y_i は対象とする板の座標位置，A および B は板の長さと幅を意味している．式(2)の重み関数による等価板厚を算出する条件は，対象とする板の一辺あたりの板厚測定点を 20 点以上としなければ，適用できない可能性がある．

　以上の等価板厚を用いて対象とした板の圧縮強度と幅厚比パラメータの関係を調べたところ，数値計算を実施した全対象モデルで最大誤差約5%のレベルで残存強度を推定できることを確かめている．

出　　典	松永光示，奈良敬，竹内正一：鋼構造年次論文報告集，第 16 巻, pp. 69-76, 2008.
キーワード	腐食鋼板，終局圧縮強度，評価法

鋼板腐食に伴う応力再配分を考慮したシェル要素による解析法の開発と実用問題への適用	No. 5

1．目的
8節点アイソパラメトリックシェル要素を用いて，体積欠損に伴う応力再配分を考慮した有限要素解析法を開発することを目的としている．

2．検討対象
残留応力や死荷重による応力が腐食損傷に伴う体積欠損により再分配される周辺単純支持板についてその圧縮強度特性を，提案した有限要素を用いて数値計算により調べている．対象とする単軸面内圧縮負荷を受ける周辺単純支持板の数値計算パターンは，大別すると，

(a) 体積欠損パターンAからDの表裏面から対称に，健全状態から25%または50%減肉するもの（初期不整の応力再配分を検証）

(b) 体積欠損パターンAおよびDの表面のみ，健全状態から50%まで変化させて減肉するもの（死荷重負荷状態での応力再配分を検証）

である．ただし，上記条件いずれも圧縮負荷を与える載荷辺にて面内変位を固定している．

3．結果（提案式・適用範囲）
- (a)の検討では，引張残留応力部の体積欠損により圧縮残留応力が減少し，圧縮残留応力部の体積欠損により圧縮残留応力が増加する結果を得ている．
- また，(a)において，体積欠損領域から離れた箇所では，上記の結果と逆の結果となる．
- 体積欠損に伴う初期たわみの大きさは健全時に比べて小さくなり，その形状は体積欠損パターンにより変化する．
- (b)の検討では，死荷重負荷状態での体積欠損に伴う応力再配分の考慮の有無により，終局圧縮強度の変化が生じないことを明らかにしている．

出　　典	玉川新悟，三好崇夫，奈良敬：応用力学論文集，Vol. 11, pp.979-989, 2008
キーワード	FEM，シェル要素，腐食，応力再配分

厳しい塩害腐食環境下にあった鋼圧縮部材の残存耐荷力実験	No. 6

1．目的

供用開始から44年経過した実トラス橋から撤去した上下横構および横支材を用いて，圧縮試験を行い，腐食損傷に伴う圧縮部材の残存耐力評価法を確立することを目的としている．

2．検討対象

圧縮試験に用いる供試体は，H形またはT形断面を有する柱である．その内訳は，次の通りである．なお，T形断面供試体のフランジ（公称板厚11mm）を除く，いずれの供試体も公称板厚は9mmである．

(c) 最大断面欠損率0.3を超える供試体（H形断面2体，T形断面2体）

(d) 最大断面欠損率0.1を超え0.2以下の供試体（H形断面2体）

(e) 健全供試体（H形断面1体，T形断面1体）

ただし，健全H形断面供試体については，初期たわみの最大値が道路橋示方書限界基準値相当の値となったため，残存耐力評価用データから除外している．

3．結果（提案式・適用範囲）

腐食した供試体の表面腐食性状をレーザ変位計により計測し，平均板厚欠損率 R_{ta} と最大断面欠損率 R_A を算出している．この結果と各供試体の圧縮試験結果より，終局圧縮強度 P_U/P_Y と R_{ta} の関係および P_U/P_Y と R_A の関係を調べ，P_U/P_Y と R_A の関係は P_U/P_Y と R_{ta} の関係に比べて線形相関が大きくなることを確かめている．この結果に基づき，本論文で対象とした供試体に対して，次の残存圧縮強度評価式を提案している．

$P_U/P_Y = 1.14 - 1.36 R_A$　　（H形断面）

$P_U/P_Y = 0.92 - 1.29 R_A$　　（T形断面）

ここで，P_U は圧縮試験により得られた供試体の最大圧縮荷重，P_Y は供試体の降伏圧縮荷重を意味している．最大断面欠損率0.3を超えるT形断面供試体の残存耐力は，道路橋示方書の耐荷力曲線に比べて10%程度低下することも示している．

出　典	山沢哲也, 野上邦栄, 園部裕也, 片倉健太郎：構造工学論文集, Vol. 55A, pp.52-60, 2009
キーワード	腐食, 柱部材, 圧縮実験, 残存耐荷力

鋼部材腐食損傷部の炭素繊維シートによる補修技術に関する設計・施工法の提案	No. 7

1．目的
提案する鋼部材腐食損傷部の炭素繊維シートによる補修工法は，腐食損傷した部位に対して，炭素繊維シートに接着樹脂を含浸させながら積層し，現場でCFRPを形成して一体化させることで，設計時の初期性能を回復または現状維持を目指す．ここでは，この設計および施工法を示し，その事例を報告している．

2．検討対象
対象とする補修内容は，常時荷重作用下における腐食損傷に伴う断面欠損部の応力改善であり，鋼材の弾性挙動範囲内での使用を前提としている．そのため，本論文では，高弾性型の炭素繊維シートを使用することを標準としている．

事例紹介では，中央自動車道浅利橋（下り線・右ルート）の鋼3径間連続ワーレントラス2連の下弦材の2箇所である．対象とする2箇所は，t=16mmから6.2mmから6.9mmの減肉が生じた点およびt=14mmから7.5mmの減肉が生じた点である．これら2点を提案工法で補修し，健全部と補修部のひずみゲージおよび動ひずみ計測，レインフロー法により整理した応力頻度計測によりデータを精査している．

3．結果（提案式・適用範囲）
設計時の初期性能への回復を目的とした炭素繊維シートの積層数は，次式を提案している．

$$E_{cf}/E_s \cdot t_{cf} \cdot B_{cf} \cdot n = A_{cf,s} \geqq A_{sl}$$

ここで，E_{cf}は炭素繊維シートのヤング係数(kN/mm^2)，E_sは鋼材のヤング係数(kN/mm^2)，t_{cf}は炭素繊維シート1枚あたりの厚さ(mm)，B_{cf}は炭素繊維シート1枚あたりの幅(mm)，nは炭素繊維シートの積層数，$A_{cf,s}$は炭素繊維シートの鋼換算断面積(mm^2)，A_{sl}は断面欠損量(mm^2)を意味している．

以上の補修方法を実橋に適用した事例では，補修前後の測定結果より，所要の補修効果が得られることを確かめている．

出　典	杉浦江，小林朗，稲葉尚文，本間淳史，大垣賀津雄，長井正嗣：土木学会論文集F, Vol. 65, No. 1, pp. 106-118, 2009.
キーワード	腐食，補修，炭素繊維シート，CFRP，鋼構造

| 腐食した圧縮鋼補鋼板の終局強度評価法 | No. 8 |

1. 目的

トラス橋などの柱部材を構成する縦補剛材を1本有する圧縮補剛板を対象として，座屈パラメータや初期不整に加えて，腐食位置をパラメータとした数値計算を実施し，腐食位置が終局強度に与える影響について定量的に明らかにし，実際的かつ精度の高い残存強度の評価法を提案することを目的としている．なお，数値解析には弾塑性有限変位解析プログラム CYNAS を使用している．

2. 検討対象

縦補剛材を1本有する圧縮補剛の腐食板厚減少形態として図1に示す8種類を設定し，鋼種は SS400，幅厚比パラメータを6種類（0.3 から 0.8 まで 0.1 刻み）とした．また，腐食による最大減厚が初期板厚の 10, 20, 30 % となるように設定した．また，初期たわみは補剛板全体で $a/1000$，板パネルで $b/150$（a：板長，b：板幅）として正弦波形にて導入し，残留応力も考慮した．解析モデルには8節点アイソパラメトリック要素を用いた．また，腐食補剛板の残存強度評価法として，多リブモデルアプローチを拡張した手法を提案し，その有効性について検討している．

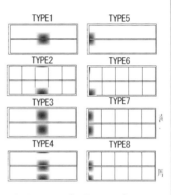

図1　腐食モデル

3. 結果（提案式・適用範囲）

腐食損傷を有する補剛材1本の補剛板に関する弾塑性解析より，幅厚比パラメータの小さい厚板の場合には，最小断面積の断面の降伏によって強度が決定する．一方，パラメータの大きい薄板の場合には，腐食位置により強度低下の度合いは異なり，側辺部に腐食がある方が中央部に腐食があるものと比較して強度低下が大きいこと等を明らかにしている．

また，多リブモデルアプローチを用いて腐食補剛板の残存強度評価法として，以下の式を提案した．同式は補剛材の全断面降伏を仮定し，腐食した板パネルは重み付け平均板厚（等価板厚）を用いて評価している．

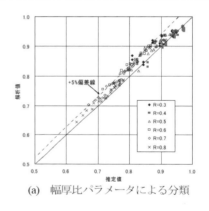

図2　推定値と解析値の比較

$$\widetilde{N_u} = \left\{A_s + 2bt_{eq}\left(\sigma_u/\sigma_y\right)_{plate}\right\}\sigma_y, \left(\sigma_u/\sigma_y\right)_{plate} = \begin{cases} 1.0 & (R \leq 0.453) \\ (0.453/R)^{0.495} & (R > 0.453) \end{cases}$$

$\widetilde{N_u}$：残存強度の推定値，t_{eq}：等価板厚

なお，同式によって推定された残存耐荷力は，解析値と比較して，平均で 2.2% 程度安全側（最大+7.6%，最小-2.8%）に評価可能であることを確認している（図2）．

| 出　典 | 奈良敬，井上尚也，松永光示，竹内正一：構造工学論文集，Vol. 55A, pp. 61-67, 2009. |
| キーワード | 腐食補剛鋼板，終局圧縮強度，評価法 |

腐食桁におけるリベットの継手強度と高力ボルト置換に関する基礎的研究	No.9

1．目的

本研究は，腐食が原因で撤去されたリベット桁から採取したリベット接手の載荷実験を実施して，腐食したリベット接合部の継手強度の低下を調査するとともに，リベットを除去し，高力ボルトで置換した場合の継手強度について検討したものである．

2．検討対象

腐食したリベット桁から採取した腐食損傷を有するリベット継手が検討対象である．その継手強度について検討する方法として，材料を無駄にしないための載荷方法，試験体について検討し，1つリベットの圧縮試験での評価を提案し，検討を行っている．また，リベットを高力ボルトで置換した場合の継手強度についても同様の検討方法で検討している．

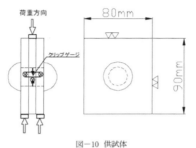

図-10 供試体

図-9 載荷装置

3．結果（提案式・適用範囲）

リベット継手の強度は，腐食により頭部が欠損した場合でも低下しないことが確認されている．弛みが生じない限り継手強度は低下しないことを裏付ける結果となった．また，リベットを高力ボルト継手に置き換えた場合，継手強度は十分に確保でき，補修・補強方法として妥当性を確認できたとしている．提案式等は特に提案されていない．

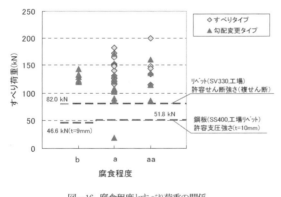

図-16 腐食程度とすべり荷重の関係

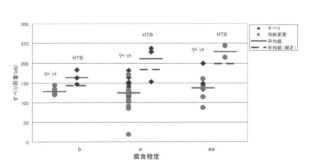

図-18 HTB供試体とリベット供試体のすべり荷重

出　　典	木村元哉，中山太士，松井繁之: 構造工学論文集 Vol.55A，pp.880-888，2009
キーワード	鋼鉄道橋，リベット接合，接合強度

| 劣化損傷した既設橋梁の残存耐荷性能の評価に関する基礎的研究 | No.10 |

1．目的

本研究は，長年供用されたことにより劣化損傷を生じたRC製実橋梁を対象として，実車両による動的ひずみ応答の計測を行い，健全性の評価を試みるとともに，3次元有限要素動的解析により，健全な状態と，劣化損傷状態をモデル化し，対象橋梁の残存剛性および終局耐力について解析的な評価を行っている．対象橋梁は床板下面に顕著な劣化損傷を有している．

2．検討対象

床板下面のコンクリートの剥離によりかぶりを失い，橋軸方向主鉄筋が錆び，外気に露出した状態となっている顕著な劣化損傷を有するRC橋梁の残存耐荷性能評価を検討対象としている．対象橋梁は図のようにRC製プレキャストボ

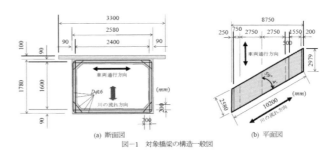

ックスカルバートで斜角を有する橋梁である．外気に露出した鉄筋にひずみゲージを取り付け，動的応答ひずみの計測を行っている．また，対象構造物の有限要素動的解析により，動的応答ひずみ計測との比較を行って，状態の評価を試みているほか，静的解析により残存耐荷性能について検討している．

3．結果（提案式・適用範囲）

試験実車両を用いた動的ひずみ応答の計測の結果，ひずみが小さく，十分な耐荷性能を有していることが確認されている．また，コンクリートの剥離，鉄筋の腐食，アスファルト舗装の補剛効果を考慮した有限要素動的解析により，実測と近い動的ひずみ応答が得られることを示している．提案式などは本論文では示されていない．

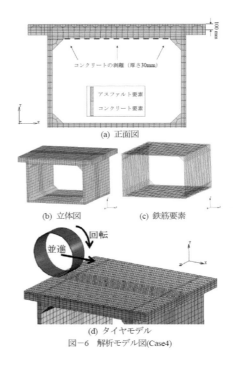

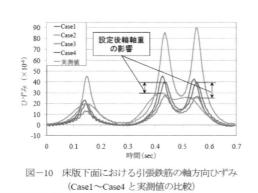

図-10 床版下面における引張鉄筋の軸方向ひずみ
（Case1～Case4と実測値の比較）

| 出　典 | 園田佳巨，大曲正紘：構造工学論文集 Vol.55A，pp.842-850，2009 |
| キーワード | 劣化損傷したRC橋梁，残存耐荷力，有限要素法，走行荷重 |

損傷を有する下路式鋼製トラス橋の耐震性に関する基礎的検討	No.11

1．目的

本研究は，橋梁の安全性を評価し，橋梁の補修の優先順位をつけるため，損傷を有する下路式鋼製トラス橋を対象として，活荷重漸増解析および地震応答解析を行い，損傷箇所や損傷種別の違いが橋梁全体の安全性に及ぼす影響を検討している．

2．検討対象

損傷を有する下路式鋼製トラス橋を対象としており，損傷として，斜材の破断と斜材の腐食を考えている．斜材の破断については，軸力の大きい支点部に近い斜材を破断させた場合と軸力が比較的小さいスパン中央部付近を破断させた場合を対象としている．腐食損傷としては，斜材と下弦材の接合部から情報1mの範囲ですべての斜材に一様に腐食が生じた場合を想定している．

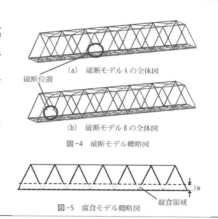

3．結果（提案式・適用範囲）

活荷重漸増解析の結果，支点近傍の斜材を破断したケースで降伏時および終局時の安全率が大きく低下すること，また，地震応答解析においても，このケースにおいては降伏に達した部材の本数や塑性率が大きくなったことから，橋梁全体の安全性が低いと考えられ，優先的な補修が必要となる．また，腐食により斜材全体に50%の断面欠損を生じた場合，活荷重漸増解析において安全率が低下したほか，地震応答解析では終局に達する部材もあり大規模地震時には崩壊する可能性も考えられるため，早急な補修が必要である．一方，スパン中央で破断した場合や10%程度の腐食による断面欠損では，比較的高い安全率を示すことも述べられている．

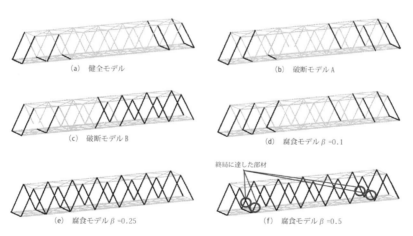

図-12 各解析モデルの降伏部材の位置

出　典	梶田幸秀，大塚久哲，坂口和弘：土木学会論文集A1（構造・地震工学），65巻，1号，pp. 317-324
キーワード	鋼製トラス橋，耐震性，損傷，活荷重，地震応答解析

| 局部的腐食を模擬した鋼桁端部の圧縮強度に関する実験 | No.12 |

1．目的

本研究は，支点上補剛材（端補剛材）下端部の局部的な腐食の影響が鋼桁端部の圧縮強度に及ぼす影響について検討するため，腐食を板厚切削により模擬した鋼桁端部供試体の圧縮載荷実験を行った結果を示したものである．

2．検討対象

支点上補剛材（端補剛材）下端部に局部的な腐食を有する状態を模擬するため，補剛材の板厚を局部的に切削により減少させた鋼桁端部供試体を対象としている．実験では，局部的腐食を有していない健全な状態の供試体（A），損傷事例を参考として支点上補剛材の下フランジとの溶接部止端から60mmの範囲を板厚50％に減少させた供試体を対象としている．板厚減少をさせた供試体は，板の両側から板厚減少させた供試体（B）と，片側から板厚減少させた供試体（C）を用意している．

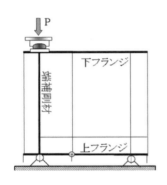

図-3 載荷，支持の条件

3．結果（提案式・適用範囲）

支点上補剛材下端を60mmの範囲にわたり両面から板厚半減させた供試体では，耐荷力は健全な場合の96.9％であり，腐食が局部的な場合，耐荷力の低減は限定的である．これは局部的な腐食のため，板厚が薄い箇所の塑性変形を周囲が拘束する影響があるのではないかと推察される．また，片側から板厚減少された供試体では，耐荷力は健全な場合の82.0％となり，偏心の影響で耐荷力が低下する傾向を示した．ウェブの板厚の24倍を考慮した有効断面積は，34.5％の減少となるが，耐荷力の低下は20％未満にとどまっており，従来指摘されてきたような線形関係になく，腐食が局部的な場合はより詳細な検討が必要である．

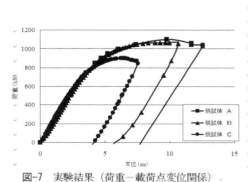

図-7 実験結果（荷重－載荷点変位関係）　　写真-5 載荷実験後の状況（供試体C）

出典	濱田哲，佐々木栄一，狛裕幸，町田恵津子，紀平寛：鋼構造年次論文報告集，第17巻, pp. 731-738
キーワード	局部的腐食，桁端部，支点上補剛材，圧縮強度

第2編　耐荷力の推定と性能照査型維持管理およびモニタリング

載荷速度および孔食が及ぼす鋼材の耐荷力特性への影響評価について	No. 13

1．目的

急速な圧力変動下において水圧鉄管内面に単独に生じた孔食による鉄管菅胴部の強度への把握を評価することを目的に，孔食を有する試験体の引張試験とその再現解析した．さらに実水圧鉄管を対象とした有限要素解析を実施することにより，強度評価も行っている．

2．検討対象

試験体は，JIS Z 2201 に準拠した 1A 試験片とし，孔食のタイプとして図1に示す3種類（孔食無し，貫通孔食および部分孔食）を設定し，その形状は直径 5 mm の円とした．引張試験の載荷速度は実測データを上回る3段階（300, 1000, 2000 μ/s 程度）を設定した．計測項目は塑性ゲージ，応力集中ゲージによるひずみ値と荷重である．

図1　孔食のタイプ

引張試験体を対象に有限要素モデルを構築し数値解析を実施した．解析には LS-DYNA を使用し，破断ひずみに達した時点で要素を消去する（エロージョン機能）ことで，き裂を模擬している．なお，破断ひずみは実験結果に基づき 40%と仮定した．さらに実水圧鉄管に部分孔食を模擬した有限要素モデル（対称性を考慮して 1/8 のみ）を構築し，2種類の載荷方法（圧力漸増載荷，時刻歴圧力載荷）による弾塑性解析を実施した．

3．結果（提案式・適用範囲）

引張試験結果より，1) 平均ひずみ速度が大きいほど，降伏荷重および最大荷重は上昇すること，2) ひずみ速度の変化は最大荷重よりも降伏荷重に与える影響が大きいこと（図2），3) 孔食が深いほど変形性能が低下すること（図3），

引張試験体や水圧鉄管を模擬した有限要素解析より，1) 引張試験より得られた荷重－変位（応力－ひずみ）関係と解析結果は良好な対応関係を示したこと，2) 負荷遮断時の水圧は，降伏水圧の 1/4 程度であり安全であること，等を明らかにしている．

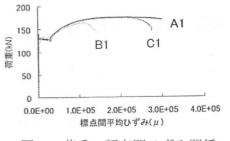

図2　荷重－評点間ひずみ関係

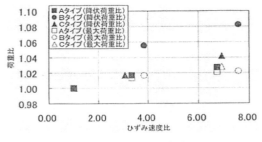

図3　荷重比－ひずみ速度比の関係

出典	松居伸明，吉田次男，新宅文造：鋼構造年次論文報告集，第 17 号, pp. 703-708, 2009.
キーワード	腐食，補修，炭素繊維シート，CFRP，鋼構造

| 大きなき裂損傷が発生した鋼桁橋の全体残存耐荷力に関する解析的検討 | No. 14 |

1．目的

実際にき裂が確認された鈑桁橋を対象に数値解析モデルを構築し，き裂損傷の無いモデルを用いて活荷重シミュレーションを実施し，き裂損傷部材に対して危険な荷重列を取り出し，さらにそれらの荷重列を用いた弾塑性有限変位解析を実施した．これより，き裂損傷を有する場合の残存耐荷力を調べるととともに，き裂損傷の影響を明らかにすることを目的とする．

2．検討対象

対象橋梁は昭和47年に竣工された3径間連続非合成鋼鈑桁橋（4主桁）であり，図1にき裂の発生状況を示す（き裂長さは約1.1m）．解析には有限要素プログラム EPASS-USSP を使用し，コンクリート床版は平面シェル要素を主桁，横桁などには梁要素を使用した．また，コンクリート床版と鋼桁との間にはずれ止め要素を導入した．

活荷重シミュレーションは，き裂部材のせん断力と曲げモーメントに着目し，これらが最大となる荷重列を探索した結果，曲げモーメントに着目した方が厳しいため，それを用いて残存耐荷力の検討を実施した．また，き裂解析時は，主桁のき裂部近傍を板要素でモデル化し，梁要素の接続には剛体要素を用いた（図2）．なお，解析ではき裂の有無を含めて全4種類のき裂（内1つは実際のもの）を仮定している．

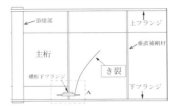

図1　き裂の発生状況

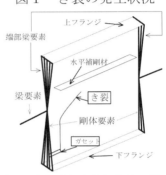

図2　梁要素と板要素の接続

3．結果（提案式・適用範囲）

1. き裂が主桁の腹板のみにある場合には，全体の耐荷力には大きな変化はなかった．これは下フランジにより荷重伝達がされること，および他の主桁に荷重が分配されることによるものと考えられる．
2. 腹板のき裂が下フランジを貫通した場合には，橋梁全体の耐荷力が約20%減少し，荷重倍率1.7の荷重レベルにおいて，たわみが27%増加し，道路橋示方書の許容たわみを満足しない結果となった．

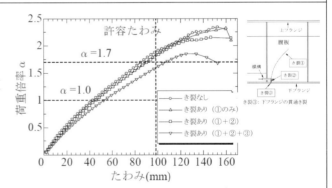

図3　荷重－たわみ曲線（一部加筆）

| 出　典 | 山口隆司, Kim In Ho, 北田俊行, 村本和之：鋼構造論文集，第16巻第63号，pp. 15-25, 2009 |
| キーワード | 疲労き裂，耐荷力，I桁橋，活荷重シミュレーション |

腐食した引張フランジを有するプレートガーダーの曲げ耐荷力	No. 15

1．目的

約100年間供用された鋼鉄道桁橋の腐食したウェブから切り出した板を引張フランジに用い，その他の部材には新規鋼材(SS400)を用いてプレートガーダーを作成し，その残存曲げ強度を実験的に解明した．

2．検討対象

腐食したプレートガーダーは，太平洋岸直近に架設されていたものであり，下フランジや支承部は著しく腐食しており，孔が開いている箇所も確認された．これらの状況を踏まえて，腐食が小さいウェブから切り出した板を供試体の引張フランジに使用して，2体の供試体を作成した．

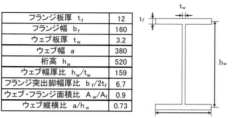

図1　供試体の寸法

図1に供試体の断面寸法を図1に引張フランジの板厚等高線を示す．引張フランジの平均板厚はどちらも同程度（No.1：8.64mm，No.2：8.95mm）であったが，No.1は中央左に局部的な孔食があり，No.2は全体的に腐食していた．試験は4点曲げ載荷試験とした．

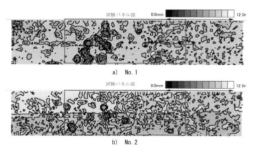

図2　引張フランジの板厚等高線

3．結果（提案式・適用範囲）

図3に曲げモーメントと桁中央のたわみ関係を示す．図より，両供試体ともにほぼ同じ耐荷力であることが確認される．また，シェル要素を用いた数値解析結果より，最高荷重では引張フランジのほぼ全域が降伏域に達していたことから，最終的には引張フランジが降伏した後，圧縮フランジの座屈によって崩壊したと考えられる．ただし，No.2は最高荷重後のたわみの増加に伴う耐力低下は小さく大きな変形能が確認できたのに対し，No.1ではき裂が引張フランジに発生して耐荷力が低下した．引張フランジに腐食損傷を有する桁の曲げ載荷実験結果から，孔食がある場合にはき裂が発生することを確認した．したがって，引張フランジが腐食した場合，No.1のような孔食に対しては，維持管理上注意すべきと考えられる．

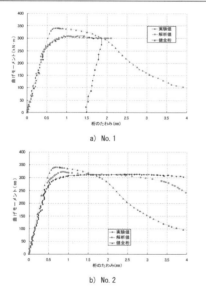

図3　曲げモーメントと桁中央のたわみ関係

出典	大中英揮，藤井堅，秋山晃一，時乗良彦：土木学会年次学術講演会講演概要集(CD-ROM)，第64号，I-098, pp.195-196, 2009
キーワード	腐食，維持管理，プレートガーダー，曲げ耐荷力，強度

腐食損傷を受けたリベット継手の力学的挙動に関する検討	No. 16

1．目的

腐食損傷を受けたリベット継手の残存強度およびその力学的挙動を実験的および解析的に検討する．

2．検討対象

損傷度，損傷パターン，載荷方向，継手面数の違い（一面せん断継手および二面せん断継手）および継手の崩壊モード6）が異なる場合（具体的には板厚を変化させる）について検討する．なお，本研究の実験で使用したリベット継手供試体は，リベットを有する新たな継手供試体を製作することが困難であったため，実際の橋梁から切り出したものを使用した．

3．結果（提案式・適用範囲）

結果：本研究では，リベットヘッドが腐食した場合を想定したリベット継手の力学的挙動および腐食損傷程度と継手強度との関係を，リベット1本のみの単純な継手モデルを用いた実験およびFEM解析によるパラメトリック解析により検討を行った．本研究で得られた主な結果を以下にまとめる．

1) 一面せん断継手では，特に支圧降伏が先行する継手において，リベットヘッドが無いような極度な腐食損傷の場合，残存強度が50%程度となる可能性がある．

2) リベットヘッドが半分程度残っている場合でも，腐食損傷形状（腐食損傷パターン③）によっては残存強度が80%以下となる場合もあるので注意が必要．

3) 厚板モデルでは，リベットヘッドが無くなるような極度な腐食状態でも，残存強度にほとんど影響しないことがわかった．

4) 二面せん断継手の場合，薄板モデルでは，リベットヘッドが無くなるような極度な腐食を受けた場合，最大強度で15%程度，降伏強度で12%程度低下する可能性があることがわかった．

5) リベットヘッドの両側が腐食損傷を受けた場合は，片側のみ腐食損傷を受けた場合に比べ，残存強度は低下する．

6) 引張力を受ける場合に比べ，圧縮力を受ける場合の方が，継手強度は大きくなる．また，一面せん断の薄板モデルの継手に関してのみ，腐食損傷を受けると，引張と圧縮の強度比は大きく異なり，引張を受けた場合，強度低下が著しいことがわかった．

適用の範囲：本検討では，リベット一本のみの単純な継手モデルによる検討を行ったが，実際のリベットを使用した組立部材や継手部は，数本のリベットによって構成されている．今後は，そのような複数本のリベットを用いた組立部材や継手部において，リベットに重度な腐食が生じた場合の耐荷力の検討を行う必要がある．

出典	橋本国太郎，山口隆司，三ツ木幸子，杉浦邦征: 構造工学論文集, Vol.56A , pp. 756-765, 2010
キーワード	リベット接合継手，腐食，残存強度

鋼道路橋の腐食した桁端の耐力特性とその設計法に関する2，3の考察	No. 17

1．目的

本研究では，桁端部のウェブと支点上補剛材の下端に着目し，腐食により断面が欠損（板厚ゼロ）する場合をモデル化し，腐食による桁端下端部の各位置の断面欠損が支点付近の静的耐荷力（以下，耐力と略す）に与える影響を弾塑性有限変位解析により調べている．さらに，従来の設計により算出される設計耐力は，解析結果から大幅に安全側となることを示し，腐食した桁端下端部の合理的な設計法を考察している．

2．検討対象

平成6年版の標準設計4)から，主要幹線道路橋に対する，下記の諸元を有する単純プレートガーダー橋（設計番号0240）を検討対象としている．

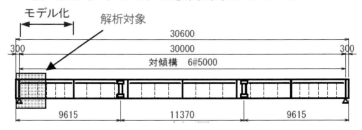

	幅(mm)	厚さ(mm)	材質
支点上補剛材	155	14	SS400
ウェブ板厚	—	9	SM490Y
固定側ソールプレート	330*	22	SS400

*橋軸方向

3．結果（提案式・適用範囲）

（1）解析結果から得られた健全タイプの耐力（最大荷重）は，H14道示で想定されている耐力（許容値の1.7倍）の約1.3倍になった．（2）解析から得られた最大荷重を比較すると，両側の補剛材の下端が欠損したタイプでは，健全モデルに対して約4割と極端に低下するが，補剛材断面がゼロのケースでも，約4割の耐力を示すという結果になった．（3）解析対象とした全てのケースで，最大荷重到達後，支点上の桁端下端部のウェブと補剛材に降伏と局部座屈が起きていた．H14道示では，支点上補剛材の設計は柱として設計することが規定され，スカラップが大きい場合など，下端部の断面積が小さい場合に，支圧応力度の照査を行うことが解説で示されているが，支点直上の断面照査では，局部座屈の視点から許容値を設定することが妥当．支点直上の耐力に対するウェブの寄与は従来考えられたものより大きいことが考えられ，また，補剛材の下端が断面欠損しても，支点直上の耐力は補剛材の断面積に比例して低下するものではないと考えられる．そのため，ウェブの有効幅と全有効断面積に対して設けられた補剛材の1.7倍という制限について再検討することが望まれる．今後の課題として，支点上補剛材の設計法を確立するためには，下フランジ，ソールプレートおよび支承の構造詳細（線支承の載荷位置の検討含む）が桁端の耐力特性について与える影響を幅広く検討するとともに，腐食範囲の高さ方向の変化，腐食部位の組み合わせ，荷重載荷方法，初期不整と残留応力などについても検討し，一般化する必要がある．また，実験による妥当性の確認，疲労の視点からの桁端の耐力特性についても検討する必要がある．

出典	臼倉誠，金銅晃久，山口隆司，畠中彬，三ツ木幸子，橋本国太郎，杉浦邦征：構造工学論文集，Vol.56A, pp. 722-732, 2010
キーワード	桁端部　腐食　耐荷力　補剛材　FEM解析　道路橋示方書　設計法

| まくらぎ下の上フランジに局部腐食を有する桁の残存耐荷力 | No. 18 |

1．目的
鋼鉄道橋の架け替え理由の中の「変状によるもの」の第1番目の原因が「腐食」であり，その最大の腐食発生箇所となっている「まくらぎ下の主桁上フランジの腐食」に着目して，当該腐食が主桁の耐荷力に及ぼす影響を把握することを目的とした．

2．検討対象
「まくらぎ下の上フランジの腐食」が主桁の耐荷力に及ぼす影響については，①腐食範囲の上フランジに桁曲げモーメントによる直応力が作用した場合の同フランジの局部座屈耐力の低下と，②まくらぎを介して局所荷重が載荷されることによる局部腐食箇所の直接載荷耐力の低下の2種類があり，本論文では，②を対象に検討を行った．

図-1 まくらぎ下の上フランジの腐食

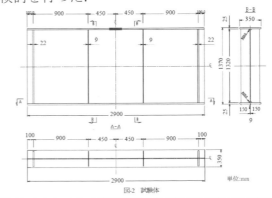

図-2 試験体

3．結果（提案式・適用範囲）
（提案式）

$$P_u = P_\sigma + P_w + P_f$$

$$P_\sigma = \sigma_{pcr} c d_w$$

$$P_w = \frac{2M_w}{\alpha_0 \cos\theta}\left\{2\beta_1 + c_0\left(1 - \overline{\sigma}_{pcr}^2/\sigma_{yw}^2\right) - \eta\right\}$$

$$P_f = 4M_f / \beta_1$$

ここで，
P_u：局所荷重下の桁の耐荷力
P_σ：ウェブの座屈強度
P_w：座屈後強度
P_f：フランジの塑性強度
β_1：フランジ塑性ヒンジ間の距離，
θ：ウェブの塑性変形角度
α_0：ウェブの塑性ヒンジ線間の距離，
η：ウェブ幅で塑性ヒンジ線長$2\beta_1$の補正長
M_f：フランジ塑性モーメント
M_w：ウェブの単位長さ当たりの塑性モーメント

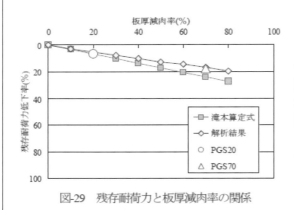

図-29 残存耐荷力と板厚減肉率の関係

局所荷重を受けるまくらぎ下の上フランジに局部腐食を有する桁の残存耐荷力は，既存の滝本の耐荷力算定法を用いて評価可能であり，この算定法により残存耐荷力低下曲線を提案した．この曲線は，有限要素解析結果および実験結果と比較すると，概ね安全側の評価となることがわかった．今後は，曲げの影響も考慮に入れた検討を行い，より汎用性のある耐荷力算定式や残存耐荷力曲線を提案することを今後の課題としたい．

出典	中山太士, 岡本章太, 近藤拓也, 藤井堅, 松井繁之：構造工学論文集, Vol. 56A, pp. 145-156, 2010
キーワード	まくらぎ, 腐食, 鋼鉄道橋, 終局強度

耐候性鋼橋梁の断面部位別の腐食特性とその評価に関する一考察	No. 19

1．目的

飛来塩分や降雨による付着塩の洗い流し等の腐食環境因子が無塗装耐候性橋梁の断面の腐食分布に及ぼす影響を調査し，無塗装耐候性橋梁の断面部位別の腐食特性を環境因子から評価する方法を見つけ出すことを目的とした．

2．検討対象

無塗装耐候性橋梁の場合，桁端や支承部付近では，その標準的仕様として部分塗装を施すことが一般的であることから，本研究では当該部位以外の径間部の腐食特性を評価対象とした．

本研究では，海からの卓越風向が明確な平野部に位置し，障害物による風の局部的な乱れが少なく，飛来塩分が多く，比較的厳しい環境に建設された耐候性鋼橋梁を対象に腐食特性を調査した．

3．結果（提案式・適用範囲）

・海からの卓越風向が一定で，飛来塩分が主要な腐食因子となる環境に建設された橋梁の腐食挙動は，桁周辺の風の流れによる影響を顕著に受ける．
・海からの卓越風向が一定となる環境では，橋梁付近の飛来塩分は風速のべき乗で表現できる．($C = kV^p$)
・海からの卓越風向が一定となる環境では，橋梁断面周辺の飛来塩分の比率がほぼ一定であると仮定すれば，飛来塩分の部位別係数を定義できる．
・1年曝露試験片の腐食量は，飛来塩分と相関が高い．
・飛来塩分以外の温湿度やぬれ時間などの腐食への影響は，桁端部や支承部近傍を除いた橋梁周辺の局部的な環境よりも，場所の異なる地域環境によるばらつきの方が大きい．

以上のことから，
「橋梁建設予定地の海からの卓越風向が明確であり，なおかつ桁端部や支承部のような部分塗装が推奨される部位以外では，飛来塩分以外の環境因子が腐食にほぼ同程度の影響を与えると，予想される場合には，飛来塩分の部位別係数と，飛来塩分と腐食減耗量の関係を同定することにより，各部位の腐食特性を評価できる可能性がある．」

出　典	岩崎英治，鹿毛勇，加藤真志，中西克佳，丹羽秀聡：土木学会論文集 A Vol.66 No.2, pp. 297-311, 2010
キーワード	飛来塩分，橋梁鋼桁，耐候性鋼，腐食評価

| 端部パネルの局部腐食をもつI形断面桁のせん断耐力に関する考察 | No. 20 |

1．目的

腐食による残存耐荷性能に関する研究は比較的少ない．道路橋示方書においても耐久性に関する規定は導入されているが，腐食の程度と耐荷力の関係は言及されていない．また，鋼構造物の残存耐力および性能回復に関するマニュアル，点検・診断・対策に関する書籍が出版されているものの，現状ではさらなる将来の劣化予想に関する研究が不十分であると考えられる．特に，桁端部付近が腐食されると，端部パネルのせん断耐荷力および支承部の局部耐力に

写真-1 港湾鋼構造物の端部局部腐食の事例[5]

影響を及ぼすことが明らかにされているが，実際の腐食状態を反映し，様々な腐食形状を考慮した終局耐力に関する研究は少ないと言える．

本研究では，様々な局部腐食形状を有する主桁端部パネルのせん断耐力の把握を目的とした．

2．検討対象

本研究では，腐食が主桁端部パネルのせん断耐力に及ぼす影響を検討の対象とし，支点部の局部耐力については対象外とした．

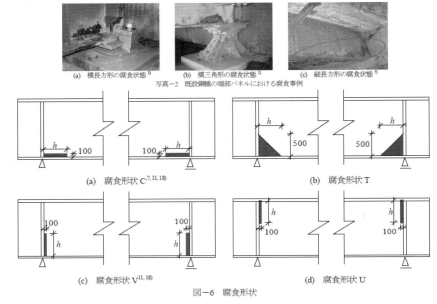

写真-2 既設鋼橋の端部パネルにおける腐食事例
(a) 横長方形の腐食状態[3]　(b) 横三角形の腐食状態[1]　(c) 縦長方形の腐食状態[5]

(a) 腐食形状 C[7,11,18]　(b) 腐食形状 T
(c) 腐食形状 V[11,18]　(d) 腐食形状 U

図-6 腐食形状

3．結果（提案式・適用範囲）

1) 上フランジから支承部に向けて縦長方形の局部腐食が発生した場合，せん断耐力が必ず低下すること，他の腐食タイプでは断面欠損が生じてもただちに耐力の低下とならないことが分かった．
2) 上フランジから支承部に向けて縦長方形の局部腐食が発生した場合，局部腐食により斜張力場が形成されず，端部パネルの終局モードがせん断降伏へ移ることを確認した．以上を総括し，本研

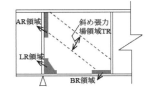

図-14 端部パネルにおけるクリティカルな部分

究では，局部腐食が端部パネルにクリティカルな影響を与える部分を模式的に提示した．その結果，上フランジから支承部に向けた縦長方形の腐食形状が最もクリティカルな部分であり，他の腐食状態についてはせん断耐力の変動は小さいものとなった．

| 出　典 | 劉翠平, 宮下剛, 長井正嗣: 構造工学論文集, Vol. 57A, pp. 715-723, 2011 |
| キーワード | 鋼橋, プレートガーダー, せん断耐力, 均一腐食, 有限要素解析 |

腐食した鋼板の鋼板接着による性能回復	No. 21

1．目的
　本論文では，性能回復の対策効果を定量的に把握するため，同じ模擬腐食表面形状を有する供試体を多数作成して，同じ腐食形状下で性能回復した場合としない場合の比較や性能回復対策における種々の因子の効果について，実験的に調べるための手法について提案する．

2．検討対象
　今回の実験で用いた腐食部材(母材)の寸法は，長さ1m，幅100mm，板厚11.7mmである．母材の中心付近の長さ400mmの領域を腐食区間とし，母材の板表面にボールエンドミルにより削孔して，人工的に腐食表面を作り，これを当て板(局所型:板厚(t=3.1, 2.3mm)，一様型:板厚(t=2.3mm))で補修あるいは補強して実験した．母材の鋼種はSS400である．腐食表面は，供試体の中央付近が集中的に腐食している「局所型モデル」と，供試体全体にわたってほぼ一様に腐食している「一様型モデル」の2種類の腐食表面を作成した．当て板接着に使用した接着剤は，2液混合型金属接着用エポキシ樹脂系接着剤である．

3．結果（提案式・適用範囲）
(1) 腐食表面作成プログラムを削孔機に組み込むことにより作成した腐食の凹凸を考慮した腐食表面は，単純な板厚減肉よりも実際の現象に近い性能回復実験を行うことができる．

(2) 静的引張試験を通して，接着剤を用いた当て板補強は，腐食した鋼板の性能回復に適用できる．今回は，当て板の板厚と接着面積について性能回復効果を検討したが，本手法により種々の回復要因についてパラメトリックな実験的検討が期待できる．

(3) 引張試験から，最終的な破壊位置は母材の最小断面積付近で発生した．このとき，当て板補強を施した場合でも，無補強の場合と同じ位置で同じ破壊状態となった．

(4) 板厚が3.1mmの当て板で補強した供試体は，板厚が2.3mmの当て板で補強した場合より，当て板端部に生じる応力集中が大きく，早い段階で当て板が剥離することがわかった．その結果，剥離が低い荷重で進行し，終局強度は当て板の板厚が2.3mmの場合の方が大きくなった．このことから，厚い板を当て板に使用することが必ずしも有利ではないことがわかった．また，薄い当て板を使用した場合には，接着強度が大きければ伸び能力を改善できることがわかった．

(5) 最高荷重を越えて当て板の剥離が進展し，当て板が母材の最小断面積位置まで剥がれた後は，荷重-ひずみ曲線は補強していない供試体(無補強)とほぼ同じ挙動となる．ただし，それまでに塑性変形が進展している場合には，荷重-ひずみ曲線は無補強の曲線を塑性ひずみ分だけひずみを平行移動させた形となる．

今後，実設計に向けては多数の基礎データの蓄積が必要である．また，当て板の剥離対策や養生条件等についても今後検討すべき課題である．

出　典	森下太陽，藤井堅，森田和也，堀井久一，中村秀治：構造工学論文集，Vol.57A，pp. 747-755, 2011
キーワード	性能回復技術，当て板，接着剤補修，腐食鋼板

腐食劣化した鋼I桁のせん断耐荷力実験	No. 22

1．目的
橋梁の維持管理を適切かつ合理的に行っていくためには，実際の腐食パターンや腐食量と残存耐荷力の関係を明確にして，橋梁が有す耐荷力や耐久性を適切に評価する必要がある．本実験は過酷な腐食促進環境下で約30年間自然曝露された鋼I桁橋から撤去回収した腐食部材を用いて，腐食分布特性が耐荷力特性に及ぼす影響を調査する目的で，実物大スケールの主桁ウェブに着目したせん断耐荷力実験を行ったものである．

2．検討対象
鋼I桁橋で最も腐食しやすい構造部位はせん断力の卓越する桁端部である．よって，本実験では腐食劣化した鋼I桁のせん断耐荷力に着目して実験を行った．

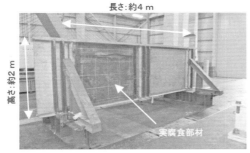

写真―1　鋼I桁試験体

3．結果（提案式・適用範囲）
鋼I桁橋のせん断残耐荷力は，ウェブ断面積減少での評価でなく，桁位置や構造部位で異なる腐食分布特性を考慮した評価が必要であると考える．

TypeA（健全相当）

TypeB（ウェブ下端部卓越）

TypeC（HS&ウェブ下端卓越）

写真―4　せん断座屈状況（実験終了時）

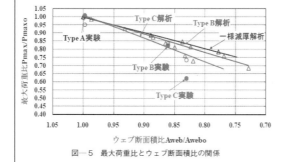

図―5　最大荷重比とウェブ断面積比の関係

出　　典	小野秀一：建設の施工企画，pp.68-70, 2011
キーワード	鋼橋，プレートガーダー，桁端，ウェブ，せん断耐力，自然曝露

鈑桁端部の支点上のウェブと補剛材の下端腐食範囲の違いがその耐力特性に及ぼす影響	No. 23

1．目的

維持修繕業務においては，腐食による断面部分欠損が桁端部の耐力低下に及ぼす影響を定量的に把握することは，耐力評価など修繕対策の検討において重要であり，そのため本研究では，何種類かのウェブおよび補剛材下端の欠損範囲のケースを想定して検討を行うことにより，桁端部の断面欠損による耐力低下特性を詳しく把握することを目的とした．

2．検討対象

実務設計で一般的に参考および適用されてきた平成6年版の標準設計の中から，主要幹線道路橋に対する単純プレートガーダー橋を検討対象とし，下図に示す欠損パターンに着目して検討した．

図－5 解析モデルと欠損パターン

3．結果（提案式・適用範囲）

本研究によって得られた結果は以下の通り．

(1) ソールプレートの形状について，可動側ソールプレートの場合と固定側ソールプレートの場合とで，ベースモデルおよび欠損10mmの各モデルを比較した結果，最大耐力の差は大きい場合でも5%にとどまった．(2) 固定側ソールプレートおよび欠損高さ10mmのケースにおいて，欠損幅の大きさに限らず，最大荷重到達後，支点上の桁端下端部のウェブと補剛材に降伏と局部座屈が発生した．(3) ウェブ径間側欠損，ウェブ桁端側欠損，補剛材欠損の3ケースの崩壊メカニズムについて，降伏領域を中心とした応力状態および局部座屈の形状を確認した．欠損した範囲により，局部座屈が発生する起点が変化した．また，全欠損を除くウェブ桁端側欠損および補剛材欠損は最大荷重通過後に耐力低下，降伏領域の広がりおよび大きな局部座屈の形状が急変するのに対し，ウェブ径間側欠損については急変しなかった．ウェブ欠損範囲の位置が，ソールプレートの内側か外側かにより下フランジなどの鈑桁構成部材への応力負担が変化する．(4) 径間側と桁端側欠損範囲がソールプレート内に収まっている場合，載荷荷重に対してほぼ同じ変形を示す．一方，欠損範囲がソールプレートより外側にある場合，径間側欠損の場合にはウェブに応力分担している割合が高いのに対し，桁端側欠損の場合には補剛材に応力分担している割合が高いことを変形図より確認した．(5) 桁端側全欠損時のケースを除いて，欠損断面積による耐力低下率はほぼ比例関係にあった．(6) 固定側ソールプレートの補剛材両側欠損および桁端部全欠損のケースを除き，欠損高さ10mm，30mmと100mmとで座屈モードに違いが見られた．欠損高さ100mmの場合では，全体座屈の変形も確認された．補剛材両側欠損および桁端部全欠損のケースでは欠損高が増加されても，降伏領域および耐力に大きな変化が見られなかった．(7) 支点部を偏心しさせた結果，径間側全欠損を除いたケースにおいて，約10%～20%の耐力低下が確認され，また偏心している側に局部座屈が確認された．(8) 支承条件について，回転と回転拘束したベースモデルを比較した結果，荷重変位－曲線がほぼ同じ傾向を示したことから回転拘束による影響は小さいこと示した．

出 典	臼倉誠，山口隆司，豊田雄介，三ツ木幸子，金銅晃久: 構造工学論文集, Vol. 57A, pp. 724-734, 2011
キーワード	支点上補剛材，桁端腐食，耐力特性

| リベット頭部が腐食損傷したリベット集成I桁の曲げ挙動に関する実験的研究 | No. 24 |

1．目的
リベット集成I桁のリベット頭部腐食が耐荷力に与える影響を調査するため，リベット頭部の腐食損傷による桁の曲げ剛性変化，降伏挙動および残存耐荷力などの力学的挙動の変化を実験結果に基づいて検討した．

2．検討対象
- リベットの腐食損傷は，塗料の塗りが悪いリベット頭部付近で発生し進行することが多く，リベット頭部がほぼ全て無くなっていた損傷も報告されている．
- 部材組立てに使用される「とじ合わせリベット」のリベット頭部が無くなると，リベットの軸力が解放され桁の曲げ剛性が変化する．
- 撤去された鋼ランガー橋（55年間供用）のリベット集成I桁から供試体を切り出し，4点載荷による曲げ実験を実施した．リベット集成I桁には，目立った腐食損傷や疲労き裂は無く，健全な状態であったため，グラインダーによりリベット頭部を高さ方向に8割以上切削してリベット頭部の腐食損傷を模擬した．

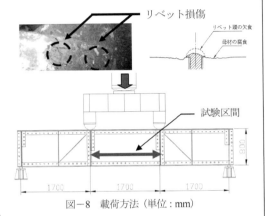
図－8 載荷方法（単位：mm）

3．結果（提案式・適用範囲）
- リベット頭部が損傷（Case2）しても，桁の降伏荷重の約40%までは，総断面曲げ剛性と同じ剛性を有する．降伏荷重時には，孔引きを考慮した設計断面より，高い曲げ剛性を有している．
- 下フランジでは，リベット頭部が損傷するとリベット継手の摩擦抵抗が減少し，リベットからの抜け出しとリベット孔による応力集中が発生し，健全状態（Case1）に比べて桁の曲げ剛性が約5%低下する．
- 荷重がある値以上となると，大きな抜け出しが発生してリベットが支圧状態となる．この抜け出し発生後は，損傷の有無による曲げ剛性の差は無く，リベット集成I桁の終局耐力への影響はないと思われる．
- 上フランジでは，リベット頭部が損傷しても，リベットと孔壁の支圧およびせん断により座屈を拘束の拘束力が存在する．

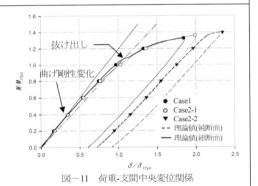
図－11 荷重-支間中央変位関係

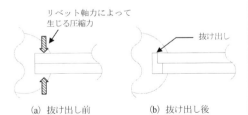
図－12 リベットからの抜け出し現象の概念図

| 出典 | 堀嗣輔，橋本国太郎，山口隆司，杉浦邦征，三ツ木幸子: 構造工学論文集 Vol.58A, pp.701-709, 2012.3. |
| キーワード | リベット集成I桁，腐食，曲げ挙動 |

実腐食分布を考慮したプレートガーターのせん断耐荷力特性	No. 25

1．目的

実橋の腐食損傷は，主桁位置，腹板高さ方向および補剛材周り等の構造部位別において異なった腐食特性が発現．実環境下で腐食分布が明確に得られているプレートガーターを対象とし，弾塑性有限要素解析を行い腹板の実腐食分布がせん断耐荷力特性に及ぼす影響を検討．

2．検討対象

- 28年間厳しい腐食環境にさらされていたプレートガーター橋（橋長35m，単純活荷重合成鈑桁，耐候性鋼 無塗装仕様）が著しい腐食損傷のために自然崩落（2009年）した．
- 腐食部材を撤去回収して超音波厚さ計による板厚計測した結果，海側の桁と山側の桁で，明瞭な腐食減厚分布の違いが見られた．
- 実腐食減厚タイプは，健全相当（Type A），腹板下端部卓越腐食（Type B），水平補剛材上部近傍と腹板中央・下端部卓越腐食（Type C）に分類した．
- 実橋の実腐食減厚モデルを作成し，弾塑性有限要素法による耐荷力解析を実施した．

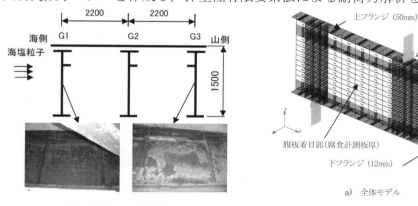

図1 断面図及び腐食状況　　図4 せん断試験解析モデル

3．結果（提案式・適用範囲）

- Type BおよびType Cでは，腹板の平均板厚の減少に伴い最大せん断力が低下する．平均板厚が同じ場合，Type Bに比べて Type Cの最大せん断力が低くなった．

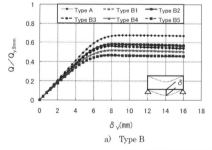
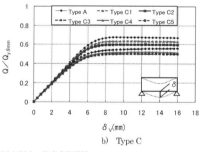

図6 実腐食減厚タイプ別せん断力－鉛直変位関係
a) Type B　　b) Type C

- Type Cでは，腐食減厚の厳しい水平補剛材近傍の腹板の面外変形，最大主ひずみ，相当応力がせん断荷重の初期段階から発生し，せん断荷重が増加するとともに増大する傾向を示した．最大せん断力は，腹板の平均板厚の減少に比例せず，極端に低下する場合があった．

出典	玉城善章，下里哲弘，有住康則，矢吹哲哉：鋼構造論文集,第19巻,第73号,pp.9-19,2012
キーワード	プレートガーター橋，腐食分布，せん断力，腹板

| 鋼橋桁端部腹板の腐食に対するＣＦＲＰを用いた補修工法の実験的研究 | No. 26 |

1．目的

鋼橋桁端部の腐食損傷を対象として，連続炭素繊維シート（CFシート）を用いた補修・補強工法の開発を進めている．本工法では，鋼材とCFシートの間に低弾性で破断伸びが大きいポリウレア系パテ材を挿入してCFシートを接着する．提案工法の補修効果を実験的に把握するため，腐食を模擬した断面欠損を腹板に与えたせん断供試体を製作してせん断座屈試験を実施した．

2．検討対象

- 鋼橋の腐食損傷は桁端部に多く発生しており，桁端部腹板パネルの断面欠損はせん断耐力の低下に，支点部の断面欠損は橋梁の支持機能の低下に結び付く．
- せん断供試体は，腐食を模擬した断面欠損を腹板に導入した．断面欠損は，腹板下端から50mmの高さで腹板の板厚を50％減少（G3シリーズ）と100％減少（G4シリーズ）させた．
- 試験ケースは，①無補強，②部分補強，③全面補強の3ケースとし，アクチュエーターを1台使用して3点載荷した．

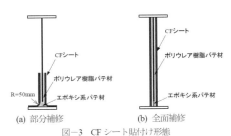

図－3　CFシート貼付け形態

3．結果（提案式・適用範囲）

- 腹板パネルの板厚減少量が異なるG3，G4シリーズでせん断座屈試験を実施した結果，無補強の鋼桁では，健全状態（Basler式のせん断耐力）に対して，耐力がそれぞれ10.4％，21.0％低下する結果となった．
- 断面欠損部にCFシートを部分的に貼付ける部分補修と腹板全面にCFシートを貼付ける全面補修で補強効果を比較した結果，最大荷重に達するまでCFRPに破断が生じることはなく，健全な状態の鋼桁のせん断耐力まで概ね回復することが分かった．
- 斜張力場の形成方向は，G3シリーズでは対角線方向となったのに対し，G4シリーズでは対角線方向よりも鋭角となった．

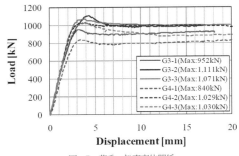

図－7　荷重－鉛直変位関係

図－12　供試体の終局状況（○：CFRPの初期破断位置）

| 出　典 | 奥山雄介，宮下剛，若林大，小出宣央，秀熊佑哉，堀本歴，長井正嗣: 構造工学論文集 Vol.58A, pp.710-720, 2012 |
| キーワード | 炭素繊維強化樹脂材料，せん断座屈，鋼桁，補修 |

第2編 耐荷力の推定と性能照査型維持管理およびモニタリング

鋼橋の腐食劣化メカニズムの解明と耐久性診断に関する研究	No. 27

1．目的
　本研究では腐食劣化鋼橋に対する実用的な耐久性診断法の提案を目的に，過酷な腐食促進環境下で約30年間曝された極限の腐食状態にある無塗装仕様の耐候性鋼プレートガーダー橋（以下，「暴露橋」）を研究対象に，実橋での腐食減厚調査，腐食環境調査，および暴露橋から採取した腐食鋼部材を用いた耐荷力実験により，腐食劣化した鋼桁橋の腐食減厚分布特性を明らかにする．また，腐食減厚分布と海塩粒子の飛来特性との相関を評価する．さらに，構造部位別の腐食減厚分布が鋼プレートガーダーの耐荷力に及ぼす影響について評価する．

2．検討対象
　本研究は，以下を検討の対象とした．
①過酷な腐食促進環境下において，28年間自然暴露された暴露橋に対する腐食環境調査（風向風速，温湿度，飛来塩分量，飛来塩分粒径）および腐食減厚調査（腐食外観，残存板厚計測，錆分析）．
②暴露橋での腐食減厚調査より，鋼プレートガーダーの構造部位の腐食減厚分布特性を解明．また，その腐食減厚分布（腐食マップ）を活用して，鋼橋の維持管理上の重点構造部位や留意事項などに着目した検討を行い，より合理的な腐食診断法を提案．
③暴露橋での腐食環境調査より，鋼プレートガーダーの桁内における海塩粒子の飛来特性を解明し，腐食減厚分布との関係を分析．また，暴露橋の模型桁を用いた流体実験を行い，海塩粒子の飛来特性を実験的に検証．
④暴露橋から採取した腐食鋼材を用いて製作した大型実験桁を用いて，せん断耐荷力実験および弾塑性FEM解析を実施．その結果より，腐食減厚分布と残存せん断耐荷力の関係を分析評価し，腐食劣化した鋼プレートガーダー橋の耐久性診断法を検討．

3．結果（提案式・適用範囲）
(1)暴露橋の腐食環境調査及び腐食減厚計測より，鋼プレートガーダーの構造部位別の腐食減厚分布特性を明確にした(図1)．また，桁内の飛来塩分流入特性と構造部位別の腐食減厚特性との関係を明らかにした（図2）．なお，腐食減厚計測には，本研究で提案した実橋で簡便に行える計測点数で且つ構造部位別の腐食減厚分布特徴を捉えられる超音波板厚計測法を適用した．
(2)腐食減厚分布特性を活用して，腐食環境の厳しい沿岸部の既設鋼橋に対する効率的かつ信頼性の高い点検，調査，診断技術および塩害リスクの低減を目指した維持管理上の留意点について示し，より合理的な腐食診断法を提案した．
(3)実腐食減厚分布を有する鋼桁腹板（図3）を用いて，実大試験体を製作し，大型載荷実験を行った．実験結果(図4)より，腐食鋼桁のせん断耐荷力特性は実腐食減厚分布の影響を受け，腹板下部腐食タイプは平均板厚を用いて座屈設計ガイドラインのせん断座屈評価式で評価が可能であるが，水平補剛材上部や腹板中央近傍の腐食タイプは評価できないことを示した．

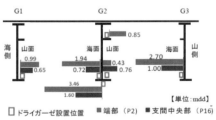

図2 海塩粒子の飛来特性

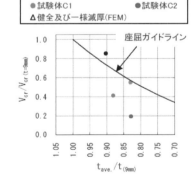

図4 せん断座屈強度と腐食減厚

出　典	下里哲弘，有住康則，押川渡，小野秀一，玉城喜章: 道路政策の質の向上に資する技術研究開発 成果報告レポート No.21-5，新道路技術会議，2012
キーワード	鋼橋，プレートガーダー，腐食環境調査，腐食減肉調査，海塩粒子飛来特性，せん断耐力，自然曝露

耐候性鋼橋梁の防食補修塗装法の実施に関する一考察	No. 28

1. 目的

耐候性鋼材に生成した強固な固着さびの除去は容易ではなく,耐候性鋼のさび面の付着塩分量を50mg/㎡以下にする具体的な方策がしめされていない.そこで,層状剥離さびが発生した耐候性鋼橋梁に対して,補修用素地調整およびさび中に内在する塩分の除去方法を検討するとともに,実橋梁への適用可能な補修塗装の方策を確立する.

2. 検討対象

- 耐候性鋼橋梁では,架設地点が海岸に近く飛来塩分の影響が大きい環境下や凍結防止剤を多く散布する地域で層状剥離さびが発生した事例が報告されている.
- 対象橋梁は,鳥取県日南町に1990年架設された単純非合成3主鈑桁の無塗装耐候性橋梁である.架設位置は,離岸距離が約35kmで冬季は凍結防止剤の散布が行われる積雪寒冷地域である.

写真-2 G1桁A2橋台側端部の外観

- 平成18年の点検により,桁端部の異常さびが発見された.異常さびの発生原因は,伸縮装置からの漏水が鋼桁にかかり,散布された凍結防止剤に含まれる塩分により異常さびの生成が助長されたものと考えられる.平成20年に本橋の補修塗装にRc-I塗装系を適用するための補修用素地調整およびさび中に内在する塩分の除去方法を検討した.

3. 結果(提案式・適用範囲)

- 補修用一次素地調整では除去できない孔食内のさびを除去するためには,補修用二次素地調整としてのブラスト法が有効である.
- 付着塩分除去は,水圧5MPa以上の水道水による水洗が有効であり,50mg/㎡以下とするためには補修用素地調整の各段階で素地調整面の付着塩分量の推移を把握し,施工管理することが重要である.

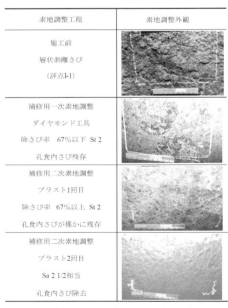

図-8 測定点b下フランジ下面の層状剥離さび部における各補修用素地調整段階の表面状態

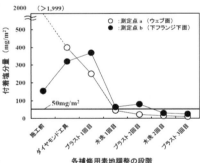

図-9 各補修用素地調整の段階における付着塩分量

写真-4 補修塗装の完工状況

出典	今井篤実, 山本哲也, 麻生稔彦: 土木学会論文集 A1,Vol.68,No.2,pp.347-355,2012.6.
キーワード	耐候性鋼橋梁,固着さび,素地調整,付着塩分,補修塗装

塗装補修された金属被覆鋼板の防食性能劣化特性に関する研究	No. 29

1．目的
 補修塗装時に活膜として残された残存金属皮膜が補修塗装後の防食性能に及ぼす影響を調査するため，酸性雨噴霧環境促進実験を行い，金属皮膜鋼板の塗装による補修性能と金属被覆＋塗装防食システムのライフサイクル性能を検討した．

2．検討対象

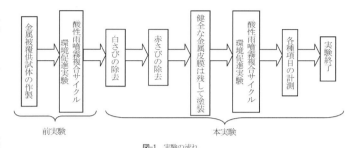

図-1 実験の流れ

- 金属被覆防食の防食機能は，金属皮膜の腐食特性に大きく依存することから，酸性雨環境下においては，その防食性能が著しく低下する場合がある．
- 劣化した金属被覆鋼板の再防食処理を行う際，塗膜に比べて強固な金属皮膜が存在することから，ブラストによる金属皮膜の完全除去が容易ではなく，健全な金属皮膜を残して補修塗装が行われていることが多い．
- 環境促進実験を行い劣化させた金属被覆鋼板（実験前）に，スイープブラストによるケレンを行い，補修塗装により再防食処理した供試体と新規の金属被覆鋼板に塗装した供試体を用いて，酸性雨噴霧環境促進実験を実施した．本実験では，溶融亜鉛めっき，亜鉛アルミ合金溶射，亜鉛アルミ擬合金溶射およびアルミ溶射の4種類の金属被覆鋼板を用いた．

3．結果（提案式・適用範囲）

- 残存溶融亜鉛めっきは，重防食補修塗装の防食下地として有益に作用する．
- 合金溶射と擬合金溶射の残存活膜を残しても防食下地として有利には作用しないが，活膜が残るスイープブラスト程度の素地調整で重防食のみの防食性能とほぼ同等の防食性能が得られる．
- アルミニウム溶射の残存活膜は塗膜による防食に悪影響を及ぼす．重防食塗装のみの防食性能と同等にするためには金属皮膜を完全除去する必要がある．
- 酸性雨下では，劣化金属被覆鋼板を溶射で補修するよりも，重防食塗装によって補修する方が，ライフサイクルコストを軽減できる可能性がある．

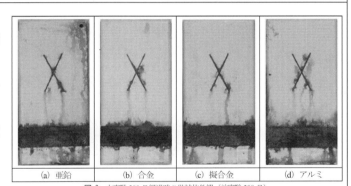

図-6 本実験300日経過時の供試体外観（前実験300日）
(a) 亜鉛　(b) 合金　(c) 擬合金　(d) アルミ

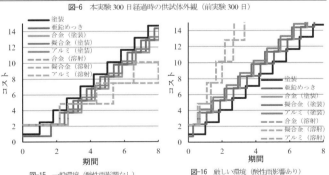

図-15 一般環境（酸性雨影響なし）　図-16 厳しい環境（酸性雨影響あり）

出典	伊藤義人，細井章浩，北根安雄，杉浦友樹，粟田光二: 土木学会論文集A1,Vol.68,No.2,pp.300-313,2012.6.
キーワード	補修塗装，環境促進実験，酸性雨，金属被覆

腐食損傷を有する縦横比の大きい圧縮鋼板の残存耐荷力評価法の検討	No. 30

1．目的

腐食損傷を有する縦横比の大きい鋼板の終局圧縮強度特性や腐食位置が終局強度に与える影響について，弾塑性有限変位解析を用いて定量的に明らかにしつつ，腐食位置が終局強度に与える影響を考慮した重み関数を用いた既往の残存耐荷力評価法（縦横比 $\alpha=1$ の場合にのみ適用）の適用範囲拡大を図り，より実際的な評価法の検討を目的とする．

2．検討対象（構造諸元，初期不整，腐食の板厚減少形態）

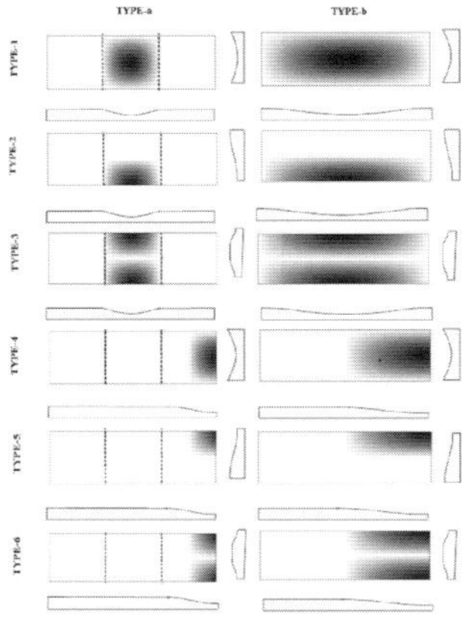

- 圧縮鋼板を対象として，縦横比 $\alpha=3$（長さ a=2100mm,幅 b=700mm），境界条件は周辺単純支持で一定とし，幅厚比パラメータ $\overline{\lambda_p}$ を 6 種類とする．鋼種は SM400 とし，鋼材は完全弾塑性体として応力-ひずみ曲線を仮定する．
- 残留応力は腐食前に板の載荷方向にのみ，自己平衡になるように矩形分布として残留引張応力度 $\sigma_{rt} = \sigma_Y$ および残留圧縮応力度 $\sigma_{rc} = -0.3\sigma_Y$ を導入する．初期たわみは最大値が板幅 b の 1/150 となる初期たわみを長さ方向に正弦 3 半波形で与える．
- 腐食形態は腐食領域の違いで TYPE-a と TYPE-b に分け，合計 12 パターンを与える．なお，TYPE-a と TYPE-b の最大腐食の位置は同じとなるように仮定し，最大減厚率 $\overline{C_t}$ は 10%,20%,30% とする．

図-5 板厚減少形態

3．結果（提案式・適用範囲）

- 腐食鋼板の終局強度の推定値 $\widetilde{N_u}$ は等価板厚 t_{eq} を用いて $\widetilde{N_u} = \left\{\left(\dfrac{\sigma_u}{\sigma_Y}\right)_{plate} \cdot bt_{eq}\right\}\sigma_Y$ と表せる．ここで，σ_u 終局平均圧縮応力，σ_Y は降伏応力，b は板幅，t_{eq} は等価板厚である．
- 終局強度式は文献 12) より 4 辺単純支持板の圧縮強度の下限値曲線として

$$\left(\dfrac{\sigma_u}{\sigma_Y}\right)_{plate} = \begin{cases} 1.0 & ,(\bar{\lambda}_{p,eq} \leq 0.453) \\ (0.453/\bar{\lambda}_{p,eq})^{0.495} & ,(\bar{\lambda}_{p,eq} \geq 0.453) \end{cases}$$

を用いる．

ここに，$\bar{\lambda}_{p,eq}$ は $\bar{\lambda}_{p,eq} = \dfrac{b}{t_{eq}}\sqrt{\dfrac{\sigma_Y}{E}\cdot\dfrac{12(1-\nu^2)}{\pi^2 k}}$ で表される腐食鋼板の等価幅厚比パラメータである．

- t_{eq} は腐食鋼板から n 個の板厚測定データについて，任意の測定点 i の座標を (x_i, y_i)，板厚を $t(x,y)$ とし，$t_{eq} = \dfrac{\sum_{i=1}^{n} t(x_i, y_i)\cdot w(x_i, y_i)}{n}$ と定義する．

- 重み付き平均板厚の値は腐食鋼板を格子状に分割した場合に一辺の分割数 d に依存し，d が 20 以上であれば変動は 3%以内であるが，d が 20 以下の場合は板厚を小さく推定するため，残存強度を過度に安全側に評価することに留意する必要がある．

- 縦横比 $\alpha=3$ の場合で残存耐荷力の推定値の誤差はほぼ $\pm 5\%$ 程度であるが，特定の腐食タイプや幅厚比パラメータの小さい領域と大きい領域で危険側の評価となる傾向が表れている．

出　典	SYPHAVANH Songkeo，奈良敬: 鋼構造年次論文報告集, 第 20 巻, pp. 253-260, 2012
キーワード	残存耐荷力，重み関数，等価板厚，腐食鋼板，腐食位置

鋼トラス橋格点部の腐食損傷と圧縮耐荷力に着目した載荷試験	No. 31

1．目的

鋼トラス橋の格点部に着目し，撤去部材を活用して腐食による板厚減少量の調査を行うとともに，圧縮耐荷力に着目した載荷試験を行い，破壊性状や残存耐荷力について検討した結果を報告するものである．（（独）土木研究所・早稲田大学・首都大学東京の共同研究として実施）

2．検討対象

【対象橋梁・部材】

鋼5径間連続下路式トラス橋（昭和37年建設，）で，著しい腐食欠損等により平成21年度撤去された銚子大橋のうち，圧縮力を受ける場合のガセットの残存耐荷力について検討することとし，上弦材（P25d）の格点部を対象としている．

【腐食量計測】

部材を切出して塗膜除去後，レーザー変位計を組み込んだ表面粗さ計測装置を用いて腐食量計測（計測ピッチ：1mm）を実施．腐食は外面よりも内面の方が著しく，特に内面の斜材先端のガセット及びガセットと重なる部分の斜材で腐食が著しい．

【載荷試験】

それぞれの斜材に圧縮荷重および引張荷重を漸増載荷する2軸載荷で圧縮・引張ともに荷重増分は同じとした．ただし，引張側は1500kNを上限として固定し，以降は圧縮側のみ荷重を増加させて圧縮力に対する破壊挙動を計測した．

【FEM解析】

格点部および載荷試験用の取付架台をシェル要素，リベットを線形バネ要素でモデル化した解析モデルについて，弾塑性有限変位解析を弧長増分法により実施．解析ケースは，腐食のモデル化により，腐食のない健全ケースと，腐食量計測結果を基に腐食を考慮した腐食ケース（2ケース）の合計3ケースとした．

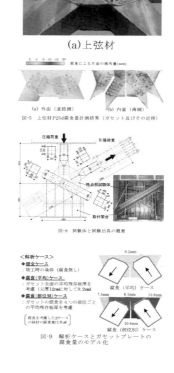

3．結果（提案式・適用範囲）

載荷試験の荷重-変位曲線から最大荷重3598kNとなりガセットの面外変形の進行に伴い耐力を喪失した．斜材のリベット接合部における降伏耐荷力は4516kNであり，最大荷重時には降伏せず，FHWAガイダンスによる局部座屈に対する耐荷力算定値は2006kNであり，試験結果よりも安全側の評価であるもののかなりの差が生じている．解析結果との比較では，最大荷重についてガセットの平均的な減厚の比率に概ね近い

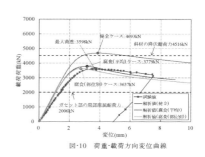

値を示し，ガセットの残存板厚を部位毎に細かく考慮した方が試験値に近づく傾向が見られた．

出　典	澤田守，村越潤，遠山直樹，依田照彦，野上邦栄：土木技術資料，第54巻，第12号，pp.42-45，2012
キーワード	記載なし

損傷を有する既設道路橋の耐荷力評価手法の開発	No. 32

1．目的

国総研道路構造物管理研究室では，確実かつ合理的な方法による維持管理を実現するため，損傷を有する既設道路橋の現有性能及び補修・補強効果の評価手法について検討しており，既設道路橋の耐荷力評価に用いる解析モデル化手法について検討した報告である．

【設計における仮定と実際の構造物との違い】

損傷部材の現有性能を適正に評価するため，実構造物における損傷を考慮した耐荷力機構を算出するモデル化手法と，安全余裕を担保できる照査方法が課題となっている．

2．検討対象

【損傷のモデル化方法】

PCT桁橋の目地の開きやひび割れ等によるPC鋼材の腐食によりプレストレス量が低下し，設計活荷重下で主桁に曲げひび割れが生じている場合のモデル化の違いの影響を確認した．解析ケースは，ひび割れを線インターフェース要素・PC鋼材を2接点ばね要素として表現した「ひび割れモデル」と，剛性を想定した損傷時のたわみに合うように低下させた「剛性低下モデル」の2

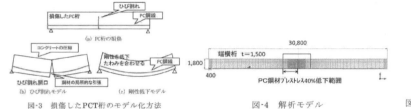

図-3 損傷したPCT桁のモデル化方法　　図-4 解析モデル　　図-5 損傷設定方法（ひび割れモデル）

ケースで比較した．

3．結果（提案式・適用範囲）

ひび割れモデルにおいては，PC鋼線軸方向応力度が損傷位置で局所的に大きくなっているが，剛性低下モデルでは局所的な応力状態が得られず，ひび割れ位置に相当する箇所よりも20%程度小さい応力度となっている．

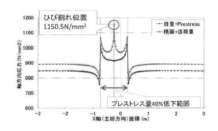 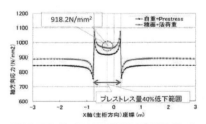

図-6　PC鋼材の軸方向引張強度（ひび割れモデル）　　図-7　PC鋼材の軸方向引張強度（剛性低下モデル）

出　典	玉越隆史，石尾真理：土木技術資料，第54巻，第5号，pp. 46-47，2012
キーワード	記載なし

腐食劣化の生じた橋梁部材の耐荷性能評価手法に関する共同研究報告書 -腐食の生じた鋼トラス橋格点部のFEM解析-	No. 33

1．目的
　トラス格点部の耐荷力を安全側に簡易に評価する算定式の提案を目的として，弾塑性有限変位解析の結果と，既往研究で報告されているトラス格点部の耐荷力算定式の結果を比較し，算定式の妥当性等について検討を行うものである．

2．検討対象
　ガセットと斜材の破壊性状について，以下の6項目の事象に対する耐荷力評価式を検討．
①リベット部の破壊
②最縁リベット部におけるガセットの降伏・破断
③ガセットのブロックせん断破壊
④斜材の降伏・破断
⑤圧縮材端部におけるガセットの局部座屈
⑥ガセットのせん断降伏

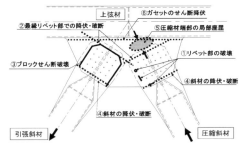
図-4.2.1 トラス格点部において想定される破壊性状

3．結果（提案式・適用範囲）
①リベット部の破壊

(a)リベットのせん断破壊（P_{ry}）：$P_{ry} = \frac{1}{\sqrt{3}} f_u n A_r$

(b)リベット孔間または縁端の端抜け破壊（P_{ru}）：$P_{ru} = L_c t f_u$

②最縁リベット部におけるガセットの降伏・破断

(a)最縁ボルト部のガセット降伏（P_{gy}）：$P_{gy} = A_e f_y$, $A_e = L_e t$

(b)最縁ボルト部のガセット破断（P_{gu}）：$P_{gu} = A_s f_u$

③ガセットのブロックせん断破壊（P_{gbs}）：

$A_{tn} \geq \frac{A_{vn}}{\sqrt{3}}$ の場合→$P_{gbs} = \frac{1}{\sqrt{3}} f_y A_{vg} + f_u A_{tn}$ ， $A_{tn} < \frac{A_{vn}}{\sqrt{3}}$ の場合→$P_{gbs} = \frac{1}{\sqrt{3}} f_u A_{vn} + f_y A_{tg}$

④斜材の降伏・破断

(a)引張・圧縮斜材の降伏（P_{dy}）：$P_{dy} = f_y A_g$

(b)引張・圧縮斜材の破断（P_{du}）：$P_{du} = f_u A_s$

⑤圧縮材端部におけるガセットの局部座屈（P_{gcr}）：$P_{gcr} = f_y A_g (\bar{\lambda} \leq 0.2)$,
$P_{gcr} = (1.109 - 0.545\bar{\lambda}) f_y A_g (0.2 < \bar{\lambda} \leq 1.0)$, $P_{gcr} = (1.0/(0.773 + \overline{\lambda^2})) f_y A_g (1.0 < \bar{\lambda})$

⑥ガセットのせん断降伏（V_{gsy}）：$V_{gsy} = \frac{1}{\sqrt{3}} f_y A_g$

＜FEM解析と評価式算定値の比較＞
　比率が0.95～1.00程度であり，概ね一致している．

出典	共同研究報告書第429号平成24年1月（国立研究開発法人土木研究所） 腐食劣化の生じた橋梁部材の耐火性能評価手法に関する共同研究報告書
キーワード	鋼トラス橋，格点部，腐食，破壊性状，耐荷力評価，弾塑性有限変位解析

腐食鋼板の応力状態の考察と要求精度に応じた残存引張強度評価式の構築	No. 34

1．目的

腐食鋼部材の引張に対する残存保有性能について，幅の大きい腐食供試体の引張強度試験と非線形有限要素解析を行い，より一般性の高い残存強度評価法の確立を目的としている．また，有効板厚を算出する現場計測について，多点計測による導出手法，計測が容易である最少板厚による導出方法，更に計測が容易な最大孔食直径による導出方法を提案・検証する．

2．検討対象

- 供試体は，船越運河橋の対傾構から切り出した腐食鋼板12体と，穴内川橋のフランジから切り出した腐食鋼板18体で，板厚12.16mmのSM490A鋼材を両端に全面溶け込み溶接した腐食供試体とし，腐食鋼板試験片の表面形状測定を実施した．
- MSC/MARCを用いた非線形有限要素解析とし，腐食表面形状を3次元8節点アイソパラメトリック任意形状6面体要素(HEX8)を用いた．

3．結果（提案式・適用範囲）

＜最小板厚および板厚標準偏差からの評価式＞

（降伏荷重）最少平均板厚t_{min_ave}を用いて以下の式で評価（決定係数 R^2：0.99）．

$$P_y = t_{eff\_y} \times b \times \sigma_y, where\ t_{eff\_y} = t_{min\_ave}$$

（最大引張荷重）σ_tは板厚標準偏差，$c_\sigma(=0.70)$は腐食程度が有効板厚に及ぼす影響を表す最小二乗フィッティングの係数で評価（決定係数 R^2：0.98）．従来手法で危険側であった予測を改善．

$$P_u = t_{eff\_u} \times b \times \sigma_u, where\ t_{eff\_u} = t_{min\_ave} - c_\sigma \sigma_t$$

＜初期板厚および最小板厚からの評価式＞

（降伏荷重）初期板厚t_0と最小板厚t_{min}，降伏荷重の有効板厚に最小板厚が及ぼす影響を表す係数$c_{ty}(=0.38)$を用いて以下の式で評価（決定係数 R^2：0.93）．

$$P_y = t_{eff\_y} \times b \times \sigma_y, where\ t_{eff\_y} = (1-c_{ty})t_0 + c_{ty}t_{min}$$

（最大引張荷重）最大引張荷重の有効板厚に最小板厚が及ぼす影響を表す係数$c_{tu}(=0.51)$を用いて以下の式で評価（決定係数 R^2：0.92）．推定される強度の誤差は1%前後である．

$$P_u = t_{eff\_u} \times b \times \sigma_u, where\ t_{eff\_u} = (1-c_{tu})t_0 + c_{tu}t_{min}$$

＜初期板厚および最大孔食直径からの評価式＞

（降伏荷重）初期板厚t_0と最大孔食直径D，降伏荷重の有効板厚に最大孔食直径が及ぼす影響を表す係数$c_{Dy}(=0.084)$を用いて評価（決定係数 R^2：0.86）．やや精度は落ちるが簡便性から有用．

$$P_y = t_{eff\_y} \times b \times \sigma_y, where\ t_{eff\_y} = t_0 - c_{Dy}D$$

（最大引張荷重）最大引張荷重の有効板厚に最大孔食直径が及ぼす影響を表す係数$c_{Du}(=0.098)$を用いて評価（決定係数 R^2：0.84）．やや精度は落ちるが，比較的高い精度が得られている．

$$P_u = t_{eff\_u} \times b \times \sigma_u, where\ t_{eff\_u} = t_0 - c_{Du}D$$

出　典	全邦釘，池田裕幸，海田辰将，古川清司，大賀水田生：土木学会論文集 A2（応用力学），Vol.69，No.2（応用力学論文集 Vol.16），pp. I_665-676，2013
キーワード	*corrosion, corroded steel plate, residual tensile strength, residual yield strength, effective thickness, surface profile measurement*

腐食劣化した高力ボルト摩擦接合継手の残存耐荷力に関する研究	No. 35

1．目的

高力ボルト摩擦接合継手の腐食劣化後のすべり係数，すべり耐力，および降伏耐力などの残存耐力と接合面内の腐食状態との関係性を明らかにすることを目的とし，高力ボルト摩擦接合継手の腐食促進試験を行い，腐食性状の調査を行った後，載荷試験を実施した．

2．検討対象

図-1 腐食促進試験装置の概要

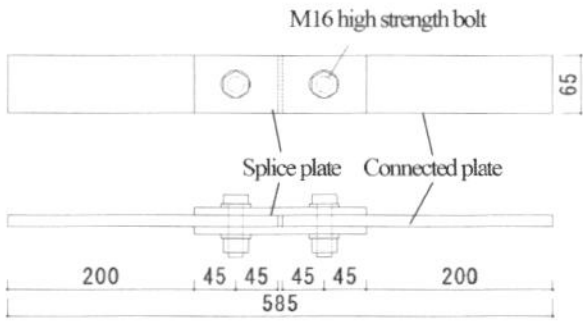

図-4 実験供試体の概要（単位：mm）

- 実験供試体には，1)基本ケースとして無塗装の継手（A シリーズ：24 体），2)外面のみ塗装を施した継手（B シリーズ：9 体），および 3)外面と接合面内に塗装を施した継手（C シリーズ：13 体）の 3 種類を用意して実験を行った．
- 短時間で腐食を進行させ，簡単な試験条件を設定できる腐食促進試験装置を用いて，上下式乾湿繰り返し試験法を実施した．
- 鋼材は SS400 で，摩擦接合面の表面処理はショットブラスト（スチールショット）としてすべり係数を 0.4 以上確保するために Ra=5μm 以上を目標として処理し，すべり降伏耐力比 β が 0.6 のすべり先行型継手となるように設定した．B シリーズの外面は F-4 塗装系とし，接合面内を無機ジンクリッチペイント（片面膜厚 75μm 以上），外面塗装は F-4 塗装系とした．

3．結果（提案式・適用範囲）

- 腐食促進試験より，無塗装の A シリーズではボルト軸力が最大で 30%程度低下，接合面が塗装されていない B シリーズでは約 15%の低下，接合面が塗装された C シリーズでは塗膜のクリープのみの影響により約 25%低下した．
- 腐食促進試験後の載荷試験より，すべり係数およびすべり耐力は，サイクル数の増加に伴い最大で 2 倍近く増加することがわかった．ただし，その後の腐食劣化の進行に伴う錆の収縮（赤錆から黒錆への変化）で，すべり係数およびすべり耐力が低下することも示された．
- 腐食促進試験後の載荷試験より，降伏耐力および最大耐力は若干ながら低下するものの，5%程度の低下であった．
- 腐食した継手のすべり係数およびすべり耐力は，接合面内の錆面積やそれと錆厚を掛け合わせた錆堆積に関係する．このすべり係数およびすべり耐力の増加は，以下の式で表され，ボルト孔付近の錆の増加によるすべり係数そのものの増加，およびボルト孔付近以外で増加した錆が接合面同士を固着させることで継手のせん断抵抗が増加したためと考察されている．

$$\Delta\mu = \Delta\mu_{r1} + \frac{\Delta F_{r2}}{N}$$

（ここで，$\Delta\mu$：すべり係数の増分，$\Delta\mu_{r1}$：ボルト孔付近の錆によるすべり係数の増分，ΔF_{r2}：ボルト孔付近以外の錆に起因する固着によるすべり耐力の増分，N：残存ボルト軸力）

出　典	土木学会論文集 A1（構造・地震工学），Vol.69，No.2，pp159-173，2013
キーワード	高力ボルト接合，腐食，残存強度，すべり係数，ボルト軸力

模擬腐食を導入した鋼トラス橋斜材の残存圧縮耐荷力	No. 36

1．目的
本研究では，約50年経過し，地震による被害のため撤去された鋼トラス橋の箱断面を有する圧縮斜材を対象にして，腐食損傷に伴う圧縮部材の残存耐荷力評価方法の確立に向けた基礎的検討を行う．具体的には，対象部材は腐食がほとんど発生していないため，模擬的に腐食を導入した圧縮部材の載荷試験，およびその残存耐荷力特性に関する解析的検討を行い，腐食劣化した圧縮部材の耐荷力評価式の提案を試みている

2．検討対象
残存耐荷力試験に用いる部材は，2008年岩手宮城内陸地震で被害を受けたため撤去された鋼単純トラス橋の斜材を対象とする．試験体は，図-1のように箱断面（300×318×15×13mm）を有し，部材長は3000mmである．材質はSM41であり，換算細長比パラメータ λ=0.295，幅厚比パラメータ R=0.36の諸元を有する部材である．図-2のように模擬腐食を導入する．

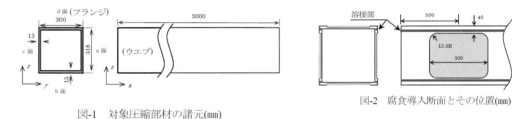

図-1　対象圧縮部材の諸元(mm)　　　図-2　腐食導入断面とその位置(mm)

3．結果（提案式・適用範囲）
実験および解析により得られた残存耐荷力は，試験体の最小断面積から求められる最大断面欠損率 R_A を用いて評価でき，残存耐荷力 P_{max} を道路橋示方書の柱の基準耐荷力曲線から求めた基準耐荷力 P_u で無次元化した P_{max}/P_u と R_A の線形関係式が提案されている．

$$R_A = \frac{A_0 - A_{min}}{A_0}$$

ここに A_0：健全時の断面積，A_{min}：最小断面積とすると，提案式

$$\frac{P_{max}}{P_y} = 1.05 - 1.32 R_A$$

$$\frac{P_{max}}{P_u} = 1.08 - 1.36 R_A$$

が得られている．

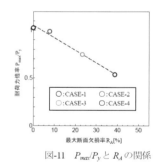 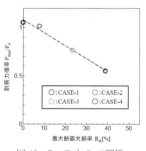

図-11　P_{max}/P_y と R_A の関係　　　図-12　P_{max}/P_u と R_A の関係

出　典	山沢哲也, 野上邦栄, 小峰翔一, 依田照彦, 笠野英行, 村越潤, 遠山直樹, 澤田守, 有村健太郎, 郭路: 構造工学論文集, Vol.59A, pp. 143-155, 2013
キーワード	残存耐荷力, 圧縮斜材, 模擬腐食, 平均残存板厚

| 腐食劣化の生じた鋼トラス橋格点部の圧縮耐荷力に着目した載荷試験 | No. 37 |

1．目的

本論文では腐食欠損の生じたトラス格点部に着目し残存耐荷力について検討を行ったものである．トラス格点部の耐荷力に関しては，厳しい腐食損傷の生じた状態を対象として検討した事例は前述の研究を除いてはなく，腐食欠損が格点部の破壊性状及び耐荷力に与える影響については明らかにされていない．この論文では，約50年間供用され腐食損傷により架け替えに至った鋼トラス橋の撤去部材から切り出したトラス格点部を用いて，圧縮載荷試験を行い，破壊性状及び残存耐荷力について把握している．また，載荷試験と合わせて，健全状態及び腐食欠損を模擬した解析モデルによる弾塑性有限変位解析を行い，腐食が破壊性状及び残存耐荷力に及ぼす影響について検討を行っている．

2．検討対象

腐食環境の厳しい河口に架かる鋼トラス橋撤去後に切り出した格点部の試験体．

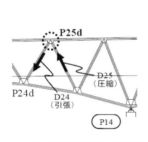
(a) 格点部 P25d の位置

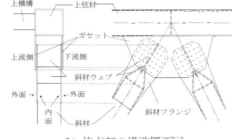
(b) 格点部の構造概要図

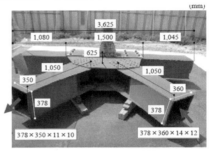
(c) 切り出された格点部試験体 P25d

3．結果（提案式・適用範囲）

・載荷試験の結果，ガセットの降伏耐荷力付近の荷重までは概ね線形性が保たれているが，それ以降，勾配は徐々に緩やかになり最大荷重(3598kN)に達した．荷重増加とともに，ガセットの斜材先端部及びガセットの自由縁端部の面外変位が進行し，これらの部位の局部的な変形の進行に伴い耐荷力を喪失し最大荷重に達したものと考えられる．以降，急激な荷重低下は見られない．

・腐食ケースの解析結果については，初期剛性や下流側ガセットの面外変位のように一部試験結果と異なる部分が見られるが，最大荷重や全体挙動については試験結果と概ね一致した．また，最大荷重に関しては，板厚のモデル化を平均板厚から部位別の残存板厚に近づけると，解析値はある程度試験値に近づく傾向が見られた．つまり，ガセットの腐食が耐荷力低下に影響を与えたものと考えられる．ただし，その差はわずかであり，今回の試験体では，腐食の影響を平均的な残存板厚としてモデル化することにより，耐荷力を概ね推定できることが確認できている．

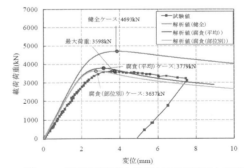
図－14 圧縮載荷荷重と載荷方向鉛直変位との関係

| 出典 | 村越潤, 遠山直樹, 澤田守, 有村健太郎, 依田照彦, 笠野英行, 野上邦栄: 構造工学論文集, Vol.59A, pp. 156-168, 2013 |
| キーワード | 鋼トラス橋，格点部，腐食，耐荷力 |

| 腐食した鋼I桁の支点部耐力に関する考察 | No. 38 |

1. 目的
本論文では，腐食した鋼I桁の支点部耐力を検討対象とした．特定の腐食パターンに関する検討（「腐食が原因で取り替えられた実鋼橋支点部の載荷」）はなく，支点部近傍で種々の腐食パターンを想定し，腐食が支点部耐力に及ぼす影響を検討した．

2. 検討対象
図－1に示す鋼I桁モデルを解析対象とする．これに72パターンの腐食モデルを作成して解析（ABAQUS）を行った．基本的な腐食パターンは図－2に示した通りである．いずれの腐食パターンにおいても，腐食範囲（高さ）h（ウェブ高さh_0の10%，20%，40%），板厚減少量Δt（2 mm，4 mm，6 mm）をパラメータとして，検討に用いる腐食モデルを構築する．ただし，桁片面の腐食でも補剛材は表裏の2面が腐食するため，グループ1，2での補剛材の板厚減少量は$2\Delta t$になる．なお，図－1に示す通り，健全時のウェブ，支点上補剛材の板厚は，それぞれ9 mm，16 mm である．腐食桁の評価は桁端部における支点上の座屈耐力の観点で検討した．

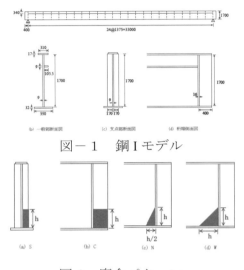

図－1　鋼Iモデル

図-2　腐食パターン

3. 結果（提案式・適用範囲）
P_{max}は各腐食モデルの解析で得られた支点部耐力（最大荷重），P_0は腐食のない健全な桁の支点部耐力（2542 kN）である．（1）桁端張出部，支点上補剛材の腐食は，スパン中央側ウェブの腐食よりも，支点部耐力を大きく低下させる．この違いは，腐食領域が自由境界を有しているか否かに起因すると考えられる．（2）腐食領域の大きさ（高さ）と支点部耐力の低下に比例関係は認められない．支点部耐力の低下が大きい腐食ほど，腐食領域が小さいうちに，大きな支点部耐力低下を生じる傾向にある．（3）腐食領域の高さがウェブ高さの10%であれば，板厚減少量2 mmでの支点部耐力の低下は小さいが，グループ2，3の腐食では，板厚減少量が大きくなるにつれ，腐食領域の高さが大きい場合よりも支点部耐力はむしろ大きく低下し，腐食領域の大きさの違いによる支点部耐力の差は小さくなる．この傾向は，特にグループ2で顕著である．（4）グループ2，3の腐食では，平均的には，Δtの増加とともに支点部耐力が大きく低下するようになる．一方，腐食領域の大きさ（高さ）の影響については，腐食領域が小さい場合に耐力低下が大きく，腐食領域大きくなると，それに伴う耐力低下は緩やかになる傾向が見られる．（5）グループ1の腐食に比すると，グループ2，3の方が，支点部耐力を大きく低下させる．平均値で見ると，グループ2，3の支点部耐力は，グループ1よりも30%ほど小さい．（6）グループ3の腐食モデルに比すると，グループ2の腐食モデルの支点部耐力低下は大きく，板厚減少量の増加に伴い，その差が大きくなる傾向も認められる．これは，ウェブの板厚減少量が同じであっても，桁片面の腐食が卓越した場合の方が，支点部耐力の低下は大きくなることを示唆している．

出　典	山口栄輝, 赤木利彰: 構造工学論文, Vol.59A, pp. 80-90, 2013
キーワード	鋼I桁，腐食，非線形有限要素解析，支点部耐力

鉄筋が腐食した鉄筋コンクリート床版の押し抜きせん断耐荷機構	No. 39

1．目的

塩害腐食がRC床版の押し抜きせん断耐力に与える影響の検討．実験および数値解析による耐力低下メカニズムに関する検討．

2．検討対象

塩害劣化したRC床版が対象．通電腐食によって鉄筋を劣化させ，3パターンの腐食量に対する腐食ひび割れ状況と耐力評価を行っている．

また，ダウエル効果の損失による押し抜きせん断耐力への影響についての実験的，解析的検討や，腐食生成物による膨張圧の影響について，解析的に検討している．

3．結果（提案式・適用範囲）

RC床版内の鉄筋が腐食した場合，定着を確保していても健全状態に比べると押し抜きせん断耐力が低下することを確認している．ただし，耐力低下に与える影響としては，腐食による鉄筋の断面減少，腐食生成物による付着力の低下およびかぶりコンクリートの損失は主要な要因ではないと考えられる結果となった．

解析的にRC床版の押し抜きせん断耐力低下のメカニズムを検討した結果，最も影響を与えるのは鉄筋腐食による腐食生成物の膨張圧によって導入される初期応力である可能性が指摘されているが，詳細な検討については今後の課題となっている．

出典	田中泰司, 須藤卓哉: 構造工学論文集 Vol.59A，pp.889-897, 2013
キーワード	押し抜きせん断，腐食，床版，付着，初期応力

腐食劣化した高力ボルトの残存軸力評価に関する研究	No. 40

1．目的
鋼橋の摩擦接合継手用の高力ボルトに関して，腐食劣化による導入軸力の低下について，そのメカニズムを明らかにするとともに，残存軸力の評価方法を検討する．

2．検討対象
鋼桁ウェブの連結部に用いられた高力ボルトを使用．実橋にて腐食劣化した摩擦接合継手用の高力ボルトに関する，腐食減肉形状の分類および減肉量の測定．コア抜き法による残存軸力の測定．FEM解析を用いた減肉形状と軸力低下メカニズムの解明．

3．結果（提案式・適用範囲）
1) 腐食減肉形状を4種類に分類．減肉量によって形状が異なる傾向を確認している．
2) ボルト頭部のひずみ計測による導入軸力の評価により，残存軸力を評価．
3) 平均減肉量が4mm程度までは，実腐食と人口減肉させた場合の残存軸力は同程度であるが，減肉量が大きくなるとバラツキが大きくなり，実腐食によるケースの方が残存軸力は大きい．これはナット部の腐食減肉形状のバラツキや，座金，添接板の腐食減肉量とその形状が影響している．
4) FEM解析の結果より，腐食減肉形状が残存軸力に影響を与えることが確認された．
5) 座金近傍のナット部の局所変形および添接板の孔周辺の局所変形による座金の回転変形がボルトの残存軸力低下の要因である．

出　典	下里哲弘, 田井政行, 有住康則, 矢吹哲哉, 長嶺由智: 構造工学論文集 Vol.59A, pp.725-735, 2013
キーワード	高力ボルト，腐食，残存軸力

片面当て板接着補修された断面欠損を有する鋼部材の曲げ応力性状	No. 41

1．目的

近年，鋼床版に顕在化してきている腐食損傷および断面減少に伴う疲労損傷に対して，鋼板を用いた片面からの当て板接着補修工法に着目し，力学特性と腐食部近傍での応力性状に関する検討を行うこと．

2．検討対象

50×600×12mm の母材鋼板試験体中心部に，深さ 4mm の溝状の断面欠損部を設け，欠損範囲を 3 パターンに分けている．当て板は 50×300×4.5mm の鋼板をエポキシ樹脂によって，欠損部を有する面に接着している．

材質は母材鋼板が SM490Y 材，当て板鋼板が SS400 材．載荷は一端固定の片持ち梁の状態で曲げモーメントが生じる様に鉛直上向きの荷重を作用させている．

また，上記の内容について有限要素解析を実施し，応力性状に関する考察を行っている．

3．結果（提案式・適用範囲）

当て板接着補修では，当て板端部と断面欠損部近傍で，合成梁理論により求まる理論値よりも大きな応力が生じる．

検討の結果，当て板の接着長さおよび当て板厚さが，当て板の剥離と補修効果に影響することが確認された．

母材の応力を十分に低減させ，接着剤の応力を一定値に収束させるために必要な当て板板厚と接着長さを次式より決定するものとしている．

$$\sigma_{dp} = \frac{N_{dp}}{A_p} + \frac{M_{dp}}{I_p}y_p, \quad \sigma_{db} = \frac{N_{db}}{A_{db}} + \frac{M_{db}}{I_{db}}y_{db} \quad \text{（必要厚さ）}$$

$$l = \frac{1}{c}\cosh\left(\frac{1}{1-\eta}\right), \quad c = \sqrt{\frac{G_e}{h}\left\{\frac{1}{E_s t_h} + \frac{1}{E_s t_p} + \frac{12(a_{h1}+a_{h2})a_{h3}}{E_s t_h^3 + E_s t_p^3}\right\}} \quad \text{（必要接着長さ）}$$

出　典	青木康素, 坂野亮太, 石川敏之, 河野広隆, 足立幸郎: 構造工学論文, Vol.59A, pp.647-656, 2013
キーワード	鋼床版デッキプレート, 接着接合補修, 鋼板片面接着

断面欠損した鋼板の当て板補修効果	No. 42

1．目的

腐食による断面欠損を有する鋼部材に当て板補修をした場合，断面力の再分配が十分に行われない可能性がある．このとき，母材と当て板を完全合成と仮定すると，母材の断面欠損部に生じる応力が計算値よりも大きくなる可能性があり，この現象について，実験的，解析的に検討する．

2．検討対象

接着接合および高力ボルト接合による当て板補修をした，矩形の断面欠損を有する鋼板の引張試験．載荷軸方向のひずみ分布を母材と当て板の両方で計測し，完全合成として考えた場合の応力の理論値と比較する．高力ボルト接合時は，当て板と母材の表面処理はディスクサンダーのみ．当て板の厚さは，断面欠損量を補う板厚である．

3．結果（提案式・適用範囲）

母材の許容応力以下の弾性範囲の荷重載荷によって生じるひずみについて検討した結果，当て板接着接合および高力ボルト接合ともに，断面欠損を補う板厚の当て板を接合しても，断面欠損部とその近傍の母材に生じるひずみは，完全合成として仮定して算出される値よりも大きくなることが確認されている．

また，高力ボルトによる接合はボルト孔の穴引きの影響で，ボルト位置の母材に生じるひずみの値が大きくなるなど，接着接合に比べると軸力方向のひずみの分布が複雑になる．ただし，接着接合による当て板補修では，母材の弾性範囲内の荷重が作用する状態でも母材，当て板および接着剤の抵抗強度のばらつきによって剥離する可能性がある．

出　典	石川敏之, 清水優, 服部篤史, 河野広隆: 土木学会論文集 A2（応用力学），Vol.69, No.2, pp.I_595-604, 2013
キーワード	断面欠損，当て板，接着，ボルト接合，複合構造

第2編　耐荷力の推定と性能照査型維持管理およびモニタリング

橋梁用アルミニウム・亜鉛合金めっき鋼線の耐食性	No. 43

1．目的

亜鉛めっき鋼線の防食性能向上のために開発されたアルミニウム・亜鉛めっき鋼線に関して，環境条件を変えて腐食促進試験を行い，従来の亜鉛めっき鋼線から耐食性がどのように変化したのかを確認することを目的としている．

2．検討対象

アルミニウムと亜鉛の含有比率を 1:9 とするめっき処理（$331g/m^2$）を施した鋼線．腐食促進環境として，RH = 60%，100%の状態と湿ったガーゼを巻いた湿潤状態で温度 40℃の恒温状態を設定している．また腐食促進を目的として，濃度を調整した塩化ナトリウム溶液をスプレーした状態についても検討を行い，30 日後，90 日後，150 日後の鋼線の状態について，外観および質量変化の観点で評価している．

3．結果（提案式・適用範囲）

・腐食促進の結果から，湿潤状態に比較すると相対湿度 100%で塩分が付着しても，亜鉛めっき鋼線，アルミニウム・亜鉛合金めっき鋼線ともに十分な耐食性を有する．

・同じ湿潤状態においては，亜鉛めっき鋼線よりもアルミニウム・亜鉛合金めっき鋼線の方が腐食量は少なく，耐食性が優れている．

・150 日後の腐食促進環境下の試験体について，構成元素を EPMA にて分析したところ，亜鉛めっき鋼線では腐食生成物が体積膨張し，密度が粗く地鉄層から剥離しやすい状態であったのに対して，アルミニウム・亜鉛合金めっき鋼線ではアルミニウムが均一に分布することでめっき層が緻密になり，地鉄層から剥離しにくい状態であることが確認されている．これが，腐食量の違いとして表れている．

出　典	宮地一裕, 中村俊一, 鈴村恵太: 土木学会論文集 A1（構造・地震工学），Vol.69, No.3, pp.429-438, 2013
キーワード	腐食，アルミニウム・亜鉛合金めっき鋼線，橋梁用ケーブル

腐食劣化の生じた鋼トラス橋の現地載荷試験と耐荷性能評価に関する検討	No. 44

1．目的
- 主構部材の格点部とその周辺に著しい腐食劣化が確認されている撤去された鋼トラス橋を対象として，橋全体系の実挙動把握とともに，応答値算出のためのモデル化手法および耐荷性能の評価手法検討を目的として，荷重車の静的荷重載荷試験時における挙動計測と3次元FEM解析を実施．

2．検討対象
- トラス主構に着目し，実測値と解析値の比較分析による解析モデルの妥当性検証
- 既設橋の劣化等不確実要因が主構部材の応答値算出に及ぼす影響の解析
- 一部材が破断した場合のリダンダンシーを考慮した耐荷性能の評価法の検討

3．結果（提案式・適用範囲）
- 静的荷重載荷時における挙動計測と弾性3次元FEM解析の軸方向応力比較結果，主構部材が破断していない状況では，腐食欠損の状況や床版と縦桁の結合条件が，各主構部材の断面力分担に及ぼす影響は小さいことがわかった．
- トラス格点部斜材取付部では，活荷重載荷時に主構部材に面内・面外曲げによる二次応力が発生しており，かつ同部位は構造上腐食欠陥が著しい部位と一致しており，耐荷力上，構造的弱点となる可能性が高い．

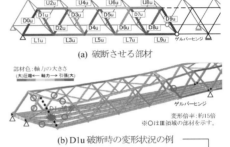
(a) 破断させる部材

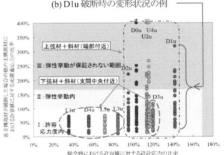
(b) D1u破断時の変形状況の例

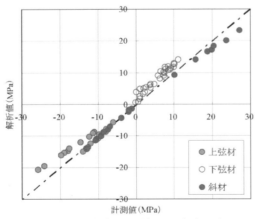
図－12 格点載荷時の主構部材の軸方向応力

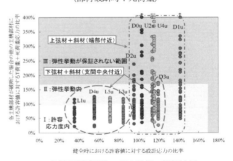
(c) 主構部材破断時の応力状態の評価結果
(部材破断時：死荷重)

(d) 主構部材破断時の応力状態の評価結果
(部材破断時：死荷重＋T荷重)
図－20 各主構部材の状態の評価例

出　典	村越潤，有村健太郎，澤田守，遠山直樹，依田照彦，野上邦栄：構造工学論文，Vol.59A, pp. 736-746, 2013
キーワード	鋼トラス橋，主構部材の腐食劣化

種々の腐食損傷を有する鋼製橋脚の耐荷性能に関する検討	No. 45

1．目的
- 鋼製橋脚の角部に生じる腐食損傷の位置や量を変化させる場合の耐荷性能の低下の評価および腐食による体積欠損が生じることによる応力の再分配を考慮した耐荷性能の検討

2．検討対象
- 昭和44年に製作された阪神高速道路の橋脚をモデルに腐食損傷の与条件を変え，数値解析

3．結果（提案式・適用範囲）
- 鋼製橋脚4角部のうち，1角部に損傷があるケースでは，健全な鋼製橋脚と最大荷重から載荷終了時の荷重低下率はほとんど差がでなかった．（健全な場合より約2割の低下）
- 3角部，4角部に損傷があるケースでも，低下率は1割程度．（健全な場合より約3割の低下）

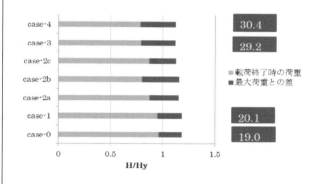

図-8　最大荷重からの低下率

- 4角部に損傷があるケースにおいて，荷重を作用させる順序（X軸，Y軸の順序）を変えても，挙動はほとんど変化なし．

出　典	野村直之，永田和寿，杉浦邦征，橋本国太郎，北原武嗣: 鋼構造年次論文報告集，第21巻，pp. 119-124, 2013
キーワード	鋼製橋脚

腐食鋼板の応力状態の考察と要求精度に応じた残存引張強度評価式の構築	No. 46

1．目的
- 腐食鋼部材の引張に対する残存保有性能について実験的および解析的検討を行ったものの報告．

2．検討対象
- 2つの実橋梁から切り出した腐食鋼鈑供試体にて引張試験を実施．
- 引張試験結果はFEM解析により検証．
- 多点計測により求められる最小平均板厚と板厚標準偏差から有効板厚を導出する式の提案．
- 計測が容易である最大孔食直径から有効板厚を導出する式の提案．

3．結果（提案式・適用範囲）
- 腐食鋼板の降伏は，まず腐食が激しい箇所（孔食部分）が降伏に至る．降伏後は変形だけが大きくなり応力が上昇しない降伏棚域に入る．その間に孔食以外の部分の応力が増加していき，最小断面全体が降伏に至るため，応力分布がほぼ一様になると引張試験及びFEM解析より推察される．
- これより，降伏荷重は降伏応力に最小断面の面積を乗じたものとほぼ等しくなるため，有効板厚は最小断面の面積を板幅で割った値である最小平均板厚が最適であると考えられ，最小板厚および板厚標準偏差より腐食鋼板の残存強度を評価する式を提案．

  例）降伏荷重評価式
  $$P_y = t_{eff\_y} \times b \times \sigma_y$$
  $$\text{where} \quad t_{eff\_y} = t_{min\_ave}$$

- 最小平均板厚および板厚標準偏差から腐食鋼板の残存降伏強度および最大引張荷重は精度良く導出することができるが，実構造物に対し多点板厚計測を前提とすることは困難．そこで，初期板厚および最薄部の最小板厚から残存強度を評価する式を提案．

  例）降伏荷重評価式
  $$P_y = t_{eff\_y} \times b \times \sigma_y$$
  $$\text{where} \quad t_{eff\_y} = (1 - c_{ty})t_0 + c_{ty}t_{min}$$

出　典	HUN Pang-jo，池田裕幸，海田辰将，古川清司，大賀水田生: 応用力学論文, Vo.16, No.2, pp. I_665-676, 2013
キーワード	残存引張強度評価，最小平均板厚，板厚標準偏差，初期板厚

第2編 耐荷力の推定と性能照査型維持管理およびモニタリング

水平荷重を受ける端横桁の変形挙動に及ぼす腐食の影響	No. 47

1．目的
・耐震上重要な部材である端横桁が腐食の影響を受けている際に水平荷重を受けた時の変形挙動の基礎的な研究

2．検討対象
・耐震上重要な部材である端横桁が腐食の影響を受けている際に水平荷重を受けた時の変形挙動を非線形有限要素法解析で検討

3．結果（提案式・適用範囲）
・端横桁が腐食すると変形性状が変化し，ピーク荷重が小さくなる．
・腐食領域，板厚減少が大きくなるほど，ピーク荷重が低下する傾向にあるが，その度合いは，変形形状，腐食位置により異なる．
・ピーク荷重低下に及ぼす影響が大きい腐食は，下記 WL と NL のタイプ時である．

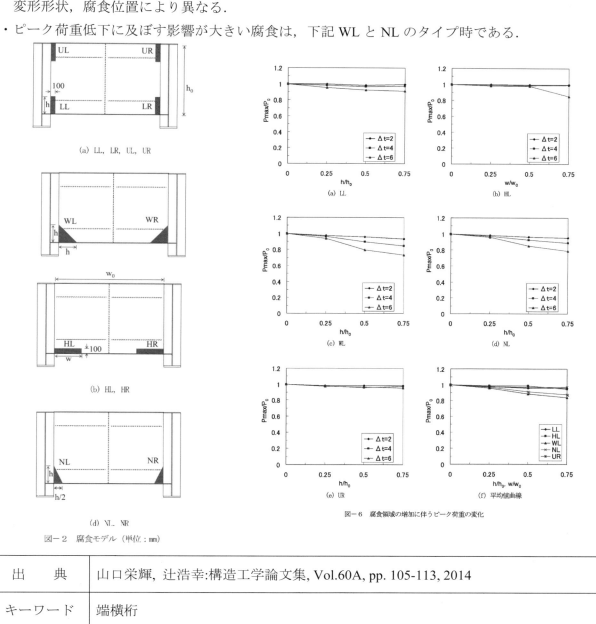

図－2 腐食モデル（単位：mm）

図－6 腐食領域の増加に伴うピーク荷重の変化

出　典	山口栄輝, 辻浩幸:構造工学論文集, Vol.60A, pp. 105-113, 2014
キーワード	端横桁

実腐食減厚分布を有する鋼プレートガーダー腹板のせん断強度特性に関する実験的研究	No. 48

1．目的
- 28年間実腐食環境下で自然暴露され，腐食減厚分布が明確な違いを有する実腐食腹板を用いて，その腹板の実腐食減厚分布が鋼プレートガーダーのせん断強度特性に及ぼす影響の解明

2．検討対象
- 腐食損傷を受けた鋼部材や鋼材に対する強度評価については，これまでも研究事例が報告されているが，腐食部材の強度評価法の構築のためには，実際の腐食減厚分布を有する腐食部材での研究の蓄積が必要．
- 28年間実腐食環境下で自然暴露され，腐食減厚分布が明確な違いを有する実腐食腹板を用いて，その腹板の実腐食減厚分布が鋼プレートガーダーのせん断強度特性に及ぼす影響の解明を目的に実大試験桁による大型載荷実験を行ったもの．
- 実腐食腹板は回収した腐食桁において，腹板高さ方向および補剛材まわりで特徴的な腐食減厚分布を示した4タイプの実腐食腹板を用いた．

3．結果（提案式・適用範囲）
- 均一腐食腹板と下部腐食腹板のせん断耐荷力は，弾塑性FEM解析で得られた板厚減少量に応じて低下するせん断耐荷力と同様に低下する特性を示した．一方，水平補剛材近傍と腹板中央付近で腐食減厚する中央腐食腹板のせん断耐荷力は板厚減少量に応じて低下するせん断耐荷力より低くなる特性を示した．
- 均一腐食腹板と下部腐食のせん断座屈強度は平均板厚を用いた4辺単純支持で算出したせん断座屈強度理論値とほぼ同等となり，腐食減厚分布の影響は見られなかった．
- 中央腐食板厚のせん断座屈強度は，平均板厚を用いて4辺単純支持で算出したせん断座屈強度理論値より低下した．これの主な要因としては，中央腐食腹板は腐食減厚の著しい水平補剛材近傍のひずみの増大又は塑性化により4辺単純支持ではなく3辺支持で1辺は塑性化に近い支持状態となったと考えられ，理論式に適用する境界条件と異なるため，実験でのせん断座屈強度は理論値よりも低下したと考えられる．
- 均一腐食腹板と下部腐食腹板の後座屈強度はほぼ同等となり，腐食減厚分布の影響は見られなかった．これは，均一腐食腹板が一般的な斜め張力場を形成したのに対し，腹板下部腐食は腐食減厚の著しい腹板下部の影響により，斜め張力場の右下端アンカー領域が腐食減厚の少ない腹板上方に拡がり，斜め張力場の幅も拡大することができ，均一腐食腹板と同等の作業せん断力を分担できたと考えられる．
- 中央腐食腹板の後座屈強度は腐食減厚分布の影響を受けて，均一腐食腹板の後座屈強度より低下した．これは，せん断座屈後に生じる斜め張力場が対角線より上方に形成され，斜め張力場の幅も拡がってはいるが，その斜め張力場領域内に位置する水平補剛材近傍と腹板中央付近の著しい腐食減厚での塑性化の進行の影響で後座屈強度が低下したと考えられる．

出典	下里哲弘，玉城喜章，有住康則，矢吹哲哉，小野秀一，三木千壽:土木学会論文集 Vol.70, No.3, pp. 359-376, 2014
キーワード	実腐食腹板，せん断強度（せん断座屈強度，後座屈強度），腐食減厚分布

塩害による鉄筋腐食が道路橋ＲＣ床版の耐疲労性に及ぼす影響	No. 49

1．目的
- 塩害による鉄筋腐食がＲＣ床版の耐疲労性に及ぼす影響を実物大のＲＣ床版供試体と３次元非線形有限要素解析により検討．

2．検討対象
- 床版の上側鉄筋と下側鉄筋の腐食量の違いがＲＣ床版の疲労破壊に及ぼす影響を検討．
- ＲＣ床版の耐疲労性の検討に用いる供試体は，実構造物に近い状態を再現するために，長期にわたる屋外暴露環境下に供試体を設置し，電気化学的な方法ではなく，塩水を用いた乾湿繰り返しによる塩害促進を実施．
- 鉄筋腐食量をパラメータとした３次元非線形有限要素解析を実施し，鉄筋の腐食状況と床版断面のひずみ分布より耐疲労性の低下要因を解析的に検討．

3．結果（提案式・適用範囲）
- 塩害を受けた供試体は健全供試体に比べ耐疲労性が低下し，鉄筋腐食減量率5％程度であっても輪荷重走行試験により耐疲労性が1/10程度まで低下する結果を得た．
- これは既往の研究を踏まえると，鉄筋腐食に伴い発生する腐食ひび割れが耐疲労性に大きな影響を及ぼしていると考えられる．
- S-N関係より，鉄筋腐食がＲＣ床版の耐疲労性に及ぼす影響は，下側鉄筋に比べ上側鉄筋のほうが大きいという結果が得られた．これは，上側鉄筋の腐食が大きいと疲労荷重による鉄筋とコンクリートの間の付着が急激に低下し，これに起因して水平ひび割れが早期に発生することで著しく耐疲労性が低下するためと考えられる．
- 鉄筋の腐食がＲＣ床版の耐疲労性に与える影響については，単に鉄筋量だけでなく，腐食部位や腐食によるひび割れ状態の影響が大きい．
- 解析においても上側鉄筋が腐食したケースでは，腐食に伴い発生する鉄筋に沿ったひび割れが繰り返し載荷によってもたらされる水平ひび割れの発生と進展を助長し，耐疲労性を著しく低下させることが推察された．

表-5 解析ケースの概要

	鉄筋腐食	腐食部位	腐食量	腐食ひずみ有効係数	載荷方法#
ケース1	なし	—	—	—	段階載荷と一定載荷
ケース2	あり	上下両側鉄筋	一様に5％	0.1	
ケース3		上側鉄筋のみ			
ケース4		下側鉄筋のみ			
ケース5		上側鉄筋のみ	一様に0.2％	1.0	

#段階載荷では走行回数20万回ごとに載荷荷重を98kNから29.4kNずつ上げていき，一定載荷では常に98KNとする．

出典	前島拓, 子田康弘, 土屋智史, 岩城一郎:土木学会論文集, Vol.70, No. 2, pp. 208-225, 2014
キーワード	道路橋ＲＣ床版，耐疲労性，鉄筋腐食，塩害，凍結防止剤，水平ひび割れ

繰り返し軸力を受ける鋼板接着補強された腐食鋼板の耐久性	No. 50

1．目的

腐食損傷を有する鋼橋部材の補修の一つに，当て板補修（あるいは補強）がある．従来は，腐食した母材の腐食部を覆うように，鋼板を高力ボルトや溶接によって添接する方法が多用されてきたが，削孔作業あるいは供用下での溶接割れ対策などの面から，施工が容易ではなかった．一方，昨今の接着剤の性能は目覚ましく発展しており，CFRP補強などに接着剤が多数使用されるようになった．

本研究では，鋼構造物の腐食減肉部に接着剤を用いて鋼板を接着し，減肉にともなう強度低下の回復法（鋼板接着補強）を提案し，静的引張試験や腐食桁の曲げ試験を通じ，静的引張荷重あるいは曲げ荷重に対して十分な性能回復効果が期待できることを明らかにした．しかし，繰り返し荷重によって当て板が剥離し，それが進展して補強効果を損なうことが懸念される．鋼板接着補強を施した腐食部材の繰り返し荷重下における力学あるいは終局挙動は，未だ明らかにされていないことから，鋼板接着された腐食鋼板に繰り返し引張軸力を作用させ，その試験体の力学的挙動および疲労耐久性能を把握した．

2．検討対象

2-1．材料

腐食鋼板：長さ1m，幅0.1m，板厚11.2mm，SS400材．鋼板中央の表面には，削孔機を用いて作成した凹凸を設けている（タイプA：腐食区間300mmの一様腐食，タイプB：腐食区間250mmの局部腐食）．

当て板　：長さ400mm（タイプA）・600mm（タイプB），幅0.1m，板厚3.2mm（タイプA）・4.4mm（タイプB），SS400材．当て板の接着位置は，当て板の中心位置と母材の最小断面積位置が一致するよう当て板を母材の両表面に接着．

接着剤　：2液混合型エポキシ樹脂接着剤（コニシ（株）E 258）

2-2．試験方法

- 500kNのアクチュエータによる5HzのSIN波載荷．上限荷重は80〜280kNの17ケースで実施．
- 作用力方向のひずみを計測．計測位置は，試験体中心に50mmピッチ．

3．結果（提案式・適用範囲）

- 鋼板の腐食部に鋼板接着を行うことで，応力集中を緩和してその後の疲労強度を改善できる．
- き裂の発生に先立ち，当て板の剥離が発生．剥離後は，荷重条件により3つの挙動に分類できる．

　破壊挙動Ⅰ：当て板の剥離進展は腐食区間まで進展した直後に停止し，その後の剥離進展はなく，疲労き裂による破断が発生しない場合．

　破壊挙動Ⅱ：当て板の剥離進展は腐食区間まで進展した直後に停止し，その後当て板の剥離部分の腐食鋼板の減肉部付近にき裂が発生し，それが進展して破断に至る場合．

　破壊挙動Ⅲ：当て板の剥離は途中で止まることなく，腐食鋼板の最小断面積位置を超えて進展し，母材の最小断面積位置付近において疲労き裂が進展し，破断に至る場合．

- 当て板の剥離発生は，荷重振幅のみならず載荷荷重の上限値に影響され，剥離進展速度は，上限荷重が大きいほど速くなる．

出　典	植村有馬，藤井堅，井上太郎：構造工学論文集，Vol.60A, pp. 554-563, 2014
キーワード	腐食，性能回復技術，接着剤，繰り返し荷重

腐食した鋼桁端部の当て板補修に関する実験的検討	No. 51

1．目的

　既設橋梁に生じている腐食損傷を模擬した鋼桁端部を設定し，その最大耐力を把握するとともに，腐食した鋼桁端部に対する鋼板当て板補修方法について実験的検討を行った．

2．検討対象

2－1．供試体

　昭和44年に阪高で竣工した鋼I桁の実物大部分モデルを供試体とし，桁長2.7m，ウェブ高1.2m，ウェブ厚9mm，支点上補剛材厚25mmとした．材料はSM400AとSM490Aの2種類．支点上補剛材とウェブに腐食を模擬した．具体的には，25mm厚の支点上補剛材は1/4まで減肉させ，残存板厚を6mmとし，ウェブ下端は支点上補剛材から桁端側を貫通させるものとした．減肉高は支点上補剛材とウェブともに，下端から100mmの範囲とし，その範囲における支点上補剛材の残存板厚は6mmで一定とした．

　Case-1は健全状態，Case-2は腐食供試体とした．Case-3は，鋼板当て板補修の供試体とし，当て板は支点上補剛材とウェブに高力ボルトを用いて接合した．不陸調整用にはエポキシ樹脂を使用し，その箇所の高力ボルトは設計上無効としている．Case-4は，既設鋼桁の桁端部には下フランジから250mm程度の高さにガセットプレートが配置されていることが多いことから，Case-3に比べて鉛直方向のボルト本数を1本減じて，当て板高さをCase-3より75mm低い180mmとした．

　接着剤は2液混合型のエポキシ樹脂系接着剤とした．

　鋼材の減肉は，機械加工により製作した．

2－2．検討内容

　載荷能力5,000kNのアクチュエータを1台使用し，載荷位置の上フランジ上面に設置した40mm厚の鋼板（230mm×230mm）を介して鉛直下向きに載荷した．ウェブ，上下フランジ，支点上補剛材のひずみを計測した．

3．結果（提案式・適用範囲）

- case-2の最大荷重は，健全供試体の最大荷重の約50%に低下した．減肉した支点上補剛材が座屈したことにより，最大荷重が低下したものであった．
- すべての供試体において，載荷荷重の増加とともにウェブパネルの面外変位は大きくなり，ウェブパネル中央位置の面外変位が最も大きくなった．また腐食損傷供試体においては，支点上補剛材が座屈してからもウェブの面外変位は大きくなったと考えられる．
- ウェブパネル中央位置の主ひずみは，健全供試体では載荷位置と支点を結ぶ方向に圧縮ひずみが生じていたのに対し，腐食損傷供試体では引張ひずみが生じ，方向が異なっていた．これは，腐食損傷供試体では支点部の鉛直方向の耐力が低いために，ウェブパネルに斜張力場が形成されにくかったためと考えられる．
- Case-3，4の補修供試体は，ともに健全供試体と同等の最大耐力を示し，その破壊箇所は健全供試体と同様にウェブのせん断座屈であった．これより，Case-3，4の補修供試体の最大耐力はウェブの耐力で決定しており，補修した支点部の耐力はウェブのせん断耐力より大きいと考えられる．

　したがって，支点部の補修として，Case-4の補修方法を採用することが可能であると考えられる．

- 接合面に接着剤を塗布した箇所の高力ボルトの軸力減少率は8～14%であり，塗布していない箇所の5～10%よりやや大きな値となった．これは，接着剤のクリープ変形により軸力減少率が増加したものと考えられる．

⇒補修方法による支点部の耐力は，ウェブのせん断耐力より大きく，補修箇所よりもウェブの座屈が先行する．

出　　　典	丹波寛夫，橋本国太郎，田中大介，杉浦邦征：構造工学論文集，Vol.60A，pp.94-104，2014
キーワード	腐食，鋼桁端部，当て板，実験

UFCパネルを用いた腐食鋼部材の性能回復特性に関する研究	No. 52

1．目的

腐食減厚の進行により低下した剛性および強度に対して，補修により健全相当まで回復可能でかつ実用的な工法を検討する．具体的には，プレキャストの超高強度繊維補強コンクリート（以下UFC））に着目し，母材との接合は現場施工性を考慮して接着剤のみで行う工法を選定した．補修部は，腐食損傷が多発している支点部近傍の主桁下フランジとウェブの首溶接部周辺を対象とした．補修の要求性能は，健全時と同程度の剛性および強度の回復とした．

2．検討対象

2－1．材料

補強部材：UFCパネル(圧縮強度200MPa，曲げ強度43MPa，ひび割れ発生強度10.8MPa，単位体積重量2.55g/cm^3)，弾性係数54000MPa)
母　材：SM490材（引張試験，疲労試験），SM400（せん断耐力試験）
接着剤：アクリル系接着剤　（引張付着強度1.0MPa以上）

2－2．検討内容

・静的引張試験
⇒鋼板にUFCパネルを接着接合した際の基本的な性能評価を行い，UFCパネルのひび割れ後の挙動，母材への変形追従性等，補修に必要なUFCパネル厚の算出式を検討．板厚は腐食減厚を模擬した6mmと健全時を模擬した9mmの2種類．UFCパネルは，厚さ10, 20mmの2種類．接着剤厚は1，5mmの2種類．載荷は変位制御とし，1mm/分の載荷速度とした．

・疲労試験
⇒ひび割れ後のUFCパネル補修鋼板の疲労耐久性を確認．鋼材厚は9mmで統一．UFCパネル厚さは10mmで統一．周波数は7Hz．

・せん断耐力試験
⇒鋼I桁端部を模擬した試験体にUFCパネルを接着して耐荷力試験を実施．試験体中央に500mmの間隔で垂直補剛材を配置し，垂直補剛材と上下フランジの4辺で囲まれたウェブを着目パネルとした．パネルのウェブ厚が3.2mm(幅厚比パラメータR_τ=1.58)，4.5mm(R_τ=1.12)の試験体2種類で実施．
⇒下フランジとウェブが健全に溶接されている「健全」モデル，腐食による減厚・孔食を模擬し，ウェブを10mm切り欠いた「下部欠損」モデル，下部欠損モデルを厚さ10mm，高さ100mmのL型UFCパネルで補修した「UFC-L型」モデル，下部欠損モデルを厚さ10mm，高さ100mmのギプス型UFCパネルでウェブから下フランジ上面，下フランジ下面までを覆うように補修した「UFC-ギプス」モデルの4タイプの合計8体で試験を実施．UFCパネルの貼付方法は，UFC-L型は接着剤塗布により行い，UFC-ギプスは下フランジ下面側からの接着剤圧入により行った．

3．結果（提案式・適用範囲）

・UFCパネル補修鋼材は，UFCパネルのひび割れ前までは完全合成挙動を示し，ひび割れ後は，一定の剛性を保持しながら降伏点まで合成挙動を示す．
・補修に必要なUFCパネル板厚算出式として，性能回復(活荷重，許容応力度)レベルに合わせた算出式を示した．
　（$t_{UFC} = E_s / E_{UFC} \times \Delta t$）$t_{UFC}$：UFCパネル必要板厚，$\Delta t$：鋼材の腐食減厚量
・UFCパネルにひび割れが発生する前後のひずみ振幅下では剥離は生じにくいことを確認した．
・せん断耐荷力試験により，腐食を模擬した下部欠損試験体をUFCパネルで補修することで，健全時のせん断耐荷力まで耐荷力が回復する補修効果があることを確認した．

出　典	勝山真規，下里哲弘，江里口玲：構造工学論文集，Vol.60A, pp. 564-574, 2014
キーワード	鋼部材，腐食，UFC，性能回復，補修，耐荷力，疲労

ゴムラテックスモルタルの吹付けによる腐食鋼桁の補修・補強工法に関する実験的研究	No. 53

1．目的
　高付着強度・高遮水性を有する「ゴムラテックスルモルタル」に着目し，腐食損傷部への吹付け施工することで狭隘な桁端部でも減肉部の断面回復な可能な補修・補強工法を考案する．

2．検討対象
　橋梁の腐食劣化としては，桁端部の腐食損傷部の補修・補強が効果的であるため，桁端部に着目する．

　さらに，既往の研究から桁端部が一様に腐食する例は少なく，ウェブの補剛材や下フランジで仕切られた部位において，溶接線近傍や自由縁から極めて限られた範囲で腐食が集中して一気に進展する傾向にあり，せん断耐力に及ぼす影響はウェブの平均板厚で概ね評価できるものとした（既往文献より）．　　実験および解析を実施

3．結果（提案式・適用範囲）

弾性域での初期剛性評価
初期剛性 K について，鋼の断面によるものを K_{STEEL}，ゴムラテックスモルタルの断面によるものを K_{MORRAL} とすると，本実験の補修体の初期剛性は式(4)となる．

$$K = K_{STEEL} + K_{MORTAL} \quad (4)$$

※ゴムラテモルタルの曲げ剛性を1/2

降伏耐力　累加方式

$$Q_y = \frac{\sigma_{wy}}{\sqrt{3}} \cdot b \cdot t \quad (5)$$

ここに，
Q_y：鋼のせん断降伏耐力(kN)
σ_{wy}：鋼の降伏応力度(N/mm²)
b：鋼ウェブ高(mm)
t：鋼ウェブ厚(mm)

$$F_{vcd} = f_{vcd} \cdot b_w \cdot d / \gamma_b \quad (6)$$

$$f_{vcd} = 1.25\sqrt{f_{cd}} \quad (7)$$

ここに，
F_{vcd}：ゴムラテックスモルタルの斜め圧縮破壊耐力(kN)
f_{vcd}：ゴムラテックスモルタルの設計圧縮強度(N/mm²)
f_{cd}：ゴムラテックスモルタルの圧縮強度(N/mm²)
d：ゴムラテックスモルタルのウェブ高(mm)
b_w：ゴムラテックスモルタルのウェブ厚(mm)
γ_b：材料係数(一般的に1.3)

最大耐力

鋼部材は busler 式に準拠

$$Q_u = Q_y \left(\frac{\tau_{cr}}{\tau_{wy}} + \frac{\sqrt{3}}{2} \cdot \frac{1 - \tau_{cr}/\tau_{wy}}{\sqrt{1+\alpha^2}} \right) \quad (8)$$

$$\tau_{cr} = \tau_{cr}^e \quad (\tau_{cr}^e \leq 0.8\tau_{wy}) \quad (9)$$

$$F_{Rcd} = f_{cd\,eff} \cdot b_w \cdot x_c / \gamma_b \quad (13)$$

$$f_{cd\,eff} = \nu_1 \cdot \nu_2 \cdot f_{cd} \quad (14)$$

ここに
F_{Rcd}：ゴムラテックスモルタルのストラット強度(kN)
$f_{cd\,eff}$：ゴムラテックスモルタルの有効強度(N/mm²)
x_c：ストラット幅(=$d \cdot \cos 45 \deg$, mm)
ν_1：低減係数1(=0.85)
ν_2：低減係数2(=0.60)

出　典	西村政倫，櫻井信彰，大久保藤和，佐竹紳也，松井繁之：土木学会論文集，Vol. 70, No. 1, pp. 67-79, 2014
キーワード	rubber-latex mortar,　repairing of steel bridge, FE analysis,　shear capacity assessment

局部腐食を有する鈑桁のせん断応力分布と残存せん断耐荷力の評価	No. 54

1．目的
局部腐食を有する鈑桁ウェブのせん断応力分布と残存せん断耐荷力の評価法の提案

2．検討対象
約 100 年間の供用後撤去された実際の鉄道橋の主桁を対象

まず主桁全体の腐食表面計測を行って桁全体の腐食状態を詳細に把握し，腐食表面の統計量を整理する．

次に，主桁の載荷試験を行い，局部腐食した主桁のせん断応力分布と残存耐荷力を調べる．また，あわせて局部腐食の進展を想定した非線形有限要素解析を行う．

3．結果（提案式・適用範囲）

腐食の無いせん断座屈強度評価式 [14] を式（4）に示す．

$$\tau_{cr} = k \frac{\pi^2 E}{12(1-\nu^2)} \left(\frac{t_r}{b}\right)^2 \quad (4)$$

(1) ウェブへの当て板（L型鋼板）により補強された桁の曲げ剛性は，完全合成を仮定したはり理論のそれとほとんど変わらない結果が得られた．当て板とフランジが摩擦結合として十分に結合しなくとも，一定の補強効果は期待できることを示唆している．ただし，せん断応力分布ははり理論で把握することはできなかった．このような一体性に乏しい補強を有する桁の力学的挙動を全てはり理論で把握することは難しい．これについては，今後さらに詳しく検討する必要がある．

(2) ウェブへのあて板補強における当て板のせん断応力分布は，ウェブと当て板のボルト位置の節点を結合した有限要素解析により把握することができた．

t_r は代表板厚で，局部腐食が生じている範囲の平均板厚 t_{ave} と標準偏差 s を用いて，

$$t_r = t_{ave} - \beta s \quad (5)$$

$\Rightarrow \quad t_r = t_{ave} - 1.0s$ で安全側に評価

(3) 腐食したウェブのせん断応力は，はり理論によるせん断応力式（$\tau = SQ/Ib$）を用いて求めることができる．すなわち，ウェブおよびフランジの板厚等を正確に計測して，板厚 b および断面1次モーメント Q，断面2次モーメント I を正確に計算して上式に代入してせん断応力を求めればよい．

さらに，フランジとウェブが境界に沿って分離している場合には，下フランジを無視した断面でせん断力に抵抗すると仮定して，測定結果を上式に代入してせん断応力を求めればよい．

(4) 桁の載荷試験では，取替部の破断により終局に至ったが，解析的検討により局部腐食を有する桁の残存せん断耐荷力を検討した．局部腐食を有する桁の残存せん断耐荷力は，局部腐食範囲の平均板厚と標準偏差を用いた代表板厚を $t_{ave} - 1.0s$ として，腐食の無いせん断座屈強度評価式から τ_u を推定し，腐食を考慮した実測の断面積を乗ずることにより求めることができる．すなわち，初期板厚でのせん断耐荷力ではなく，残存せん断耐荷力は腐食を考慮した断面積により評価する必要がある．

出典	佐竹亮一，藤井堅，藤井晴香，植村俊哉，中山太士: 鋼構造論文集，第 22 巻第 85 号, pp. 121-132, 2015
キーワード	局部腐食，せん断耐荷力，せん断応力分布，非線形有限要素解析，載荷試験

腐食により崩落に至った鋼プレートガーダー橋の崩壊メカニズムと桁端部の損傷回復評価に関する解析的検討	No. 55

1．目的
本論文では，重度の腐食損傷によって崩落した腐食橋を対象に，その崩落のメカニズムを解析的に検討し，腐食部位を回復させた逆解析を行い，橋梁全体の耐力低下に重大な影響を及ぼす腐食損傷形態と最重要な耐力保持部材を明らかにすることを目的とした．

2．検討対象
沖縄県北部にある鋼プレートガーダー橋（激しい腐食損傷によって2004年に通行止めとなり，2009年に崩落に至った．）単純活荷重RC床版の合成鋼桁橋で，無塗装仕様の耐候性鋼橋(JIS-SMA)である．山間に囲まれた辺野喜川に離岸距離50mの位置に架設されており，平均飛来塩分量は約1.9mdd であった．

3．結果（提案式・適用範囲）
本論文では，重度の腐食損傷を原因として崩落に至った鋼プレートガーダー橋を対象に，その崩落のメカニズムを解析的に検討し，腐食部位を回復させた逆解析を行い，橋梁に重大な影響を及ぼす腐食損傷形態と最重要な耐力保持部材を明らかにすることを目的として検討を実施した結果を以下に示す．

- 崩落メカニズムとしては，最も腐食損傷が激しいG3桁の支点部から2パネル間のウェブ－下フランジ境界部の破断と，桁ウェブのせん断耐荷力保持上最も重要な斜め張力アンカー位置の破断により，後座屈強度が喪失され，大幅にせん断耐荷力を失い崩落に至ったと考えられる．
- ウェブ－垂直補剛材境界部破断の回復は，後座屈強度に必要な斜め張力場形成アンカー部を形成すること，また鉛直補剛材によるフレーム効果も発揮できることから，崩落主要因であるせん断耐荷力の回復が図られ，崩落を防ぐことができた可能性がある．
- 桁端部は風通しが悪いため，湿気がこもりやすく，さらにジョイント漏水により，滞水や塵埃の堆積が生じやすいため，腐食しやすい環境であったと考えられる．さらに対象橋梁の橋台は，桁端部から数パネル離れた部材位置において海からの潮風が桁内部に吹き込み，激しい腐食損傷が生じたといえる．また，G1桁（海側）とG3桁（山側）の腐食状況を比較すると，G3桁の方が明らかに激しい損傷が生じていた．これは，G3桁では，海側より吹き込む潮風がG3桁の内面に直接当たり，腐食損傷を促進させている一方，G1桁では，桁内部に流入した潮風が一度G2桁に当たり，その後G1桁に作用したと考えられるため，G1桁とG3桁の腐食状況に差異が生じたといえる．また，RC床版での損傷としては，主桁ウェブ－下フランジとウェブ－垂直補剛材の溶接部に沿った破断箇所直上付近で，激しい割れと遊離石灰が生じていた．

出　典	田井政行，下里哲弘，玉城善章，有住康則，矢吹哲哉：構造工学論文集，Vol.61A, pp. 416-428, 2015
キーワード	腐食，崩落メカニズム，有限要素解析，せん断耐荷力

接着剤と高力ボルトを併用した軸方向力を受ける当て板補修に関する実験的研究	No. 56

1．目的
本研究では腐食により減肉した鋼部材を想定し，凹部（断面欠損部）位置に接着剤を充填した上に，高力ボルトと無機ジンクを塗布した当て板を用いた補修を行った試験体の引張試験を行い，接着剤と高力ボルトを併用した場合の接着剤が剛性や当て板補修部の耐力に及ぼす影響や凹部に設置した高力ボルトの効果について検討する．

2．検討対象
試験体の形状および寸法を図-1に示す．試験体はすべて母板を2枚の当て板で両側から挟む2面せん断の試験体である．継手の標準試験片5)を参考に，母板（表面処理として2種ケレンを想定した軽ブラスト（平均の十点平均粗さRz_{JIS}が45μm程度））には22mm厚のSM490A材，当て板（表面処理は無機ジンクを塗布）には12mm，9mm，6mm厚のSM490A材を用い，高力ボルトにはM20（F10T）を使用した．接着剤はペースト状の2液混合型金属接着用エポキシ樹脂系接着剤（製品名：E258）を用いた．接合面における破壊箇所を明確にするため，接着剤の硬化剤を青色に着色し，無機ジンクの色（灰色）との違いを顕著にした．

3．結果（提案式・適用範囲）
・接着剤厚が0.13mm程度の場合，接着剤のクリープ変形の影響は少なく，無機ジンクのクリープ変形による軸力低下への影響が支配的である．
・本試験での試験体では，荷重の増加とともに相対変位が増加し，その後，荷重はほとんど変わらず，相対変位が大きくなる傾向にあった．
・荷重と相対変位関係を見ると，外側に比べ欠損部での剛性（荷重と変位の傾き）が高い．
・高力ボルトを断面欠損部に配置した場合においても，高力ボルトによりその周辺の当て板に荷重伝達が行われたものと考えられる．
・試験後の接合面の観察結果より，接着剤を塗布しない試験体においては，無機ジンクの破壊が生じており，母板の外側ボルト孔周辺に多くの無機ジンクが付着しているのが確認できた．また，接合面に接着剤を塗布した試験体においては，ボルト孔付近で接着剤の破壊が見られたが，それ以外では無機ジンクの破壊であった．
・腐食部に対する不陸調整のために接着剤を用い，高力ボルトを用いて無機ジンクを塗布した鋼板を当て板した補修（接着剤と高力ボルトを併用した当て板補修）において軸方向力を作用させる場合，当て板の板厚及び板長さを満足していれば，無機ジンクで補修部が破壊し，接着剤による補修部の剛性の低下や耐力の低下は見られない．

設計法の提案には至っていない．面外方向の曲げ作用時における当て板試験体の挙動について，ボルト本数や接着剤強度をパラメータとした試験を行い，合理的な設計法を提案する必要がある．

出典	丹波寛夫, 行藤晋也, 山口隆司, 杉浦邦征: 構造工学論文集, Vol.61A, pp. 585-596, 2015
キーワード	補修，当て板，接着剤，高力ボルト

暴露試験に基づく腐食PC鋼材へのグラウト再注入の防食効果	No. 57

1．目的
PC鋼材にクラウド再注入した後の腐食性状に関する研究は数例あるが，PC鋼材の腐食程度によっては，クラウドを再注入してもPC鋼材に腐食電流が発生するという研究事例もあり，その有効性については未知な部分が多い．そのため本論文では，この事例を明確にするために現状を模擬した試験体を作成した結果をまとめた．

2．検討対象
試験体は，シース内にクラウド未充填が存在した状況を模擬するため，あらかじめPC鋼材全長の半分の領域にクラウドを注入した試験体を作成し，クラウド注入を行っていない箇所のPC鋼材に対して塩水散布（4種類の期間と無散水の計5種類）を行った．その箇所が腐食した後にクラウドを注入し，最大2年間の暴露試験（2ケース）を実施した．
※比較のためクラウド再注入しない試験体を作成している．
測定項目は以下の通りである．
PC鋼材の腐食面積，残存直径，引張試験

3．結果（提案式・適用範囲）
腐食したPC鋼材に対するクラウド再注入の有効性についてまとめる．
(1) 腐食面積測定では，塩水散布およびその後の暴露試験により旧クラウド（最初に入れている部分）内のPC鋼材に対する腐食面積の拡大は認められなかった．
(2) クラウド（空隙部境界部の空隙側）において，PC鋼材で腐食の著しい進行が確認された．このことから，シース内でグラウト未充填が確認された場合，クラウド空隙の境界部付近で状態確認の重要性を確認した．
(3) グラウト再注入を実施した場合，塩水散布63日以下の腐食を有するPC鋼材で，明確な腐食抑制効果が確認された．また，112日以上の場合でも再注入しない場合と比較すると直径の減少量が明らかに小さいため腐食抑制能力があると判断出来る．
(4) 引張試験における最大荷重および破断伸びについても直径減少と同様の結果が確認され，グラウト再注入の効果の大きさを示した．

出　　典	近藤拓也, 村田一郎, 山本貴士, 湯淺康史, 宮川豊章: 材料, Vol.65, No.1, pp.97-103, 2016
キーワード	Grout re-injection, Corroded PC wire, Reduction in diameter, Introduction of tensile force, Corrosion rate

鋼橋桁端部腹板の腐食に対する炭素繊維シートを用いた補修・補強法の最適設計方法に関する一考察	No. 58

1. 目的

桁端部腹板の断面欠損はせん断耐力の低下に,支点部近傍の垂直補剛材の断面欠損は,橋梁の支持機能の低下に結び付くため,早急な対策が必要である.CFRPによる補修・補強方法については,これまで,主に曲げを受けるフランジや軸力部材などの垂直応力に対する補修・補強を対象としたものが多く,桁端部の補修・補強を対象とした事例は報告されていない.

本研究では,研究の第一段階として,炭素繊維シート接着鋼板の一軸圧縮試験を実施し,座屈変形に対するはく離防止に効果がある炭素繊維シートの接着方法について検討した.次いで,桁端部腹板への炭素繊維シート接着工法の適用について検討するため,実橋の約1/2スケールの鋼桁を対象としたせん断座屈試験を実施した.

2. 検討対象

2-1. 検討項目

①部分貼り工法における最適補修量の検討

板の±45度方向にそれぞれ,必要枚数の1/2となるようシートを交互に積層.

②腐食領域に応じた合理的な補修範囲の検討

腹板下端が1/2幅で腐食した鋼桁を作製してせん断座屈試験を実施.

③せん断強度評価式の精度検証

炭素繊維シートを斜張力場の引張力が作用する方向に2層,圧縮力が作用する方向に2層の計4層(腹板の片面あたり)を貼り付けた試験体についてせん断座屈試験を実施し,せん断強評価式の精度について検証した.

2-2. 試験ケース

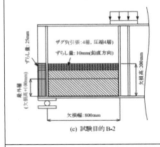
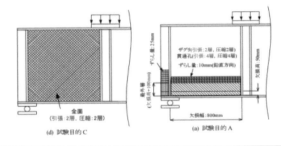
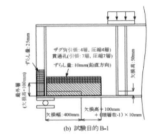

3. 結果(提案式・適用範囲)

・鋼材と炭素繊維シートの間に低弾性(55〜75 MPa)かつ伸び性能の高い(300〜500 %)ポリウレア樹脂パテ材(以下,高伸度弾性パテ材と記す)を挿入することにより,はく離防止に高い効果が得られることを確認した.

・高伸度弾性パテ材の効果により炭素繊維シートが腹板からはく離することなく強度を発揮し,終局強度が向上することを確認した.炭素繊維シートを接着した腹板のせん断強度を評価できる手法を提案し,実験値と概ね一致する結果を得られた.

表-5 試験結果一覧

試験目的	試験体番号	腹板の仮想欠損領域			補修方法	最大荷重 [kN]	強度補強率 [%]	備考
		幅 [W]	高さ [H]	板厚 [tw]				
(A)	GA-1	全幅 (100%)	50 mm (6.25%)	ザグリ	(50%)	883	-	
	GA-2				部分貼り	931	5.44	GA-1 に対する
	GA-3			貫通孔 (100%)	-	766	-	
	GA-4				部分貼り	949	23.89	GA-3 に対する
(B-1)	GB1-1	1/2幅 (50%)	50 mm (6.25%)	ザグリ	(50%)	1,021	-	
	GB1-2				部分貼り	994	-2.64	GB1-1 に対する
	GB1-3			貫通孔 (100%)	-	1,025	-	
	GB1-4				部分貼り	1,021	-0.39	GB1-3 に対する
(B-2)	GB2-1	全幅 (100%)	200 mm (25.00%)	ザグリ (50%)	-	910	-	
	GB2-2				部分貼り	1,050	15.38	GB2-1 に対する
(C)	GC-1	-	-	-	-	931	-	
	GC-2	-	-	-	全面貼り	1,259	35.23	GC-1 に対する

出 典	奥山雄介,宮下剛,若林大,小出宣央,秀熊佑哉,堀本歴,長井正嗣:構造工学論文集,Vol.60A, pp.541-553,2014
キーワード	炭素繊維シート、鋼桁橋、せん断座屈、補修工法

腐食孔を模擬した凹部を有する接合面に接着剤を塗布した高力ボルト継手の力学的挙動に関する実験的研究	No. 59

1．目的

桁端部の減肉に対して高力ボルトを用いた当て板補修を行う場合，主に不陸調整・防食を目的として，腐食減肉箇所にパテ状のエポキシ樹脂等を充填した上で高力ボルトを配置する例が見られる．この場合，エポキシ樹脂がすべり耐力に与える影響について不明確な点が多いために，エポキシ樹脂の接着力や，エポキシ樹脂部に配置した高力ボルトの軸力に伴うすべり耐力の増加を設計上考慮していない．

そこで，腐食減肉を模擬した凹部に接着剤を充填し，さらに接合面全体に接着剤を塗布した高力ボルト継手試験供試体を用いて引張試験を実施し，接着剤の有無や凹部の形状の違いがすべり耐力に及ぼす影響について検討するとともに，高力ボルトの軸力低下について検討した．

2．検討対象

表−1　使用鋼材の鋼種および材料特性

種別	材質	板厚(mm)	降伏強度(N/mm²)	引張強度(N/mm²)	ヤング率(N/mm²)	ポアソン比
母板	HT590	40	437.3	638.8	1.94×10⁵	0.282
連結板	HT590	16	481.2	651.5	1.92×10⁵	0.277

表−2　使用ボルト

ボルトの種別	高力ボルトの等級	ネジの呼び	首下長さ(mm)	有効断面積(mm²)
高力六角ボルト	F10T	M20	105	245

表−3　接着剤の基本性能

主剤	エポキシ樹脂
硬化剤	ポリアミドアミン 変性脂還式ポリアミン
混合比(主剤：硬化剤)	1：1(質量比)
混合後の状態	ペースト状
可使時間	50分/20℃
硬化時間	8時間/20℃
引張強度(20℃，7日後)	25MPa
せん断強度(20℃，7日後)	24MPa
圧縮降伏強さ(20℃，7日後)	53MPa
圧縮弾性係数	1200N/mm²

図−1　試験供試体の標準形状（単位:mm）

表−4　試験供試体の内訳

Case	供試体No	凹部径×深さ×個数(Dmm⁰×hmm×個数)	接着面積(mm²)	凹部面積(mm²)	連結板 表面処理	ボルト軸力 有無	接着剤 有無	全供試体数	1回目	2回目
A	A1	なし	-	-	無機ジンク	100%	無	3	3	
B	B1	なし	32,410	-	無機ジンク	100%	有	3	3	
	B2	なし	32,410	-	無機ジンク	ボルト無し	有	2	1	1
	B3	なし	32,410	-	無機ジンク	50%	有	1	1	
	B4	なし	32,410	-	ブラスト	100%	有	3		3
	B5	なし	32,410	-	ブラスト	ボルト無し	有	3		3
C	C1	65φ×5mm×4個	32,410	11,677	無機ジンク	100%	有	3	3	
	C2	41.8φ×5mm×4個	32,410	3,897	無機ジンク	100%	有	3	2	1
	C3	65φ×2mm×4個	32,410	11,677	無機ジンク	100%	有	1	1	
D	D1	(65φ+平行凹部)×5mm×2個	32,410	14,144	無機ジンク	100%	有	3	1	2
E	E1	20.3φ×5mm×12個	32,410	3,882	無機ジンク	100%	有	3	3	
	E2	25φ×5mm×12個	32,410	5,888	無機ジンク	100%	有	3	3	
	E3	30φ×5mm×12個	32,410	8,478	無機ジンク	100%	有	3	3	
	E4	20.3φ×2mm×12個	32,410	3,882	無機ジンク	100%	有	1	1	
F	F1	15φ×5mm×22個	32,410	3,886	無機ジンク	100%	有	3	2	1
	F2	15φ×2mm×22個	32,410	3,886	無機ジンク	100%	有	3	3	
G	G1	20.3φ×5mm×12個	32,410	3,882	無機ジンク	100%	有	3	3	

3．結果（提案式・適用範囲）

・腐食により減肉した鋼部材に対して接着剤と高力ボルトを併用した当て板補修を行う場合，腐食減肉部に配置した高力ボルトも有効とした高力ボルト摩擦接合継手（すべり係数は 0.45）として設計を行うことが可能であると考えられる．

・ただし，その際に用いる接着剤は，補修現場における温度等の環境の変化に対して，本研究で用いた接着剤と同等の性能を有する必要がある．

出典	丹波寛夫，行藤晋也，山口隆司，杉浦邦征，飛々谷明人，田畑晶子：構造工学論文集，Vol.60A，pp. 703-714，2014
キーワード	補修、高力ボルト継手、接着剤、すべり係数

腐食損傷を有する鋼I桁端部の耐力推定法に関する一検討	No. 60

1．目的

鋼I桁橋において，桁端部の下端部に著しい腐食損傷が発生する事例が多く報告されている．このような状況に対して，近年，腐食損傷を有する鋼I桁橋の桁端部の解析および実験に基づく研究が進められている．しかし，現場では腐食損傷を有する桁端部の対策の要否について定性的な判断によることが多い．本論文では，既往の実験および解析データを整理し，構造諸元から設定できる降伏耐力低下率や残存板厚率等をパラメータとして腐食による桁端部の耐力への影響図を作成し，欠損状態の耐力を分析した．そして，その影響図を基に，健全時からの耐力低下率の下限値を利用した終局耐力推定式を検討した．さらに健全時の終局耐力と健全時の降伏耐力と桁反力との関係を示すことで，補修対策の要否を判断する資料を提供する．

2．検討対象

降伏耐力，残存板厚，欠損高さ率，欠損幅率，および欠損形態をパラメータとして，過去の実験および解析結果を整理し，腐食影響図を作成した．それらを基に各パラメータの影響について分析し，終局耐力推定方法を検討，推定式を提案した．また，健全時における降伏耐力と桁反力の関係を示すことで，補修対策の要否を判断できる資料を示した．

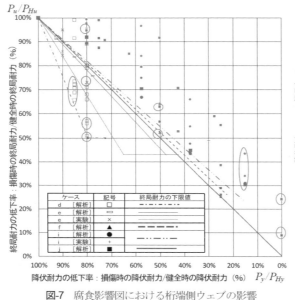

図-7 腐食影響図における桁端側ウェブの影響

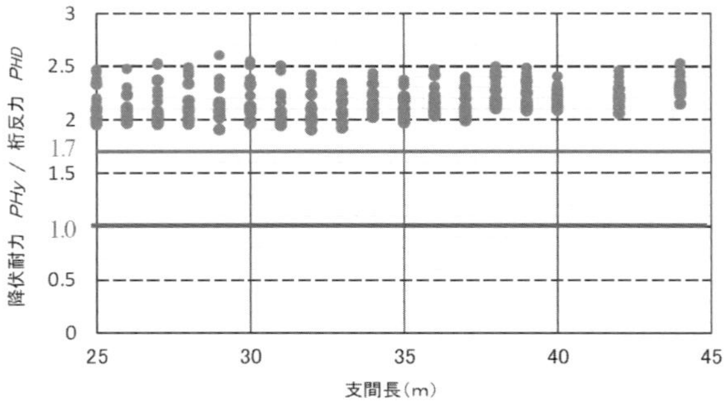

図-11 健全時における降伏耐力と桁反力の関係
（赤線：必要耐力，青線：桁反力（設計反力））

3．結果（提案式・適用範囲）

・腐食影響線図をもとに，載荷条件や欠損形態のパラメータに応じて使い分けることのできる4つの条件の終局耐力推定式を提案した．
・健全時の終局耐力と健全時の降伏耐力と桁反力（設計反力）の関係を示した．

出　典	臼倉誠，宮下剛，佐々木栄一，三ツ木幸子，山崎努，杉山俊幸：土木学会論文集A1, Vol.73, No. 3, pp. 7560-578, 2017
キーワード	腐食、桁端、耐荷力、耐力推定

第3編
活荷重の推定と維持管理への適用

目次

第3編　活荷重の推定と維持管理への適用

- 1　はじめに ･･･ 195
- 2　Bridge Weigh-In-Motion(BWIM) 手法の概要と事例 ････････････ 197
  - 2.1　通行車両のモニタリング手法（WIM）手法 ･･････････････ 197
  - 2.2　桁応答 (Fred Moses, 三木ら) ･･････････････････････････ 198
  - 2.3　床版応答 (RC 床版, 鋼床版) ･･･････････････････････････ 200
  - 2.4　支点反力 (小塩ら) ･･････････････････････････････････ 203
  - 2.5　支承変位 (深田ら) ･･････････････････････････････････ 204
  - 2.6　部材加速度応答を利用した車両重量算出手法 ･･････････････ 208
  - 2.7　ひずみ分布センシングによる交通荷重のモニタリング ･････ 210
  - 2.8　ピエゾクォーツ方式センサを活用した動的重量計測原理ひずみ閾値手法 ･･ 216
- 3　WIM の活用と今後へ向けた取組み ･･････････････････････････ 220
  - 3.1　高速道路における活荷重特性に関する検討事例 ････････････ 220
  - 3.2　国総研の事例 ･････････････････････････････････････ 222
  - 3.3　北陸地域の高速道路における活荷重に関する一検討 ･･･････ 223
- 4　おわりに ･･･ 226

参考文献

1 はじめに

性能照査型維持管理の検討上，要求性能を規定するためには，外力となる荷重レベルの設定が第一に重要である．特に交通荷重は作用頻度や荷重レベルが橋梁によって大幅に異なり，実態に即した作用荷重とその頻度を把握することが必要となる．我が国の道路橋において，特別な許可なしに走行できる車両の総重量は 25 トンであるが，実際のところ 25 トンを越える車両は多数走行[1]している．このような実態のもと，近年では経年劣化が進む橋梁に対し，実働交通荷重を把握したうえで，保有耐荷力に対して活荷重の占める割合，言い換えれば抵抗値に対する交通外力の余裕度を評価し，管理策定に用いる試みが道路管理者を中心に進んでいる．耐荷力に対する活荷重寄与分の割合は，短スパン橋梁ほど高く，重量車両が橋梁に及ぼす影響が大きくなるため，耐荷力や補修優先度の観点から特に実働活荷重の把握が重要となる．また直接的に輪荷重の影響を受ける床版構造は劣化が進行しやすく，重交通路線の鋼床版構造には疲労損傷が顕著に発生している．すなわち影響線長が短く活荷重応答の大きい部材においては，軸重や輪荷重の把握も必要性が増大している．

我が国の橋梁設計の歴史を振り返ると，疲労損傷は鉄道橋のみに生じるとされた時代がある．道路橋の活荷重レベルや作用頻度が鉄道橋のそれと比較して小さく，道路橋には疲労損傷が生じにくいと想定されていたためである．高度経済成長期に入ると，全国の道路整備が進むと同時に旅客輸送，貨物輸送の両面にモータリゼーションが進展した．トンキロベースで昭和 40 年と平成 7 年を比較すると，自動車輸送は実に 6 倍を越えるまでに増大している[2]．このような背景のもと，総重量 43 トンのトレーラートラックを想定した TT43，その後自動車荷重 25 トンを想定した L 荷重など，設計基準となる活荷重規定も変更されてきた．つまり設計時に想定した重量や走行頻度が時代とともに大幅に変わってきている．つまり交通実態を把握し，維持管理に適用すること，また設計へフィードバックしていくことが，継続的に求められる．

これまで構造応答値の計測から車両総重量や軸重を算出する手法が Bridge Weigh-In-Motion(BWIM) をはじめとして多数提案されてきた．特に維持管理においては損傷発生箇所を予測して損傷モニタリングを実施するより，外乱となる活荷重モニタリングを行い，路線別，車線別に疲労環境アセスメントを進める方が効率的である．本章では通行車両のモニタリング手法に焦点を当て，各種手法の特徴を示すとともに，実働活荷重を管理へ適用した事例を紹介する．

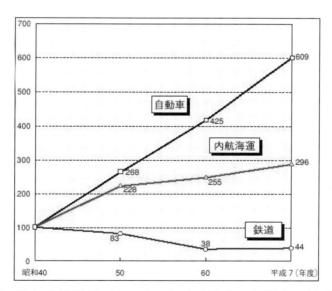

図 1.1 昭和 40 年度輸送量（トンキロ）を 100 とした場合の輸送機関別推移
http://www.mlit.go.jp/hakusyo/transport/heisei12/1-1/1-1-1-1.htm

我が国の交通実態の一例を**図 1.2**, **図 1.3** に示す．主要国道，自動車専用道路ともに法定最大総重量である 25tf を越える車両が存在していることが見とれる．ここに示す自動車線用道路の結果は片側 2 車線であり，走行車線と追越車線の結果に分かれている．図からわかるように重量車両は走行車線に集中しており，この傾向は多くの自動車専用道路に見られる．重量車両が多いような重交通路線において車線別に補修優先度を定める場合，このような活荷重モニタリングの結果が検討の一助となる．また主要一般道路を見ても車線によって重量頻度分布が異なり，物流の傾向を把握することも可能となる．

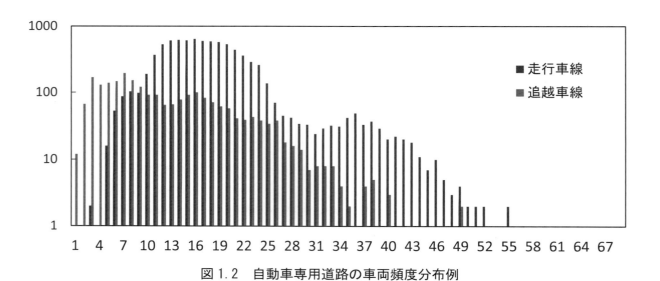

図 1.2　自動車専用道路の車両頻度分布例

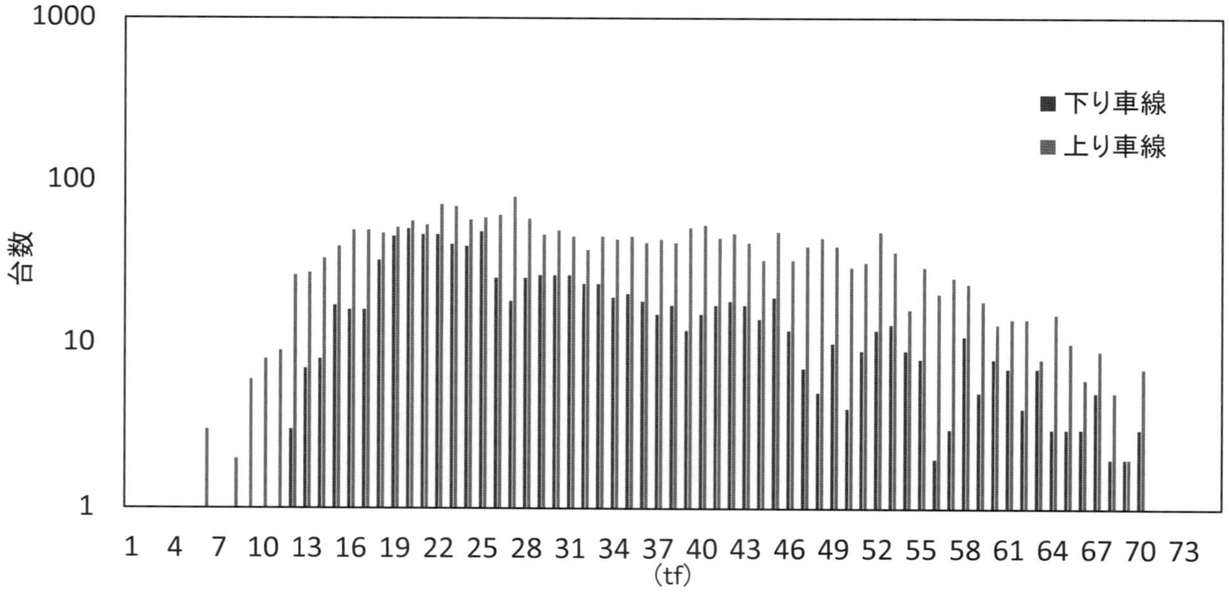

図 1.3　主要一般道路の車両頻度分布例

2 Bridge Weigh-In-Motion(BWIM)手法の概要と事例

2.1 通行車両のモニタリング手法（WIM）手法

道路構造物の劣化に多大な影響を与えている要因の一つが重量超過違反車両であることから，高速道路会社では，これらの違反車両撲滅に向けた取締りの一層の強化を行っている．

重量超過違反車両による道路構造物の劣化を防ぐために，インターチェンジなどで過積載を効率的に取締まるための自動重量計測装置（WIM; Weigh in Motion）が開発されている．

自動重量計測装置は，従来型の装置と比較して，大幅な計測性能や耐久性の向上，交換時間の短縮が図られている．また，料金所入口に進入する車両を停止させることなく，軸重・総重量を測定する装置である．自動重量計測装置の概要を図2.1.1に示す．

【MVWS概要図】

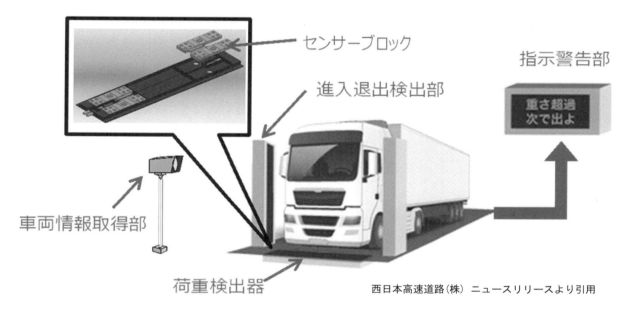

西日本高速道路(株) ニュースリリースより引用

図2.1.1 自動重量計測装置の概要

自動重量計測装置は，①高速走行車両の正確な重量測定が可能であること，②コンパクトで長寿命な荷重検出器であること，③高速走行での軸数検知が可能であること，といった特徴を有している．

自動重量計測装置の仕様を，表2.1.1に示す．

表2.1.1 自動重量計測装置の仕様

項目	仕様
検出部寸法	L：約300mm×W：約3,500mm
計測可能最高速度	80 km/h
検出規格	軸重 20t（F.S）
重量測定精度	±5% 以内（F.S）
過負荷	定格の150%
測定軸数最大	9軸/車両
荷重検出器寿命	1,000万軸 又は10年

西日本高速道路ファシリティーズ(株) 製品案内より引用

2.2 桁応答 (Fred Moses, 三木ら)

主桁の活荷重応答を利用した手法である．1979年にMosesによって提案された本手法はBWIMの嚆矢とされる．我が国では三木らが単純支持の鋼桁橋において主桁のひずみ応答利用した車両重量算出を試み，その実用性を示した．桁ひずみの特徴は活荷重応答レベルが比較的大きいこと，車両の車線内走行位置の変動に対してひずみ応答の変化が小さいことが挙げられる．一方で車軸検知については不向きであることから，車軸検知，走行速度は光電スイッチ，車線判定は垂直補剛材ひずみのデータを用いている(図 2.2.1)．光電スイッチは車線内横断方向位置の計測にも用いられている．

軸重が既知である総重量 19.8tf の車両走行から得たひずみ履歴をもとに，ひずみ影響線を多項式近似で算出する．この影響線を速度に応じて時刻歴上で伸縮させ，各車軸の橋梁通行時間帯に合わせて主桁のひずみ履歴上に配置し，最小二乗法で計測波形と最も誤差が小さくなるように，各車軸に相当する影響線ひずみに倍数を掛ける．図 2.2.2 は 3 軸車両のケースを示している．

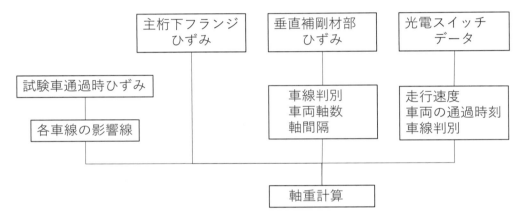

図 2.2.1　計測データの処理フロー[3)から一部修正]

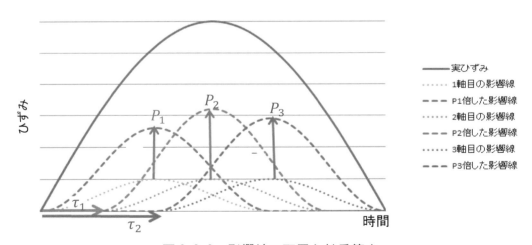

図 2.2.2　影響線の配置と軸重算出

本手法を図 2.2.3 に示す東名高速道路の片山高架橋（鋼橋部）に適用した．ひずみ計測は図 2.2.4 に示す主桁中央の下フランジ軸方向 1 カ所と桁間中央付近の垂直補剛材上端部の上下方向の 2 カ所で計測を行っている．この橋梁の東京側 600m に軸重計が設置されているため計測結果に基づく軸重と軸重計の値を比較検討している．

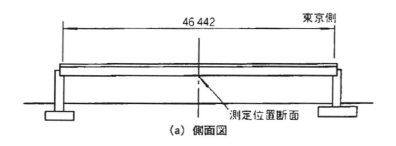

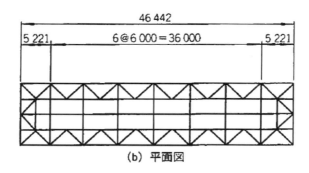

図 2.2.3 対象橋梁[3]

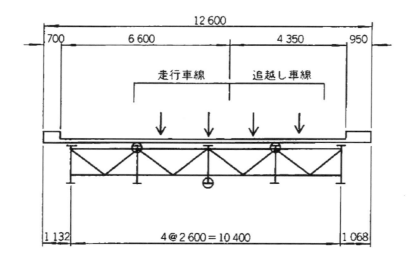

図 2.2.4 ひずみゲージの配置[3]

　本論文では，軸重解析に大きな影響を与える影響線は試験車両通過時のひずみ計測結果から求めている．解析に使用した影響線とこれを用いた車両重量の計算結果を図 2.2.5 に示す．計測結果は 600 m離れたところに有る軸重計の計測結果と非常に良く整合しており，良好な精度であることが見て取れる．解析結果の誤差は通過代数について 2.3%，平均車両重量について 2% で有ることを示している．また，疲労損傷を評価する上で重要な 3 乗平均値の 3 乗根は 0.6% で有ったと報告しており本計測方法，解析手法は実用上十分な精度を有していると結論づけている．

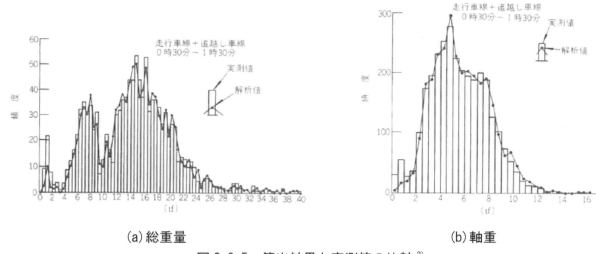

(a) 総重量　　　　　　　　　　　　(b) 軸重

図 2.2.5　算出結果と実測値の比較 [3]

2.3　床版応答 (RC 床版，鋼床版)

床版応答を利用した WIM の手法として床版のひび割れや鋼床版の応答を利用した手法が提案されている．床版は橋梁主構造と比較して合成が低く，輪荷重の通過に対して鋭敏な応答を示す傾向がある．その鋭敏な応答を利用して鋼床版においては軸通過情報を利用した軸重算出手法が提案されている．また，RC 床版においては，主鉄筋方向のひび割れの開閉を利用した輪重算出手法が提案されている．

2.3.1　RC 床版のひび割れ開閉応答を利用した輪重算出手法

松井ら [1] は橋軸主鉄筋方向のひび割れ幅が弾性的に応答することに着目し，その応答値をもとに軸重を算出する手法を提案した．床版応答は合成桁である場合，桁作用が働くことにより，橋軸方向については圧縮応答が生じる．この点は非合成桁であっても床版と桁が付着状態にあれば，同様な傾向を示す場合がある．桁作用の数値には車両全ての軸重の影響が入るため，局所的な応答を示す床作用のみの成分を抽出しなくてはならない．本手法では橋軸車両の通過によって得られるひび割れ応答履歴の中から，ピーク値とピーク値前後の極小値の差分をとることで床版の床作用成分を抽出 (図 2.3.1) している．また，計測されるひび割れ幅には，軸重の影響と橋軸直角方向位置 (以下，走行位置) の 2 パラメータを含んでおり，橋軸直角方向の位置を明らかにしない限り軸重を算出することはできない．そこで軸重が既知の車両の走行試験を行う際，橋軸直角方向に走行位置のパターンを増やし，各走行位置の通行時応答から得た橋軸直角方向の影響線を用いることで，この点を解決している．この橋軸直角方向影響線は多項式近似によって理論式としておき，軸重と橋軸直角方向位置のパラメータをそれぞれ僅かずつ変化させ，計測値と最も近くなる軸重と位置の組み合わせを解として得る処理である．1 車線あたり複数個所でひび割れ幅を計測していれば，各計測位置においての計測値と理論値の誤差二乗和が最小となるようにパラメータを決定できることから，計測箇所を増やすことで算出軸重の精度向上が期待できる．

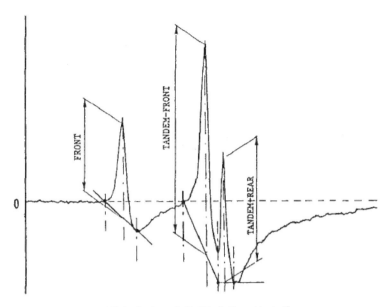

図 2.3.1 床作用成分の抽出 [1]

2.3.2 鋼床版のひずみ応答を利用した車重・軸重算出手法

鋼床版は剛性が橋軸方向と橋軸直角方向で異なる直交異方性構造であり，縦リブと横リブでは活荷重応答が全く異なる．ひずみ応答に着目すれば，縦リブは一本あたりの剛性が低いため，車軸通過に対して鋭敏な応答を示す一方で，横リブの応答は縦リブと比較して鈍い．図 2.3.2 は総重量 207.6kN の 3 軸トラックが走行したときの，鋼床版縦リブ下面，横リブ下面のひずみ応答履歴である．縦リブ下面は 3 軸の通過が読み取れるが，横リブは後ろ 2 軸が一つの山となっている．他方，橋軸直角方向の走行位置の変動に対するひずみ応答の変化は，縦リブは変動が大きく(図 2.3.3)，横リブは小さいといった特徴もある．鋼床版横リブのひずみは桁作用としての圧縮応答を示さないため，この点からも車両重量の算出に適した部材であるといえる．これら特徴に基づいて，車軸通過検知に縦リブのひずみ応答を用い，車両重量の計算を横リブのひずみ応答を利用する手法が提案されている [2]．

あらかじめ軸重が既知の車両による走行試験によって得られる横リブのひずみ応答から影響線を算出しておき，その影響線を各軸の通過時間帯に合わせて配置し，それらを誤差二乗和が最小となるように倍数を掛け，実計測ひずみ波形とカーブフィッティングさせる．このときの線形倍の倍数が各軸の軸重となる．こうして算出された軸重の合計が車両総重量となる．このときに得られる軸重の精度は低い．その理由は横リブのひずみ応答は影響線長が比較的長く，各軸の影響が互いに重なり合うため，各軸の特徴が埋没してしまうためである．

これに対し，縦リブのひずみ応答をカーブフィッティングに利用して，軸重を算出する手法が提案されている [4]．処理フローを図 2.3.4 に示す．この手法は縦リブのひずみに対する影響線を求め，横リブの WIM 手法と同様にカーブフィッティングを行う．縦リブのひずみ応答は車両の走行位置によって大きく変動するため，算出される軸重，総重量は精度が低い．ただし各軸重の比は概ね正解に近く，この結果を仮軸重として利用する．仮軸重を足し合わせた仮総重量について，横リブ WIM で得られる比較的精度の高い総重量との比をとり，その比の値を仮軸重にかけ合わせることで，軸重を算出する．

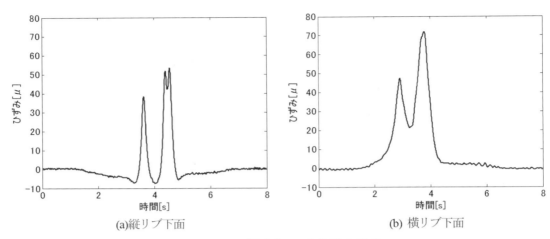

(a) 縦リブ下面　　　　　　　　　　(b) 横リブ下面

図 2.3.2　鋼床版の活荷重応答 [4]

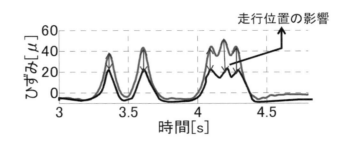

図 2.3.3　走行位置と縦リブひずみ応答の変動 [4]

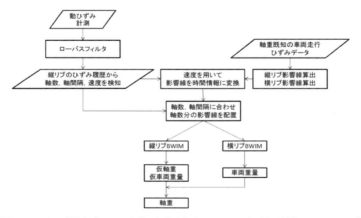

図 2.3.4　鋼床版の活荷重応答を利用した軸重算出フロー [4]

2.4 支点反力(小塩ら)

小塩ら[5]は支点部の部材が弾性的に応答することに着目し,その応答値をもとに軸重を算出する手法を提案した.この支点反力を利用する方法は,部材波形に着目した WIM を支点反力に応じたひずみを用いて行うものである.**図 2.4.1** に支点反力に応じたひずみのイメージを示す.

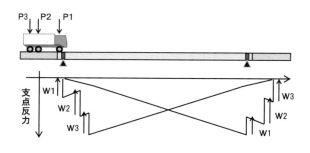

図 2.4.1 支点反力のイメージ

図は橋梁上を車両が退出する側の支点位置に応じたひずみを右側の W1~3 に示している.車両の最前軸が橋梁から退出する直前には,支点反力は概ね通過車両の全ての軸重の合計(車重)となる.また,最前軸が橋梁から出た場合,その車軸の分の重量だけ反力は減少する.このことに着目して,支点反力に応じたひずみの急変部の計測結果から車両重量や軸重を算出するものである.車両進入時のひずみ値 W1(差分)が 1 軸目の軸重,W2, W3 が 2 軸目,3 軸目の軸重に対応する.支点反力の算出には,荷重が既知の試験車走行時の応答から,キャリブレーションを行い,計測は基本的に,衝撃の影響を受けない退出側の支点で実施する.

この手法は,軸通過時刻から応答値中の各軸重の影響を分離する方法と異なり,支点上に載荷している荷重については分配される桁が限られるため,車線位置と桁の配置にもよるが,文献 5)等では**図 2.4.2** に示すように,

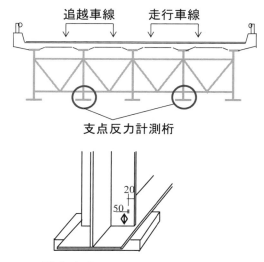

図 2.4.2 ひずみゲージの取付け例

車線と計測する桁を適切に選定することにより,軸通過時刻の検出と軸重推定をひとつの測定点で同時にでき,分離計算も簡便である.また,橋梁の出口側,入口側双方の支点上で計測を行うことにより,車両の走行速度,軸距を求めることができ,車種判定をすることも可能である.

測定対象とする橋梁は,一般に中規模の鋼単純 I 桁橋で実施され,**図 2.4.2** のように支点上の垂直補剛材にひずみゲージを取付けて計測する.長大橋では死荷重が大きく部材の板厚が厚くなる傾向となるため,車両通行による部材のひずみ応答が微小となり,活荷重測定が実施困難になる場合がある.また,長大橋や曲線部に適用されることが多い箱桁構造でも,測定の実施が困難になる場合がある.斜角については支点反力法の測定の性質上,支点上の垂直補剛材下端のひずみ応答波形に急変部が検出されにくくなるため,測定はできるだけ直橋で行うことが望ましい.

2.5 支承変位(深田ら)

支承を用いた BWIM として，ここではゴム支承のひずみを用いた方法について説明する．なお，基本原理は支点反力法を用いて荷重の推定を行っている．支点反力法は，一般に鋼単純鈑桁橋における支点部の端垂直補剛材のひずみ応答から活荷重を算出する方法であるが，コンクリート橋に同手法を拡大するため，ゴム支承の表面にひずみゲージを添付し，車両が走行した際のひずみ挙動を支点反力法の原理を用いて推定することにした．

2.5.1 対象橋梁

対象橋梁は支間 18.8m の 2 径間連続プレテン T 桁橋で，出路が併設されているため幅員が広くなっており，主桁本数は 16～19 本である（**図 2.5.1** 参照）．測定は活荷重により発生する支承のひずみを計測対象として同図に示す位置にひずみゲージを設置した．本橋の支承は東京ファブリック工業(株)製単純桁用 NEO SLIDE 支承で**図 2.5.2** に示したとおり，1 層のネオプレンゴムと上下の鋼板(t=2mm)とネオプラス（硬質）で構成されている．ひずみゲージはこのうち中央のネオプレンゴムの位置に設置した（**写真 2.5.1** 参照）．測定に用いたひずみゲージは FLA-3(東京測器研究所)，測定システムは NI9237（ナショナルインスツルメンツ）を用いて約 6 時間の連続測定を行った．なお，支承のひずみから推定した活荷重値の精度を評価するために，隣接する鈑桁橋の端垂直補剛材にひずみゲージを設置し，支点反力法による推定も実施した．試験車走行試験では，総重量を 196kN のダンプトラックと 424kN の 6 軸トレーラーを用いて走行試験を実施した．

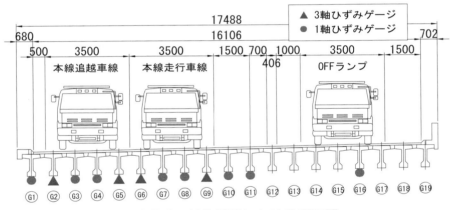

図 2.5.1 対象橋梁における断面図

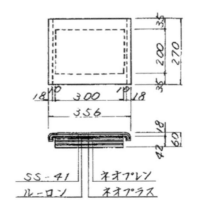

図 2.5.2 ゴム支承

なお，本試験では橋梁上を走行している車両情報（軸数，単独，連行，並走など）を道路外からカメラにて確認しながら計測を行った．

写真 2.5.1　ひずみゲージおよび変位計の設置状況

2.5.2　ゴム支承の変位，ひずみ挙動

ゴム支承の変位，ひずみ挙動を調べるため，ゴム支承の表面ひずみに加えて変位（鉛直，橋軸および橋軸直角方向）計測も行った．ダンプトラック（3軸車）が単独で走行車線を走行した際のゴム支承における最大応答値を図 2.5.3 にまとめた．赤色の矢印は，ひずみの引張(+)，圧縮(-)を，青色の矢印は変位方向をそれぞれ数値で記載している．各測点の最大応答は，車両が支間中央付近を走行している際に生じ，桁のたわみにともなうゴム支承のせん断変形に起因して生じていた．また，車両が走行または追越車線を走行した場合に橋軸直角方向変位の正負が逆転していたことから，車線判別も可能であった．

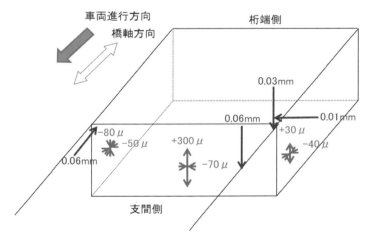

図 2.5.3　ゴム支承のひずみ，変位挙動

2.5.3　大型車走行時のひずみ応答波形

試験車走行試験として6軸トレーラーが走行した際のひずみ応答波形を図 2.5.4 に示す．図には測定で得られた波形と差分処理結果を併記した．これより，生のひずみ波形からは桁のたわみに伴うひずみが見られ，輪荷重による変動成分を読み取ることは困難である．しかし，差分処理した結果からは，各車軸に対応した応答が明確に確認できた．

2.5.4　差分ひずみ算出のためのサンプリング周波数

ゴム支承前面の鉛直ひずみは，桁のたわみにともなうゴム支承のせん断変形に起因していずれの支承ともに大きな応答を示していた．ここでは，その測点のひずみを用いて前後の時系列ひずみデータ

の差分により軸数の判別をした．その際に，サンプリング周波数を1000,500,200,100Hzと変化させた場合の違いについて検討した（図2.5.5参照）．なお，もと波形のサンプリング周波数は2000Hzで行い，各サンプリングに合わせてデータを間引いた後に差分をとっている．

これより，1000Hzサンプリングにした場合は，差分による軸数の判別が困難であるが，500，200，100Hzでは軸数を判別することができる．しかし，500Hzでは差分による変動が小さく，100Hzでは振動成分を軸数と誤判別する可能性があることから，200Hzサンプリングでの評価が適していると考えられる．

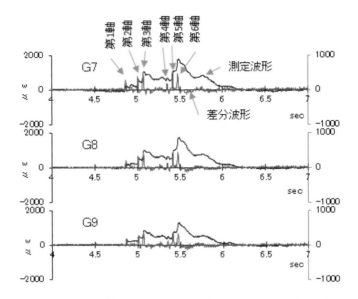

図2.5.4　ひずみ応答波形（6軸トレーラー走行時）

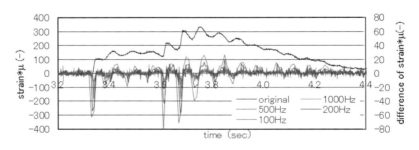

図2.5.5　ゴム支承の差分ひずみ

2.5.5　荷重の推定結果

支承のひずみから支点反力法の原理を用いて推定した試験車の総重量ならびに軸重を静的な測定結果と比較して図2.5.6に示した．なお，静的な軸重は，車両計量場にて1軸ずつ車両を載荷台の上に載せることにより，各軸重を算定したものである．総重量の推定結果は静荷重±30kN程度で，最小二乗法による線形回帰分析の推定誤差は16kNであった．一方，軸重の推定結果をみると静荷重-20～+40kNに分布しており，推定誤差は16kNであった．特に軸重の小さい領域において誤差が大きい傾向がみられるがこれは，路面凹凸による車輌のバネ下振動に伴う荷重の変動が相対的に大きいことが原因ではないかと考えられる．

隣接する鋼橋で実施したBWIMとの比較結果を図2.5.7に示す．両者の相関係数は軸重で0.86～0.91，総重量で0.90～0.94を示しており，いずれも有意な関係にあると判断できる．また，軸重の標準誤差は10kN，総重量の標準誤差は20～30kN程度で，両者の結果は概ね一致しているといえる．

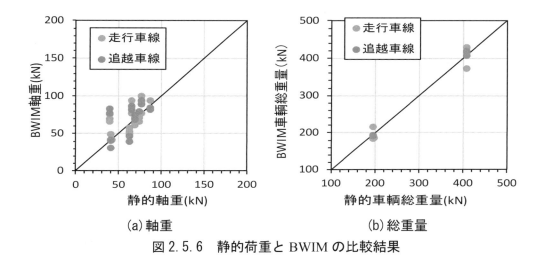

(a) 軸重　　　　　　　　　　(b) 総重量
図2.5.6　静的荷重とBWIMの比較結果

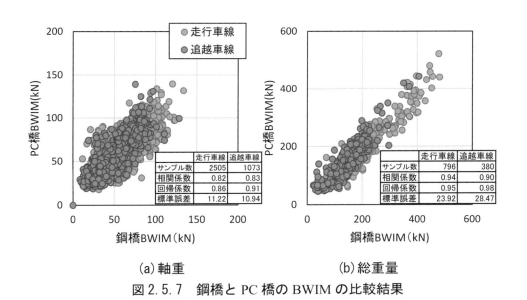

(a) 軸重　　　　　　　　　　(b) 総重量
図2.5.7　鋼橋とPC橋のBWIMの比較結果

以上より，ゴム支承にひずみゲージを設置して推定することにより，PC橋においても，他の橋種においてもBWIM測定が可能であることが確認できた．ただし，支承部のひずみ分布は複雑であり，支承の構造や反力の大きさ，またひずみゲージの設置位置によって測定結果が大きく異なる可能性があるため，支承部の挙動に関して事前に検討を行う必要がある．また，支点反力法を用いることにより，車両の動的な成分が精度に大きく影響するが，支点付近で問題となっている事案を解決するために，車両の動的な外力を評価する方法としては有効な方法である．

2.6 部材加速度応答を利用した車両重量算出手法 [6]

重量車両が通行するときに生じる動的応答を加速度計で計測し，たわみ量に変換することで車両重量を算出する手法である．走行車線，車両検知に必要な情報は垂直補剛材から得られる加速度成分に微分処理を施し，データの先鋭化を行って取得している．たわみ量は自由振動仮定法（図 2.6.1）に基づいて算出する．本手法を鋼単純支持（橋長 38m）橋梁に適用し，その適用性について確認を行っている．図 2.6.2 にその処理フローを示す．加速度計測のみに基づいて車両重量算出が行われる．主桁下フランジの加速度応答から桁のたわみ量を算出し，予め算出したたわみ影響線に基づいて車両重量を算出している．図 2.6.3 は従来のひずみゲージを用いた BWIM の結果との差をまとめた結果である．平均誤差 0.4kN，標準偏差 10.4kN と実用的な手法である．

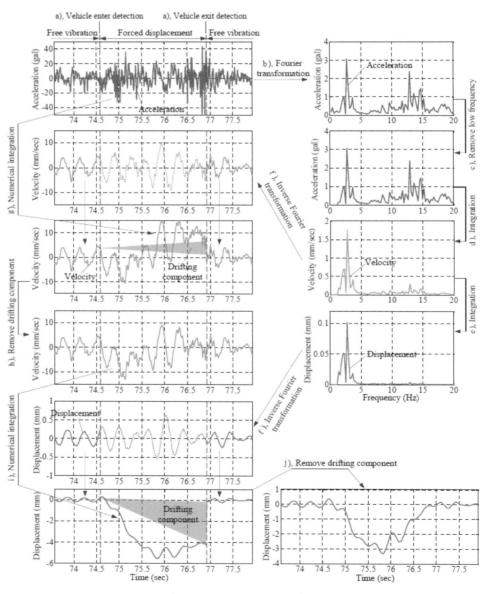

図 2.6.1　自由振動仮定法に基づく変位算出 [6]

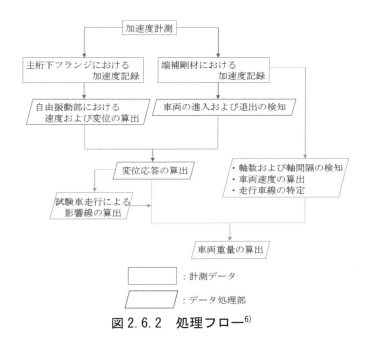

図 2.6.2　処理フロー[6]

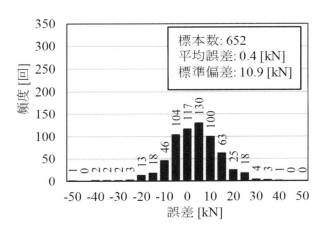

図 2.6.3　従来 BWIM(ひずみゲージ), 加速度 BWIM の誤差比較[6]

2.7 ひずみ分布センシングによる交通荷重のモニタリング

2.7.1 背景

　光ファイバセンサを用いて橋梁桁に適用する分布センシングシステムを構築した．計測された分布形ひずみの時刻歴から橋梁のたわみ分布，振動特性，交通荷重の時刻歴および桁の異常検知判定値を算出できる[7),10),11)]．この分布センシングシステムを川根大橋[8)]，妙高大橋[10),11)]および鉄道高架橋[9)]などのRC橋とPC橋に実装して橋梁の健全度評価を実施した．また近年に国道の某鋼橋に実装し，一年間の常時モニタリングを行った．過載車両が鋼橋を通過する状況を把握するため，実装したひずみ分布センシングシステムのモニタリングデータを活用して，重量超過車両の通過状況を監視した．

2.7.2 分布センシングシステムの概要

　図2.7.1と図2.7.2に分布センシングシステムの構成図と鋼橋に実装したセンサ設置図を示す．本システムを適用して，橋梁のたわみ分布をひずみセンサの計測結果より算出し，通常時及び災害時に，橋梁のたわみが日常的な変動の範囲内にあるかどうかを自動判別することができる．また，橋梁のひずみ，たわみの分布特性と振動特性を用いて，簡易的な橋梁健全性評価を行うこともできる．これにより，本分布センシングシステムシステムは，橋梁の構造に異常が発生した直後の初動対応や評価の省力化と効率化を可能とする．

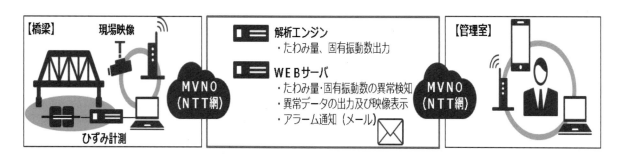

図 2.7.1　システム構成図

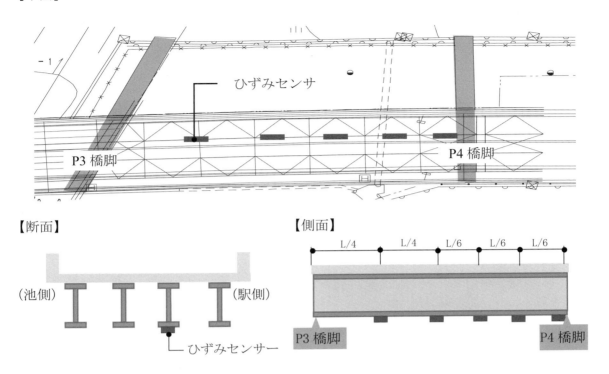

図 2.7.2　センサ設置図

　本分布センシングシステムを実証・検証するため，20 トンと 15 トンの交通荷重実験による計測および有限要素解析を行った．

　20 トンと 15 トンの交通荷重実験の結果によれば，20tf 車が駅側車線を通過したときにおけるスパン中央計測点の計測たわみが 3.52mm，池側車線を通過したときにおけるスパン中央計測点の計測たわみが 2.35mm である．また，桁の固有振動数は 3.265Hz である．更に現場で計測した主桁断面の主要寸法を適用して解析モデルを精査して，計測結果による解析モデルの同定を実施した．現状に合う FEM モデルで各種交通荷重の組合による解析検討を行った．実測データの統計分析結果と解析結果を参考してシステムの閾値を設定した．

　図 2.7.3 に計測結果によって同定した解析モデルのメッシュと想定交通荷重時の解析結果を示す．

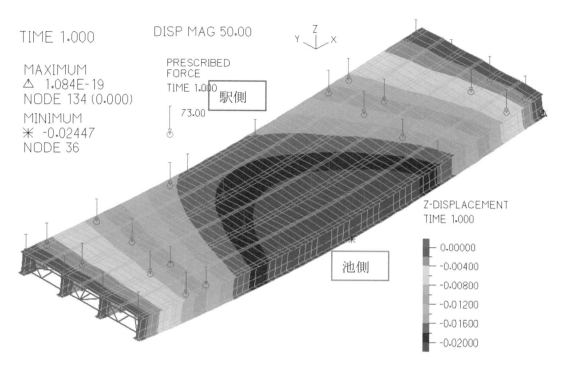

図2.7.3 計測結果によって同定した解析モデルの有限要素解析

2.7.3 モニタリング結果と考察

図2.7.4〜図2.7.7に，ある時間帯のモニタリングデータおよび橋梁たわみや振動特性の算出結果を示す．計測されたひずみの時刻歴について，本システムによるひずみの出力結果の一例を図2.7.4に，桁の振動特性の出力結果を図2.7.5に示す．「開始時刻位置」と「終了時刻位置」は車両通行状態でのひずみ計測のゼロ点設定適用範囲の定義用で，各計測時刻区間(2分間)内の計測でゼロ点設定を行う事で，温度による影響を排除し，純粋な交通荷重によるひずみ分布とたわみ分布を計測できた．

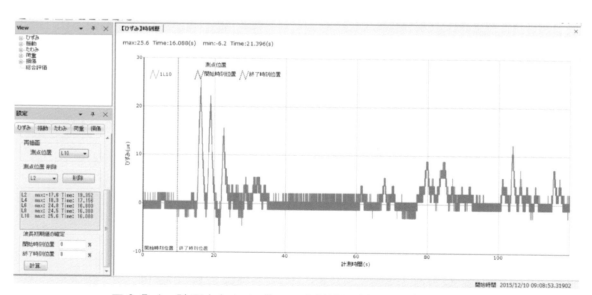

図2.7.4 計測されたひずみの時刻歴図（最大ひずみ25.6μ）

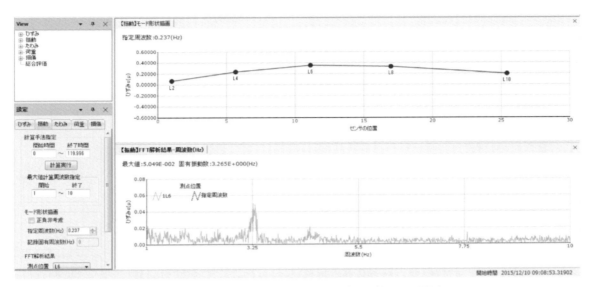

図 2.7.5　桁の振動特性図（固有振動数 3.265Hz）

図 2.7.6 に本システムによる各センサの計測ひずみの時刻歴出力結果を，図 2.7.7 にたわみが最大となる時刻におけるひずみ分布とたわみ分布ならびに橋梁桁の最大たわみの時刻歴の本システムによる出力結果を示す．任意時刻の各センサのひずみ計測値を抽出することにより，橋梁桁のひずみ分布を表示し，ひずみ分布の積分により橋梁桁のたわみ分布を算出する．更に，橋梁桁の最大たわみの時刻歴を算出し，設定された閾値を超えた際にアラーム発信をする．

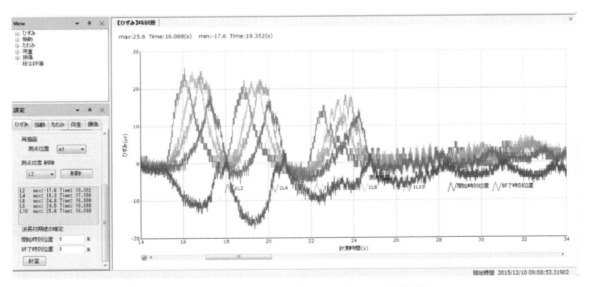

図 2.7.6　全センサの計測ひずみの時刻歴図

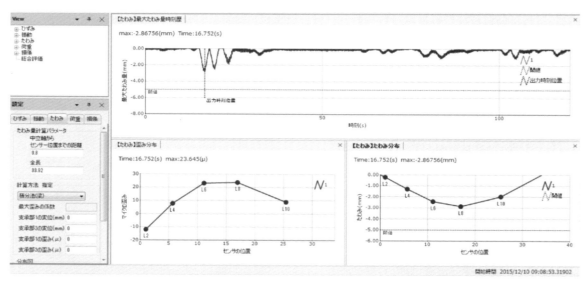

図 2.7.7　たわみ最大時刻の橋桁のひずみ分布とたわみ分布図（最大値 2.868mm）

2015年12月4日〜2017年1月5日の約1年1ヶ月間（一部データ欠損期間あり）のモニタリングにおいて，主桁のたわみ量を算定し，閾値を超過して「通常状態」を逸脱したとみなされる状況を監視した．今回の計測結果を基にして，交通荷重（車両合計重量）の推定を行った．なお，ひずみと荷重推定値の同定は，2015/12/10 13:45:12頃行った15tの車両を通行させる実測実験を用いて行った．今回の計測期間中の交通荷重推定値について，2分間計測を行った中の最大値をプロットしたものを以下に示す．

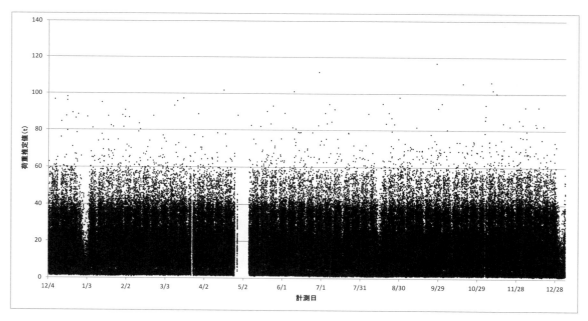

図 2.7.8　交通荷重推定値プロット

また，各月ごとに交通荷重の推定値が60tを超えた回数は以下の通りとなった．

表 2.7.1　交通荷重（車両合計重量）推定値が 60t を超えた回数

	60t〜80t	80t〜100t	100t〜
2015/12(12/4〜)	23	8	0
2016/1	40	8	0
2016/2	37	6	0
2016/3	36	4	0
2016/4	21	1	1
2016/5	41	5	0
2016/6	38	4	2
2016/7	29	5	0
2016/8	35	7	0
2016/9	60	2	1
2016/10	39	2	1
2016/11	44	6	3
2016/12（〜2017/1/5)	38	6	0

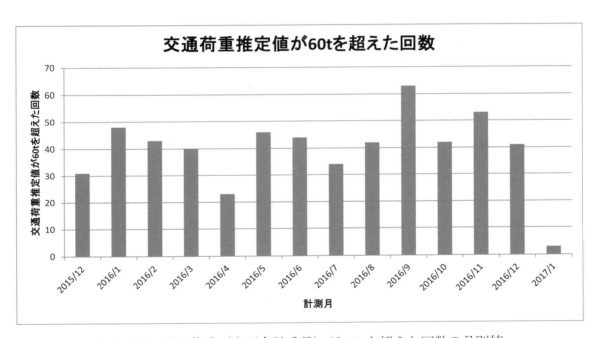

図 2.7.9　交通荷重（車両合計重量）が 60t を超えた回数の月別値

　本分布センシングシステムにより，計測したひずみから活荷重（交通荷重：車両合計重量）の時刻歴をモニタリングした．この貴重は荷重モニタリングデータを活用して，疲労評価等に役立てることが可能となる．

　なお，本成果は，国土交通省平成２６年「社会インフラへのモニタリング技術の活用推進に関する技術研究開発に係る公募（橋梁分野の維持管理の高度化・効率化に係るモニタリングシステムの現場実証)」の成果の一部である．

2.8 ピエゾクォーツ方式センサを活用した動的重量計測原理ひずみ閾値手法
2.8.1 はじめに

日本においては，1990年代初頭より総重量や軸重を超過する車両の抑制を目的として本線上に走行車両重量計測装置が道路管理者により整備されてきた．当初は，高速道路入口に設置されていた載荷板の技術を採用した装置が導入され，計測精度やコスト，施工性，保守性等の様々な課題に対して改善が行われた．それに対し，ピエゾクォーツ方式の重量計測センサを適切な間隔で配置し計測を最適化する独自の重量計測技術が開発された．

2.8.2 技術概要

重量計測の特徴は，①重量計測部にピエゾ効果を利用した棒状センサ（ピエゾクォーツ方式）を採用していること，②棒状センサを複数本埋設し，多点にて車両重量を計測すること，また③棒状センサの埋設間隔を車両振動，車両速度を考慮し，計測誤差が小さくなるように配置していることにある．

現在の動的重量計測においては，ひずみセンサを採用したベンディングプレート方式から物質に圧力を加えると圧力に比例した表面電荷（分極）が発生するピエゾ効果を利用したピエゾ方式が主流となっている．一方，ピエゾ方式の棒状センサは種々存在する．韓国や欧米では安価で施工が簡易なセラミック式や，ポリマー式が数多く採用されているが，屋外路面設置環境下において感度に対する温度依存性があるため，高精度計測が要求される取締りへの活用には課題である．筆者らは高精度計測を実現するために，温度依存性が低く，荷重に対する耐久性が高い特性を持つクォーツ式を採用した．特にクォーツ式はセラミック式やポリマー式と比較して感度に対する温度係数が1桁以上良好であり，また，出力特性の直線性など，基本性能において優れた特性を持っている．道路に長期間埋設する当概用途においては環境変動（主に気温）に影響されない安定した計測を実現できる．また，従来の載荷板に比べて非常に施工が簡易であるため，施工時の周辺に与える影響の低減もはかっている．

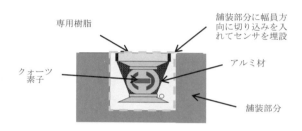

図2.8.1 センサ断面図

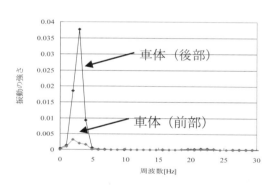

図2.8.2 車体振動計測結果（3軸車）

2.8.3 多点式不均等配置

過去の研究によると，走行中の車両は1.5～4.5Hzの振動をしている[12]．筆者らがテスト車両（3軸車）に加速度計を取り付け，車体振動を実測した結果を図2.8.2に示す．本結果からも車体が5（Hz）以下の低周波で振動していることが確認できる．日本において多数採用されているベンディングプレートを利用した一点計測方式では，図2.8.2の結果に示される走行車両の振動により車輪からセンサ部が受ける力は変動するため，計測精度が大きく低下してしまう．上記概念を図2.8.3に示す．筆者らはこの問題に対し，複数のセンサを用い，各センサからの出力の平均を求めることで車両振動の影響を低減する方法を採用した．概念を図2.8.4に示す．

ただし，単純に多点計測を行うと車両振動の振幅の関係からセンサ各点での計測結果の平均化では精度を向上させることができない．一例として図2.8.5にセンサ配置と車両振動の周期が一致した場合の計測誤差に付いて説明図を示す．多点計測による平均化では真値付近での計測精度の向上は期待できる．しかし，図2.8.5の様な要因により計測精度のばらつきは大きくなることが想定される．

ここで，計測誤差の考え方について検討する．計測誤差の一般的な考え方としては，「真値からのばらつきを評価する方法」と，「計測誤差の最大値を評価する方法」がある．一般道では，一般的制限値を超過した車両を特定し，警告，あるいは行政指導を実施することが目的となる．

したがって，様々な車両の中から違反車両を出来る限り精度良く特定することが重要であるため，「計測誤差の最大値が小さくなること」が当該システムでは必要となる．そこで，以下では計測誤差の最大値を最小にするためのセンサ配置間隔の算出方法について述べる．

静荷重を P_0 [N]，車両振動周波数を f [Hz]，車両振動波長を λ [m]，車両速度を v [m/s]，振幅係数を k' とすると，n 個のセンサを用いた多点式計測の計測誤差 P_E は次式で計算することができる．

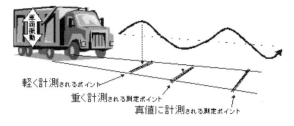

図2.8.3　1点計測の場合の計測ポイント

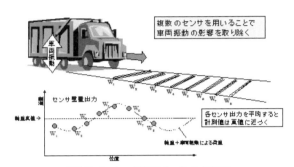

図2.8.4　提案方式の原理

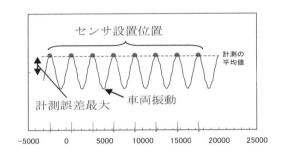

図2.8.5　センサ設置間隔と車両振動が一致した場合

$$P_E = P_0 - \frac{1}{n}\sum_{m=1}^{n} P(x_m) \quad (式 2.8.1)$$

センサ設置地点 $x_1, x_2, \cdots, x_n$

ただし，

$$P(x) = P_0\left\{1 + k'\sqrt{\frac{v}{f}}\sin(\frac{2\pi x}{\lambda} + \phi)\right\} \quad (式 2.8.2)$$

計測誤差は各センサの計測値の平均と静荷重との差で表している．仮にセンサの配置間隔を決め，振動周波数 f と通行車両の車速 v を（式2.8.1）に代入すると，計測誤差 P_E を計算することができる．

振動周波数 f，車速 v を一定範囲内で変化させると，あるセンサ配置間隔における計測誤差 P_E の最大値 P_{Emax} が求められる．すなわち，センサ配置間隔を変化させながら，計測誤差の最大値 P_{Emax} を求めていくと，計測誤差の最大値 P_{Emax} が最小となるセンサ配置間隔を求めることができる．

2.8.4 シミュレーションによる検討

①計測点数ごとの最適配置の算出

まず，計測点数ごとの最適なセンサ配置間隔の算出を行った．条件を表2.8.1に，結果を図2.8.6に示す．この結果から「計測誤差の最大値を最小にする」場合の最適な配置間隔は不均等となることが分かる．例えば3点計測の場合，1-2点間の間隔は4.5mであるが，2-3点間は2.7mとなる．また，各点の配置位置は±30cmの幅を持っているが，これは設置誤差を考慮し，この範囲内の設置であれば誤差への影響を無視出来ることを確認し示している．

②計測点数と誤差の関係

次に計測点数ごとの誤差を図2.8.7に示す．これは，図2.8.6に示す設置間隔でのP_{Emax}を示している．値は2点計測での誤差を1とした場合の相対値としている．

図2.8.7によると2, 3点で大きく誤差が低下し，4点以上では効果が緩やかになることが分かる．この結果と経済性を考慮すると3点または4点計測が望ましい．また，2点計測の場合，センサ故障発生時に計測が不可能になってしまうため，運用を考慮した場合は3点計測以上が必要であると考えている．

③最適配置と均等配置との精度比較

①の結果から，提案した算出方法にて得られるセンサ配置間隔は不均等であることが示された．そこで，不均等と等間隔のそれぞれでセンサを配置した場合の誤差について違いを比較した．

方法は①と同様のシミュレーションである．速度と振動周波数，位相の組み合わせにより2144通りの計測誤差P_Eを算出する．その大小を一定区間毎に区切り，その区間での頻度

表2.8.1 シミュレーション条件

パラメータ		設定値
n [点]	計測点数	2~8点
P_0 [N]	静荷重	相対精度を求めるため1を設定
f [Hz]	振動周波数	実験により1.5~4.5Hzを設定
ϕ [°]	位相	0~360°
v [m/s]	車両速度	10~80km/h
λ [m]	振動波長	$\lambda = v/f$ =600~15,000mm
k'	振幅係数	相対精度を求めるため1を設定

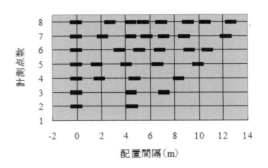

図2.8.6 計測点数と配置間隔

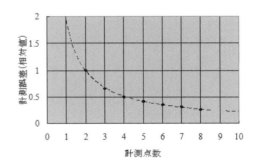

図2.8.7 計測点数と誤差の関係

表2.8.2 センサ配置　単位 [mm]

項目	センサ1-2間距離	センサ2-3間距離
提案するセンサ間隔配置	4500	2700
等間隔配置	3400	3400

を求めた．センサ数は実運用を考慮し，費用対効果が最も期待できる3本を対象とした．センサ配置は表2を用いた．結果を図2.8.8に示す．算出したセンサ間隔にてシミュレーションした計測誤差の分布は，計測誤差が0（真値）付近の頻度は小さいが，頻度が0%になる計測誤差の分布幅は，等間隔配置より小さくなることが分かる．よって，算出したセンサ間隔による計測精度（誤差の最大値）は，等間隔配置よりも小さくなることがシミュレーションから得られる．つまり，提案方式が精度良く重量超過車両を検出できることを示す．

2.8.5 実道での評価

共用している高速道路本線においてセンサの配置間隔を 2.4 項での配置とし，センサ本数は 4 点計測および最小の機器構成である 2 点計測にて計測を行い，センサ出力を分岐することで同一走行の計測結果の評価を行った．評価は軸数 3 軸の車両を 4 種類（総重量 12.4t～19.5t），軸数 4 軸の車両を 2 種類（総重量 19.55t, 19.75t）使用し，運用速度帯(60～80km/h)で走行させ静止荷重との誤差を確認した．計測誤差を表 2.8.3 に，4 点計測での評価結果を図 2.8.9（総重量），図 2.8.11（軸重）に，2 点計測での評価結果を図 2.8.10（総重量），図 2.8.12（軸重）に示す．

4 点計測, 2 点計測いずれの場合も総重量のばらつ

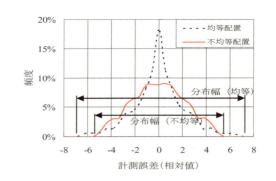

図 2.8.8 　計測誤差分布

表 2.8.3 　計測誤差（2σ）

計測点数	総重量[%]	軸重[%]			
		1軸	2軸	3軸	4軸
4点	2.54	6.54	8.89	5.04	5.58
2点	3.14	7.04	8.00	6.52	6.21

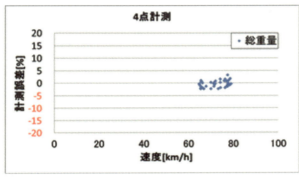

図 2.8.9　4 点計測での総重量計測結果　　　　図 2.8.10　2 点計測での総重量計測結果

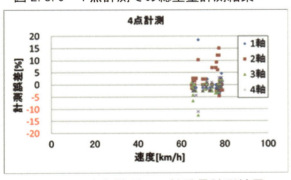 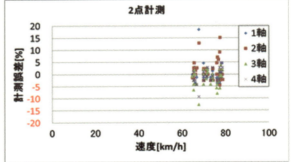

図 2.8.11　4 点計測での軸重量計測結果　　　　図 2.8.12　2 点計測での軸重計測結果

きは小さく安定して計測できていることが確認できた．一方，軸重については 4 点計測，2 点計測の計測結果に若干のばらつきの差がみられた．これは，高速での等速走行の場合，車両振動が安定しているとはいえ，不均等配置による計測誤差低減効果の影響が小さくなったことを示している．以上のことから経済性，正確性，安定性を総合的に判断し，3 点以上でのシステム構成が望ましいと考える．

3 WIMの活用と今後へ向けた取組み

3.1 高速道路における活荷重特性に関する検討事例

高速道路橋で BWIM により得られる車両構成比や車重・軸重等の分析により荷重計測手法の適用性確認と活荷重特性を把握することを目的として実施した事例を以下に示す.

3.1.1 BWIMを用いた計測結果に基づく活荷重特性

計測対象橋梁は,名神高速道路(大山崎 IC~茨木 IC 間)の鋼単純合成鈑桁と中国自動車道(山崎 IC~佐用 IC 間)の鋼2径間連続非合成鈑桁及び東名高速道路(厚木 IC~秦野中井 IC)の鋼単純合成鈑桁である.計測は,部材波形に着目した BWIM(以下,「部材 BWIM」)と支点反力に着目した BWIM(以下,「支点 BWIM」)を実施ししている.計測機器設置地位置を図3.1.1に示す.

各橋とも一般車両の計測に先立ち荷重車(20t)にて試験走行を実施し,着目部材のひずみ等の応答値を把握し,基準となるデータを得た.モンテカルロシミュレーションにより供用期間最大級の断面力の非超過確率95%値を算出し,この値と B 活荷重断面力比により活荷重特性を算出している.

一般車両の計測を1週間実施し,両橋梁ともに,走行車線直下に近い G3 桁の部材 BWIM による供用期間最大断面力を推定した結果を図3.1.2に示す.また,計測結果について,2種類の BWIM により算出した活荷重特性を表3.1.1に示す.

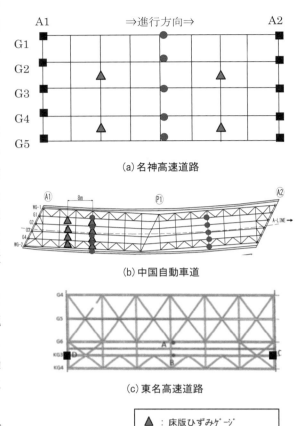

図3.1.1　計測機器設置位置

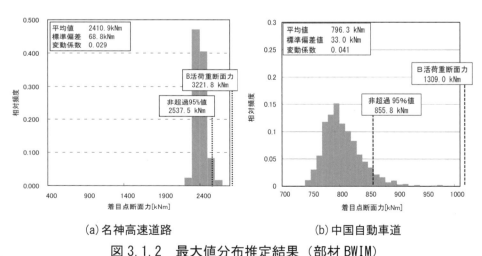

(a)名神高速道路　　(b)中国自動車道

図3.1.2　最大値分布推定結果(部材 BWIM)

第3編　活荷重の推定と維持管理への適用

表3.1.1　各BWIMによる活荷重特性（非超過95%値/B活荷重断面力）

計測箇所	①部材BWIM	②支点BWIM	比率（②/①）
名　神（大山崎IC～茨木IC）	0.79	0.66	0.84
中国道（山崎IC～佐用IC）	0.65	—	—
東　名（厚木IC～秦野中井IC）	0.86	0.70	0.81

名神高速道路，東名高速道路の計測結果より，2種類のBWIMでの計測が可能であり，中国自動車道の計測結果より部材BWIMにおいては，連続桁の計測も可能であると考えられる．また，活荷重特性を比較すると，支点BWIMは部材BWIMの結果と比較して約2割低い値であった．

3.1.2　BWIMの最適計測期間の設定

BWIM計測の適切なデータ収集期間および年間を通した交通特性の変化を把握するために，平成17年度での本線軸重計データを用いて，①1年間，②半年，③季節，④月，⑤2週間，⑥1週間の各周期における日当たり大型車交通量の特徴を整理している．また，交通特性は祝日や盆・正月等で変化することから，それらを含む週を除外した場合も検討されている．

全日（365日）で整理した場合と祝日・盆・正月を含む週を除いて整理した場合の各周期の日当たり大型車交通量について，変動係数を用いて相対的なばらつきを整理した結果を図3.1.3に示す．変動係数は，計測期間が短くなるにつれて大きくなる傾向であった．また，祝日・盆・正月を含む週は計測期間として回避した方が，変動係数は概ね一定であった．

データ整理結果から計測期間を1週間とすることの妥当性を確認するため，期間の違いよる大型車混入率が活荷重特性にどの程度影響するか試算した結果を表3.1.2に示す．試算ケースは，平成17年度の本線軸重計データを用いて大型車混入率をパラメータとして試算されている．この結果から，計測期間を1年あるいは1週間とした場合でも同程度の活荷重特性が得られている．

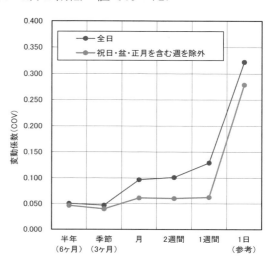

図3.1.3　日当たり大型車交通量の変動係数

表3.1.2　活荷重特性（非超過95%値/B活荷重断面力）試算結果

大型車混入率	活荷重特性	備考
20%	0.56	
25%	0.59	
28%	0.60	1週間最小値
30%	0.61	1年間
33%	0.63	1週間最大値
35%	0.64	
40%	0.65	

3.2 国総研の事例

国土技術政策総合研究所では橋梁部材を用いた車両重量計測システム（Bridge Weigh-in-Motion System，以下「BWIM」と呼ぶ）を開発し，BWIMを用いた活荷重実態調査が行われている[13),14)]．BWIMではひずみ応答から得られる軸数と軸間距離を基に，ひずみ応答を引き起こした車両を**表4.4.1**に示す21車種に分類している．

BWIMを用いた活荷重実態調査結果の活用方法の1例として，橋の供用期間中に生じうる最大級の活荷重を推定することが考えられる[15)]．例えば，活荷重実態調査によって得られた車種，車間距離，車両混入率を用いたモンテカルロシミュレーションによって**図3.2.1**に示すような渋滞車両列を生成し，そのような渋滞車両列が橋梁上に載荷されたときの部材応答値を求めることができる．この部材応答値を求める作業を十分な回数繰り返すことによって部材応答値に関する最大値分布を求めて，活荷重による供用期間中の最大応答を求めようとするものである．

表3.2.1 BWIM記録を用いた車種分類一覧 [14)]

No.	軸数	型式	イメージ図	車種	軸間距離条件(m)				
					L1	L2	L3	L4	L5
1	2軸	2-1		乗用車類、ラフタークレーン	0<L1≦3.0				
2	2軸	2-2		単車、普通トラック、バス、トラクタ	3.0<L1≦∞				
3	3軸	3-1		単車、セミトレーラ	1.6≦L1<10.5	1.6≦L2<10.5			
4	3軸	3-2		単車、普通トラック、バス、トラクタ	1.6≦L1<10.5	0<L2<1.6			
5	3軸	3-3		普通トラック	0<L1<1.6	1.6≦L2<10.5			
7	4軸	4-1		単車、セミトレーラ	1.6≦L1<10.5	1.6≦L2<10.5	0<L3<1.6		
8	4軸	4-2		セミトレーラ	1.6≦L1<10.5	0<L2<1.6	1.6≦L3<10.5		
9	4軸	4-3		単車	1.6≦L1<10.5	0<L2<1.6	0<L3<1.6		
10	4軸	4-4		単車、普通トラック	0<L1<1.6	1.6≦L2<10.5	0<L3<1.6		
11	4軸	4-5	その他4軸車	その他	−	−	−		
12	5軸	5-1		セミトレーラ	1.6≦L1<10.5	1.6≦L2<10.5	0<L3<1.6	0<L4<1.6	
13	5軸	5-2		フルトレーラ	1.6≦L1<10.5	0<L2<1.6	1.6≦L3<10.5	1.6≦L4<10.5	
14	5軸	5-3		単車、セミトレーラ	1.6≦L1<10.5	0<L2<1.6	1.6≦L3<10.5	0<L4<1.6	
15	5軸	5-4		単車	1.6≦L1<10.5	0<L2<1.6	0<L3<1.6	0<L4<1.6	
16	5軸	5-5		フルトレーラ	0<L1<1.6	1.6≦L2<10.5	1.6≦L3<10.5	1.6≦L4<10.5	
17	5軸	5-6	その他5軸車	その他	−	−	−	−	
18	6軸	6-1		セミトレーラ	1.6≦L1<10.5	0<L2<1.6	1.6≦L3<10.5	0<L4<1.6	0<L5<1.6
19	6軸	6-2		単車	1.6≦L1<10.5	0<L2<1.6	0<L3<1.6	0<L4<1.6	0<L5<1.6
20	6軸	6-3		単車	0<L1<1.6	1.6≦L2<10.5	0<L3<1.6	0<L4<1.6	0<L5<1.6
21	6軸	6-4	その他6軸車	その他	−	−	−	−	−

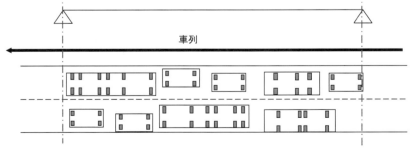

図3.2.1 BWIM記録を用いて生成した渋滞車両列のイメージ

3.3 北陸地域の高速道路における活荷重に関する一検討[16]

3.3.1 活荷重実態の調査方法

この調査は，北陸自動車道の立山IC～滑川ICに位置する鋼単純I桁橋のG橋（橋長36.5m）で，支点部の垂直補剛材にひずみゲージを貼付けるBWIM[5]により活荷重の実態の把握した内容を紹介するものである．活荷重の実態調査は，垂直補剛材に生じる動的なひずみ変動を6日間（平成26年8月30日～9月4日）に渡り測定し，大型車の交通量や，総重量および軸重の分布特性を把握したものである．

なお垂直補剛材のひずみによる活荷重の推定は，約200kNの試験車を低速度10km/h未満で走行させた基準値でキャリブレーションしている．このためキャリブレーション値は，衝撃を含まないとみなして評価しており，本計測では活荷重による衝撃を含む推定値として扱う必要がある．

3.3.2 活荷重実態の調査結果

図3.3.1，図3.3.2に調査結果を示す．この調査結果から北陸自動車道を利用する大型車交通量は日平均で約1500台，最も多い時間帯でも約100台/時間であることが分かる．北陸自動車道は，東名・名神高速道路の交通量に比べて非常に少ないものとなっている．

しかしながら，図3.3.2および図3.3.3に示すように，衝撃を含む活荷重の度合いは軽度であるとは言えず，大型車には道路法に定められた荷重制限を超過する事例も見られる．

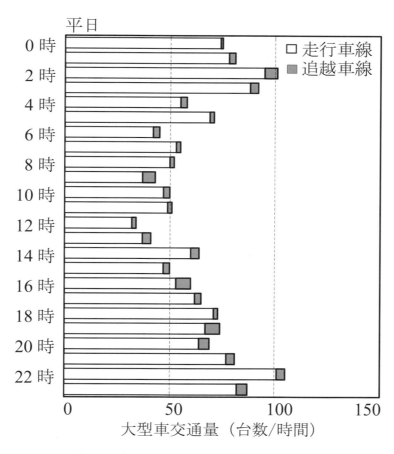

図3.3.1 北陸自動車道（立山IC～滑川IC）の大型車交通量の計測例
（計測期間：平成26年8月30日～9月4日）[16]

図 3.3.3, 図 3.3.4 は G 橋の活荷重調査で得た最大値を概図する．単独走行の場合は，図 3.3.3 に示すように最大総重量 426kN が推定された．また走行車線ならびに追越車線を大型車が並走する場合は図 3.3.4 に示すように最大となる総重量の和は 616kN と推定された．

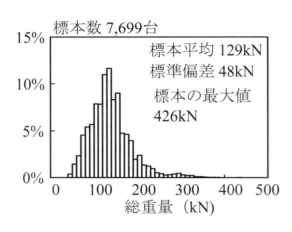

(a) 総重量の計測結果

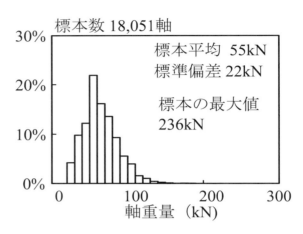

(b) 軸重量の計測結果

図 3.3.2　北陸自動車道（立山 IC～滑川 IC）の大型車の実態調査結果 [16]

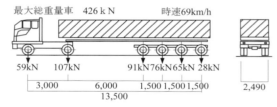

(a) 軸重量ならびに軸重分布

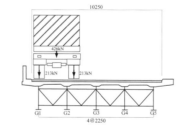

(b) 活荷重の作用位置（外桁で照査）

図 3.3.3　単独走行の活荷重ケース [16]

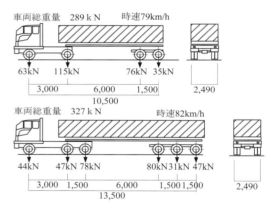

(a) 軸重量ならびに軸重分布

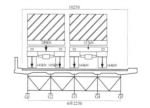

(b) 活荷重の作用位置（内桁で照査）

図 3.3.4　並走走行の活荷重ケース [16]

図 3.3.5, 図 3.3.6 は，活荷重実態をもとに 2 つの荷重ケースを想定して移動載荷した際の主桁の支間中央の曲げモーメントの影響線を示している．また道路橋示方書の L 荷重による曲げモーメントを一点鎖線で補記する．なお，ここでは実荷重による曲げモーメントの影響線の最大値を L 荷重による曲げモーメントで除したものを，活荷重係数と記すこととする．

結果，単独走行の場合の活荷重係数は 0.40，並走行の場合は 0.65 と試算される．これらの結果から北陸自動車道の G 橋における活荷重係数は，安全側で考慮して 0.65 以上で設定すると良いという調査結果となった．

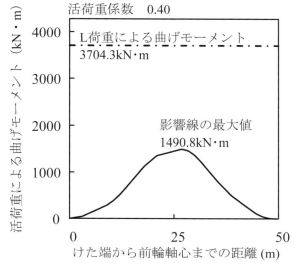

図 3.3.5 単独走行による外桁の曲げモーメントの影響線[16]

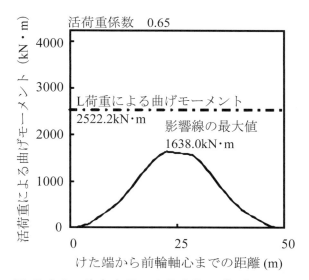

図 3.3.6 並走走行による内桁の曲げモーメントの影響線[16]

4 おわりに

　モニタリングによる維持管理の支援には、損傷の原因となる外力の作用実態を具体的数量として把握することが有効手段の一つとされ、BWIM による実働荷重の評価が多々なされてきた。既に基礎理論が確立している BWIM は多くの実施例がある。BWIM は、その有効性から多様な手法が開発されてきており、その結果、橋梁形式や条件による BWIM の制約が小さくなってきている。また、センシングデバイスの開発とともに、電気式ひずみゲージに代わる部材応答計測が可能となり、計測の容易性も向上しつつある。

　BWIM は料金所敷設型の軸重計測装置と異なり、車線別、橋梁毎に活荷重実態を評価できるため、舗装や床版の補修の車線別、橋梁別優先度の策定など詳細な条件に応じた疲労環境評価にも用いられる。さらには同時載荷の荷重状態をも把握することができるため、実供用状況下に生じる最大荷重状態を得て、3 章で紹介したように設計活荷重と最大作用活荷重との断面力の比率を算定し、維持管理に適用する試みもある。

　構造物の維持管理上、活荷重の作用状況、言い換えれば疲労環境評価をもとに点検頻度を策定すること、また作用荷重が判明している状態で耐荷力性能を評価することにより、より効果的な維持管理が可能になると思われる。LRFR に着目すれば、大型車両通行量に従って活荷重係数が決まっており、作用側の数量把握の重要性が今後益々大きくなるであろう。

【参考文献】

1) 松井繁之，Ahmed EL-HAKIM：RC 床版のひびわれの開閉量による輪荷重の測定に関する研究，構造工学論文集，Vol.35A，pp.407-417，1989.
2) 小林裕介，三木千壽，田辺篤史：リアルタイム Weigh-In-Motion による長期交通荷重モニタリング，土木学会論文集，No.773／I-69，pp.99-111，2004.11.
3) 三木千寿,米田利博,村越潤,吉村洋司：走行車両の重量測定,橋梁と基礎　4 月号　第 21 巻　第 4 号（通巻第 244 号），pp.41-45,1987.4.
4) 鈴木啓悟，吉川将大：鋼床版における通行車両軸重算出手法，土木学会論文集 A2（応用力学），Vol.69，No.2（応用力学論文集 Vol.16），I_761-I_768，2013.
5) 小塩達也，山田健太郎，若尾政克，恩田智博：支点反力による BWIM を用いた自動車軸重調査と荷重特性の分析，構造工学論文集，Vol.49A, pp.743-753, 2003.3.
6) 関屋英彦，小西拓洋，木ノ本剛，三木千壽：MEMS 加速度センサを用いた変位計測に基づく Portable-Weigh-In-Motion システムの提案，土木学会論文集 A1，Vol.72，No. 3，pp.364-379，2016.
7) 楊克俭，荒木秀朗，矢部明人，呉智深，李素貞，光ファイバ分布センシングによる RC 曲げ構造物の荷重同定手法の研究，コンクリート構造物ヘルスモニタリング技術に関するシンポジウム論文集，PⅡ-1～6，2007 年 4 月
8) Kejian YANG, Akito YABE, Kazumi YAMAMOTO, Hideaki ARAKI, and Zhishen WU, The Evaluation of KAWANE Bridge by distributed FBG sensors and by FEM analysis, The Proceeding of 4th International Conference on Structural Health Monitoring on Intelligent Infrastructure (SHMII-4), July22-24, 2009, Zurich, Switzerland.
9) 楊克俭，鈴木修，山本一美，村山英晶，呉智深，鉄道高架橋のモニタリング手法の開発における解析的検討，土木学会第 68 回年次学術講演会，2013 年 9 月
10) 楊克俭，光ファイバセンシングデータを活用した構造物の健康診断，OPTRONICS,p90-93,Vol.33,No.7,2014 年 7 月
11) 楊克俭，センシングデータ分析技術の紹介──光ファイバセンシングデータによる構造物の健全度評価，建設機械，p44-48,Vol.51,No.3,2015 年 3 月
12) COLE DJ and CEBON D:'Asssesing the road-damaging potential of heavy vehicles.'Proc.I.Mech.E.,Part D,205 pp 223-232,1991
13) 玉越隆史，中州啓太，石尾真理，中谷昌一：道路橋の交通特性評価手法に関する研究 －橋梁部材を用いた車両重量計測システム(Bridge Weigh-in Motion System)－，国土技術政策総合研究所資料 No. 188，2004
14) 玉越隆史，中州啓太，石尾真理：道路橋の設計自動車荷重に関する試験調査報告書 －全国活荷重実態調査－，国土技術政策総合研究所資料 No. 295，2006
15) 土木学会　土木構造物荷重指針連合小委員会：性能設計における土木構造物に対する作用の指針，構造工学シリーズ 18，2008
16) 石川裕一，橘吉宏，森山守，長井正嗣，岩崎英治，宮下剛：性能照査型維持管理法の導入に伴う北陸自動車道の活荷重に関する一検討，土木学会年次学術講演会講演概要集，I-537，2015.

鋼・合成構造標準示方書一覧

	書名	発行年月	版型：頁数	本体価格
※	2013年制定 鋼・合成構造標準示方書 維持管理編	平成26年1月	A4：344	4,800
※	2016年制定 鋼・合成構造標準示方書 総則編・構造計画編・設計編	平成28年7月	A4：414	4,700
※	2018年制定 鋼・合成構造標準示方書 耐震設計編	平成30年9月	A4：338	2,800
※	2018年制定 鋼・合成構造標準示方書 施工編	平成31年1月	A4：180	2,700

鋼構造架設設計施工指針

	書名	発行年月	版型：頁数	本体価格
※	鋼構造架設設計施工指針［2012年版］	平成24年5月	A4：280	4,400

鋼構造シリーズ一覧

	号数	書名	発行年月	版型：頁数	本体価格
	1	鋼橋の維持管理のための設備	昭和62年4月	B5：80	
	2	座屈設計ガイドライン	昭和62年11月	B5：309	
	3-A	鋼構造物設計指針 PART A 一般構造物	昭和62年12月	B5：157	
	3-B	鋼構造物設計指針 PART B 特定構造物	昭和62年12月	B5：225	
	4	鋼床版の疲労	平成2年9月	B5：136	
	5	鋼斜張橋－技術とその変遷－	平成2年9月	B5：352	
	6	鋼構造物の終局強度と設計	平成6年7月	B5：146	
	7	鋼橋における劣化現象と損傷の評価	平成8年10月	A4：145	
	8	吊橋－技術とその変遷－	平成8年12月	A4：268	
	9-A	鋼構造物設計指針 PART A 一般構造物	平成9年5月	B5：195	
	9-B	鋼構造物設計指針 PART B 合成構造物	平成9年9月	B5：199	
	10	阪神・淡路大震災における鋼構造物の震災の実態と分析	平成11年5月	A4：271	
	11	ケーブル・スペース構造の基礎と応用	平成11年10月	A4：349	
	12	座屈設計ガイドライン 改訂第2版［2005年版］	平成17年10月	A4：445	
	13	浮体橋の設計指針	平成18年3月	A4：235	
	14	歴史的鋼橋の補修・補強マニュアル	平成18年11月	A4：192	
※	15	高力ボルト摩擦接合継手の設計・施工・維持管理指針（案）	平成18年12月	A4：140	3,200
	16	ケーブルを使った合理化橋梁技術のノウハウ	平成19年3月	A4：332	
	17	道路橋支承部の改善と維持管理技術	平成20年5月	A4：307	
※	18	腐食した鋼構造物の耐久性照査マニュアル	平成21年3月	A4：546	8,000
※	19	鋼床版の疲労［2010年改訂版］	平成22年12月	A4：183	3,000
	20	鋼斜張橋－技術とその変遷－［2010年版］	平成23年2月	A4：273＋CD-ROM	
※	21	鋼橋の品質確保の手引き［2011年版］	平成23年3月	A5：220	1,800
※	22	鋼橋の疲労対策技術	平成25年12月	A4：257	2,600
	23	腐食した鋼構造物の性能回復事例と性能回復設計法	平成26年8月	A4：373	
	24	火災を受けた鋼橋の診断補修ガイドライン	平成27年7月	A4：143	
※	25	道路橋支承部の点検・診断・維持管理技術	平成28年5月	A4：243＋CD-ROM	4,000
※	26	鋼橋の大規模修繕・大規模更新－解説と事例－	平成28年7月	A4：302	3,500
※	27	道路橋床版の維持管理マニュアル2016	平成28年10月	A4：186＋CD-ROM	3,300
※	28	道路橋床版防水システムガイドライン2016	平成28年10月	A4：182	2,600
※	29	鋼構造物の長寿命化技術	平成30年3月	A4：262	2,600
※	30	大気環境における鋼構造物の防食性能回復の課題と対策	令和1年7月	A4：578＋DVD-ROM	3,800
※	31	鋼橋の性能照査型維持管理とモニタリング	令和1年9月	A4：227	2,600

※は、土木学会および丸善出版にて販売中です。価格には別途消費税が加算されます。

定価（本体 2,600 円＋税）

鋼構造シリーズ 31
鋼橋の性能照査型維持管理とモニタリング

令和 1 年 9 月 20 日　第 1 版・第 1 刷発行

編集者……公益社団法人　土木学会　鋼構造委員会
　　　　　鋼橋の性能照査型維持管理とモニタリングに関する調査研究小委員会
　　　　　委員長　長山　智則
発行者……公益社団法人　土木学会　専務理事　塚田　幸広

発行所……公益社団法人　土木学会
　　　　　〒160-0004　東京都新宿区四谷 1 丁目（外濠公園内）
　　　　　TEL　03-3355-3444　FAX　03-5379-2769
　　　　　http://www.jsce.or.jp/
発売所……丸善出版株式会社
　　　　　〒101-0051　東京都千代田区神田神保町 2-17　神田神保町ビル
　　　　　TEL　03-3512-3256　FAX　03-3512-3270

©JSCE2019／Committee on Steel Structures
ISBN978-4-8106-0965-3
印刷・製本：日本印刷（株）　　用紙：京橋紙業（株）

・本書の内容を複写または転載する場合には、必ず土木学会の許可を得てください。
・本書の内容に関するご質問は、E-mail（pub@jsce.or.jp）にてご連絡ください。